Genesio Correia de Freitas Neto

DICIONÁRIO
Matemática Experimental

BASE
EDITORIAL

1ª Edição
Curitiba – 2013

Dados internacionais da catalogação na publicação
Bibliotecária responsável Luciane Magalhães Melo Novinski
CRB 9/1253 – Curitiba, PR.

Freitas Neto, Genesio Correia de.

Dicionário matemática experimental / Genesio Correia de Freitas Neto . — Curitiba : Base Editorial, 2013.
244p. : il. ; 23 cm

ISBN: 978-85-427-0108-1

1. Matemática - Dicionários

CDD (20ª ed.) 510

© Genesio Correia de Freitas Neto, 2013

Conselho editorial
Mauricio Carvalho
Renato Guimarães
Dimitri Vasic
Jorge Yunes
Marco Stech
Mauro Bueno
Silvia Massini
Célia de Assis
Valdeci Loch

Gerência editorial
Eloiza Jaguelte Silva

Editor técnico
Genesio Correia de Freitas Neto

Revisão
Caibar P. Magalhães Jr.

Iconografia
Ana Claudia Dias
Aline Tavares

Tratamento de imagens
Sandro Mesquita
Solange Eschipio

Licenciamento de textos
Luiz Fernando Bolicenha

Imagens da capa
© JLV Image Works/Fotolia.com
© sharpshutter22/Fotolia.com
© vimax001./Fotolia.com
© gekaskr/Fotolia.com
VERMEER, Johannes. O Geógrafo (1669)
DA VINCI, Leonardo. O Homem Vitruviano (1490)

Projeto gráfico, diagramação e capa
Expression SGI
Luiz Gustavo Schmoekel

Finalização
Solange Eschipio

BASE EDITORIAL
Base Editorial Ltda.
Rua Antônio Martin de Araújo, 343 • Jardim Botânico • CEP 80210-050
Tel.: (41) 3264-4114 • Fax: (41) 3264-8471 • Curitiba • Paraná
www.baseeditora.com.br • baseeditora@baseeditora.com.br

apresentação

Se alguém quiser virar profeta, pode começar profetizando a abertura dos telejornais às vésperas de um feriadão: Congestionamento na rodovia tal, congestionamento no rodoanel, lentidão na rodovia *y*... e assim segue jornal adentro. As imagens mostram, em todo o país, milhões de pessoas confinadas em automóveis, filas sem fim. E, a menos que a pessoa sacrifique o último dia e volte antes, ao término do feriadão, a rotina se repete. Pois é, o lazer tem a tendência de tornar-se um grande problema social. A busca do prazer estereotipado conduz a uma questão: Sabemos desfrutar o lazer?

Algum tempo atrás, tive a oportunidade de ouvir um ex-ministro dizer que o seu passatempo predileto era resolver problemas matemáticos. Refleti muito sobre isso. Então, por que não tornar o aprendizado da Matemática um lazer? É possível aprender Matemática com prazer e se divertindo?

Pensei algum tempo sobre essa possibilidade, imaginei um sujeito montando, em sua casa, um laboratório de Matemática com metro, trena, esquadro, fio de prumo, nível de bolha, suta, e, é claro, livros de matemática. Para aprender matemática, o sujeito realizaria tarefas rotineiras em sua casa: aparar grama, trocar lâmpadas, consertar uma torneira que não para de pingar, reposicionar os móveis de um cômodo, etc. Se o caro leitor está me questionando sobre onde está a matemática nessas tarefas, provavelmente, ainda não realizou nenhuma delas.

A troca de uma lâmpada envolve a ideia de circuito com interruptores em série: se você não desligar o interruptor, o risco de levar choque é grande. É mais seguro desligar o disjuntor, que controla aquele circuito, pois com ele desligado, não importa a posição do botão do interruptor, você não leva choque! Uma mudança de móveis é mais fácil depois de realizar as mudanças num diagrama em escala.

Estendendo essas tarefas, a matemática envolvida aumenta. Ouse experimentar.

Agora, se você é um professor de matemática, ou ainda é estudante, pode aperfeiçoar essas ideias e colocá-las em ação. Sempre cabe uma matemática experimental em cada tarefa. Mas o que é esta matemática experimental? Para mim, é uma forma de aprendermos matemática sem respostas prontas. É uma matemática em que, a cada momento, aprendemos algo novo e inusitado. É a matemática na qual aprendemos a observar, a propor soluções, a testar e a verificar os resultados e divulgá-los.

Mas por que um dicionário? Ora, porque a natureza da Matemática não é linear como a Matemática escolar. A Matemática é uma rede de conhecimentos que se associam por afinidade conceitual ou por uso, ela integra ideias de diferentes campos do conhecimento humano. Assim, as necessidades surgem aleatoriamente, daí a razão de apresentarmos conceitos e materiais didáticos organizados em ordem alfabética, facilitando sua busca. Quem gosta de perder tempo?

Como, afinal de contas, não sou profeta, espero que goste deste trabalho e que a Matemática proporcione bons momentos para você.

Grato!
O autor

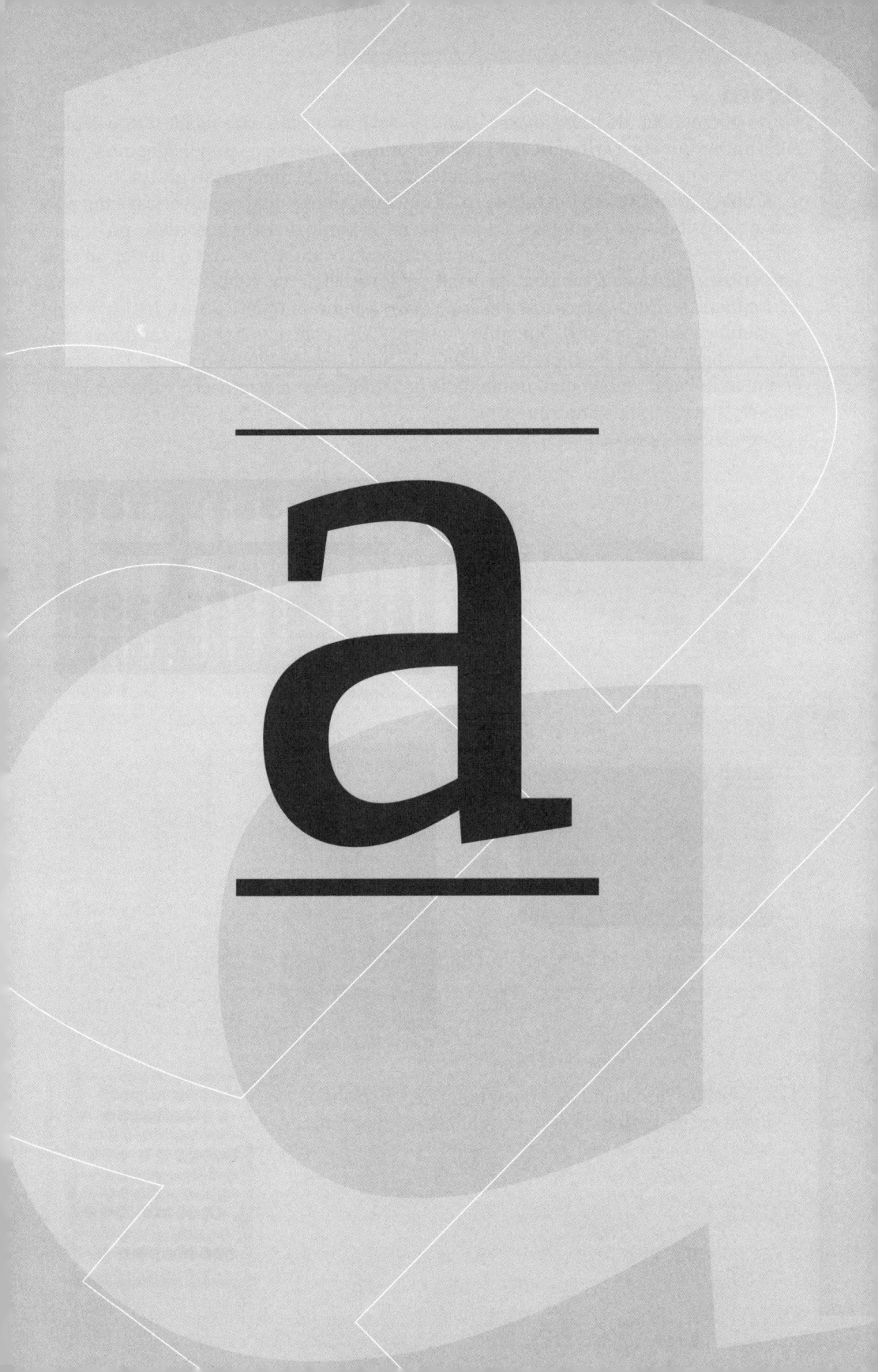

a

Ábaco

Do grego *tabla*, do latim *abacus*, **quadro**. Aparato usado para facilitar os cálculos, é tão antigo quanto a aritmética. Sua forma tem variado com o tempo, adaptando suas disposições de acordo com as necessidades do sistema de numeração utilizado.

O ábaco primitivo era um tabuleiro de madeira sobre o qual se pulverizava um pó – existe a possibilidade etimológica de a palavra ter vindo do hebraico: *abak*, **pó** –; para calcular, escreviam-se os sinais que representavam os números com os dedos ou com um estilete, utilizavam, também, pedrinhas para auxiliar nas contas.

Na Idade Média, a palavra ábaco era utilizada como sinônimo de aritmética devido à generalização de seu uso. Por volta do século XIII, começaram a utilizar fichas com adornos para indicar as diferentes ordens de unidades. No final do século XV, apareceram as linhas de modo que, numa linha qualquer, uma mesma ficha valia dez vezes mais do que valeria na linha anterior.

Veja alguns tipos de ábacos:

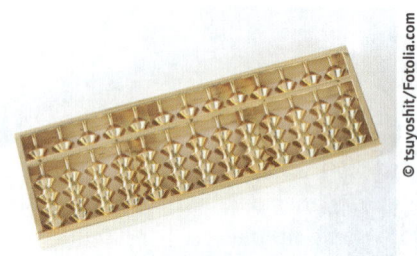

Ábaco japonês – soroban.

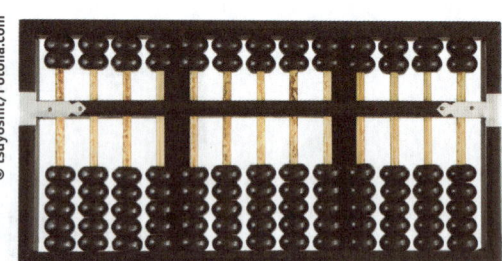

Ábaco chinês.

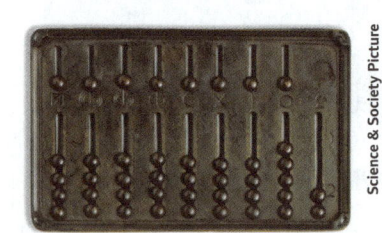

Ábaco romano.

Quipo, ábaco inca.

1. Dispositivo de cálculo, nos quais bolinhas coloridas deslizam em hastes paralelas, para realizar cálculos aritméticos.

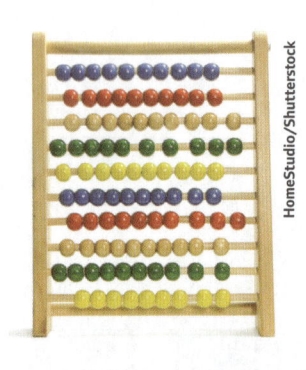

2. Dispositivo de ensino com hastes e contas coloridas utilizado para facilitar o aprendizado do sistema de numeração posicional. Na história da matemática, é o primeiro instrumento digital de cálculo inventado; versátil, pode ser utilizado no auxílio e no registro de uma contagem e nas operações fundamentais.

3. Qualquer gráfico que permita a resolução de certos cálculos pela simples leitura de um quadro.

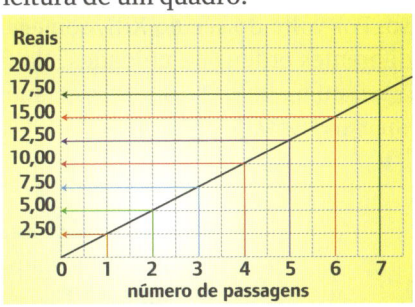

Abcissa (ou abscissa)

Termo utilizado no sistema de coordenadas cartesianas para indicar o primeiro elemento de um par ordenado na localização de um ponto no plano.

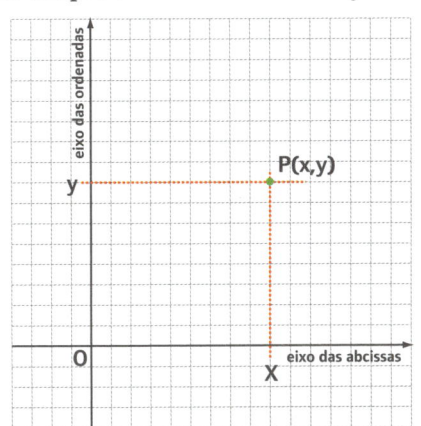

$$P\,x,y \rightarrow \begin{cases} P \text{ é o ponto dado} \\ x \text{ é a abcissa do ponto} \\ y \text{ é a ordenada do ponto} \end{cases}$$

No caso do sistema de coordenadas cartesianas no espaço, a localização do ponto utiliza um termo ordenado: P(x, y, z)

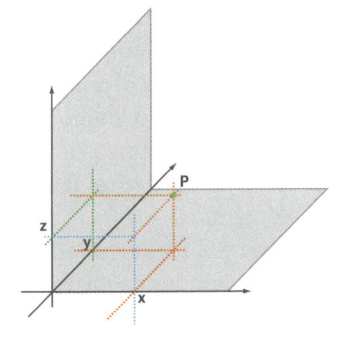

$$P\,x,y,z \rightarrow \begin{cases} P \text{ é o ponto dado} \\ x \text{ é a abcissa do ponto} \\ y \text{ é a ordenada do ponto} \\ z \text{ é a cota do ponto} \end{cases}$$

Adição

É uma das quatro operações fundamentais da matemática. É a operação matemática associada às ideias de **juntar**, **reunir** e **acrescentar** quantidades homogêneas.

$$\underrightarrow{\text{sinal que indica uma adição}} +\begin{array}{r} 25 \\ 43 \\ \hline 68 \end{array} \begin{array}{l} \text{parcela} \\ \text{parcela} \\ \text{soma ou total} \end{array}$$

Adição com reserva

Quando a soma dos valores que compõe uma das ordens ultrapassa dez. Veja um exemplo:

$$+\begin{array}{r} \overset{1}{0}\overset{1}{8}4 \\ 079 \\ \hline 163 \end{array}$$

Nos anos iniciais, é recomendado o uso do ábaco aberto. Representamos cada uma das parcelas em ábacos separados e, em seguida, efetuamos a operação transferindo as argolas das hastes das unidades para a haste da unidade num terceiro ábaco:

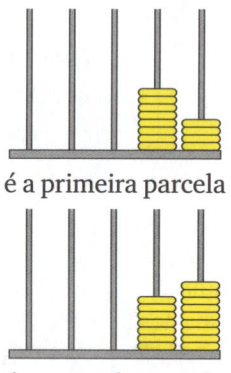

é a primeira parcela

é a segunda parcela

Transferimos as argolas das hastes das unidades das parcelas para a haste da unidade do terceiro ábaco:

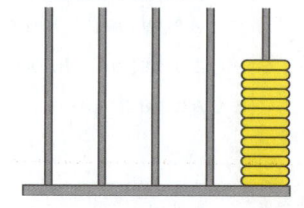

Em seguida, aplicamos a regra do "nunca 10", trocando 10 argolas da haste das unidades por uma argola na haste das dezenas;

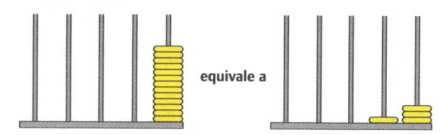

equivale a

Agora, transferimos as argolas das hastes das dezenas.

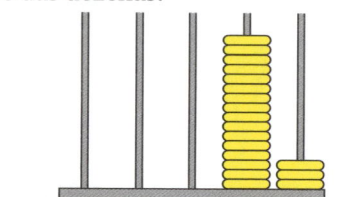

e aplicamos, novamente, a regra do "nunca 10":

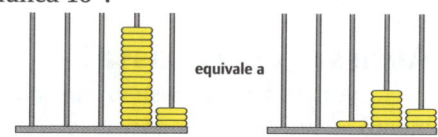

equivale a

obtendo o resultado:

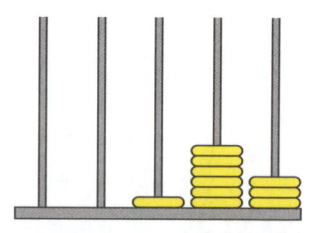

que representa o número 163.

Adição binária

É uma adição realizada no sistema binário de numeração. Veja **sistema binário de numeração** ou **sistema de numeração base 2**.

O sistema binário é empregado no estudo da lógica matemática e da eletrônica digital, entretanto, nos anos iniciais, pode ser empregado como alternativa para introduzir o sistema de numeração posicional e as operações sem a utilização de algoritmos.

Os materiais recomendados para desenvolver atividades na base 2 são:

1. **Blocos base 2**
   Observe uma adição utilizando os blocos de base 2:
   Efetue: 1010 + 1100
   1º passo
   Representar os números com blocos:

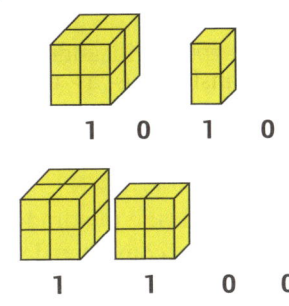

   1   0   1   0

   1   1   0   0

   2º passo
   Reunir os blocos, respeitando as ordens correspondentes:

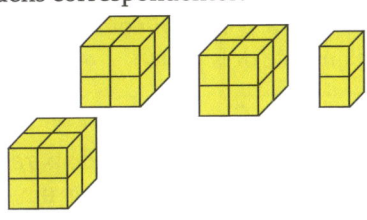

   equivale a

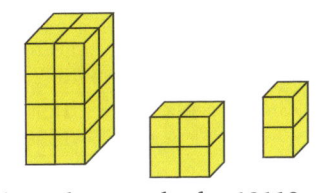

   traduzindo o resultado: 10110

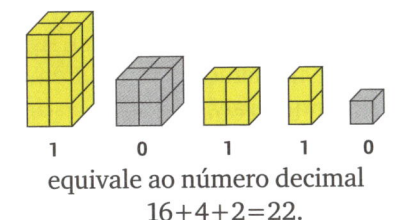

   1   0   1   1   0

   equivale ao número decimal
   16+4+2=22.

   Os blocos em cinza indicam apenas a posição não ocupada.

2. **Ábaco aberto**
   O ábaco aberto pode ser preparado para representar um número binário:

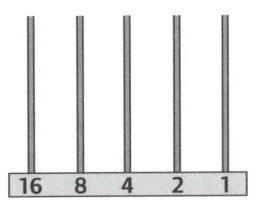

   16   8   4   2   1

   Vamos representar os números binários no ábaco:
   a) 1010

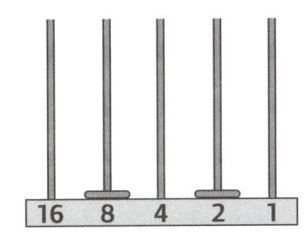

   16   8   4   2   1

   Observe que, somando os valores das hastes que contêm argolas, obtemos o valor do número correspondente na base 10.
   b) 1100

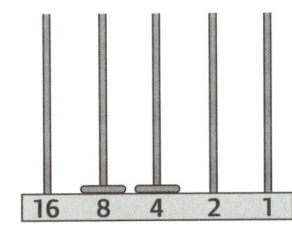

   16   8   4   2   1

   Para facilitar o aprendizado, podemos utilizar os dois materiais simultaneamente.

Adição algébrica

É uma adição na qual são considerados os sinais dos números.
Exemplos:
$$-8 + 7 - 5 + 10 = +4$$
$$5 + 9 - 19 - 10 = -15$$
Lembre-se que:
A partir dos números inteiros, as expressões aritméticas passam a ter dois tipos de sinais:
a) o **sinal do número** – sinal que indica a posição do número em relação à origem:

– 5 (menos cinco) indica que o número é menor que zero: número negativo.
+ 8 (oito ou mais oito) indica que o número é maior que zero: número positivo.

b) **sinal da operação** – sinal que indica uma adição ou uma subtração.

Numa situação inicial, os dois tipos de sinais convivem separados por parênteses:

(+ 5) + (– 6) indica uma adição que, eliminando os parênteses, equivale a:
+ 5 – 6 = – 1
(– 9) – (– 8) indica uma subtração que, eliminando os parênteses, equivale a:
– 9 + 8 = – 1
As expressões
+ 5 – 6 = – 1
– 9 + 8 = – 1
são chamadas **adições algébricas**.

Aleatório

1. Que depende das circunstâncias, do acaso; casual, fortuito, contingente.
1.1 Que depende de ocorrências imprevisíveis quanto a vantagens ou prejuízos.
2 Rubrica: física. Referente a fenômenos físicos para os quais as variáveis tomam valores segundo uma determinada lei de probabilidade (p.ex., o *movimento browniano*).

Algarismo

Cada um dos símbolos utilizados sozinhos ou combinados, segundo certas regras ou princípios de numeração, para representar os números na escrita. A palavra **algarismo** é originária do nome do matemático **Al-Khowarizmi**.

Adotamos os algarismos indo-arábicos no cotidiano: 0, 1, 2, 3, 4, 5, 6, 7, 8, 9.

Álgebra

Parte da matemática que trata da codificação e decodificação de informações, da generalização de propriedades, regras ou princípios utilizando letras, algarismos e sinais gráficos. Exemplos:

a) 3 + 4 = 4 + 3, pode ser generalizada escrevendo:
$a + b = b + a, \forall a \wedge b \in N$

b) $x^2 + 2x$ (significa: o quadrado de um número somado com o seu dobro)

A origem do termo **álgebra** também se atribui a Al-Khowarizmi devido ao título de seu livro: *Al-jabr we mukabala*, que tratava das equações e suas soluções a partir do equilíbrio numa balança de dois pratos.

Algoritmo

Técnica ou recurso utilizado para efetuar uma operação ou resolver um problema.

Exemplos:

```
   345          780        11610 | 258
 + 128        – 298       – 1032   45
  ----         ----         ----
   473          482         1290
                          – 1290
                           ----
                              0
```

Os algoritmos da adição, subtração e divisão.

Altura

1. Medida de comprimento efetuada, normalmente, na vertical. Exemplos:
a) a altura do prédio é 35 metros;
b) a altura de Paula é 1,65 m.
2. A altura de um triângulo é medida de um segmento de reta perpendicular à base passando pelo vértice. Todo triângulo possui três alturas. *Ver* **cevianas**.

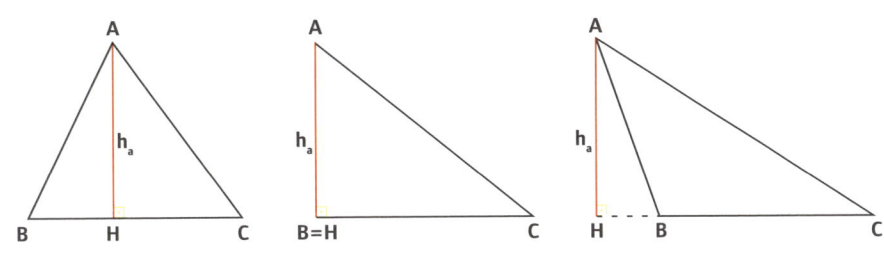

A, B, C → vértices do triângulo
H → pé da altura
h_a → altura relativa ao lado a $\overline{BC}$

3. A altura de uma pirâmide ou de um prisma é a medida do segmento de reta perpendicular compreendido entre os planos da base e o plano que contém o vértice ou a base superior da pirâmide ou do prisma.

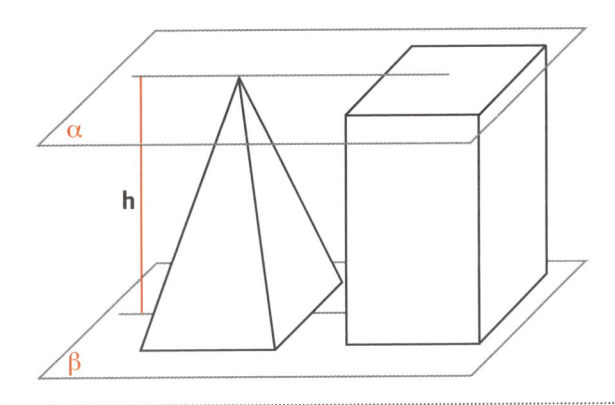

Alvo

Objeto ou figura que deve ser atingido por um projétil, dardo ou disco de E.V.A., em atividades lúdicas com o objetivo de contagem e de cálculo de pontuação. Em sala de aula, os alvos devem ser colocados sobre o piso e os participantes devem arremessar discos cilíndricos sobre ele. Os participantes devem computar os pontos, elaborar classificação, prever resultados, etc.

Alvo decimal – Alvo circular com pontuação em potências inteiras de dez.

Alvo binário – Alvo circular com pontuação em potências inteiras de dois.

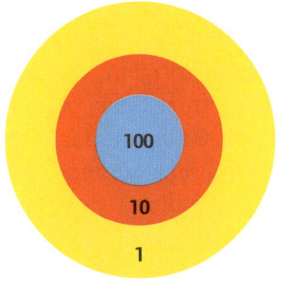

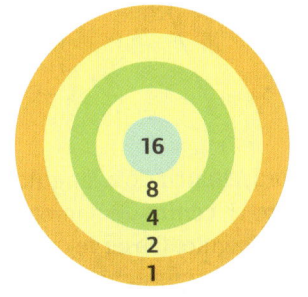

As atividades com os alvos podem ser acompanhadas com os ábacos ou registrando os escores por escrito.

Amostra
1. Parte representativa de um todo.
2. Pequena porção de alguma coisa dada para ver, provar ou analisar, a fim de que a qualidade do todo possa ser avaliada ou julgada.
3. Qualquer conjunto cujas características ou propriedades são estudadas com o objetivo de estendê-las a outro conjunto do qual é considerado parte.

Ampliação
Transformação aplicada a uma figura plana de modo que as novas dimensões são proporcionais às originais.

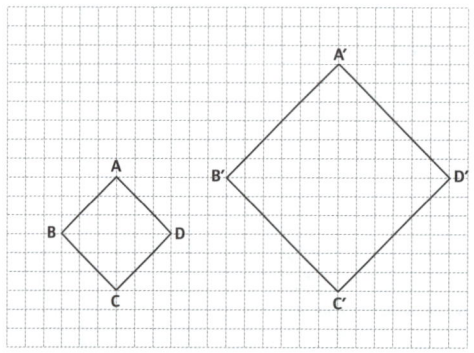

Neste exemplo, utilizamos a malha quadriculada como recurso para ampliação e para constatação da proporcionalidade. Observe que os ângulos permanecem inalterados.

Mais um exemplo:

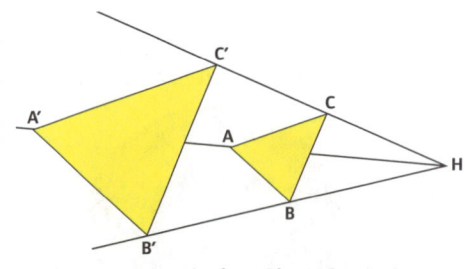

Agora, a partir do triângulo dado ABC e o ponto H, centro de homotetia ampliamos o triângulo. Observe que:

$$\frac{\overline{AB}}{\overline{A'B'}}=\frac{\overline{BC}}{\overline{B'C'}}=\frac{\overline{CA}}{\overline{C'A'}}=\frac{\overline{HA}}{\overline{H'A'}}=\frac{\overline{HB}}{\overline{H'B'}}=\frac{\overline{HC}}{\overline{H'C'}}=k$$

Amplitude
Diferença entre o menor e o maior valor numa sequência.

Ângulo
É uma mudança de direção. Exemplo: Um avião está se deslocando na direção norte-sul, vira e passa seguir a direção leste-oeste.

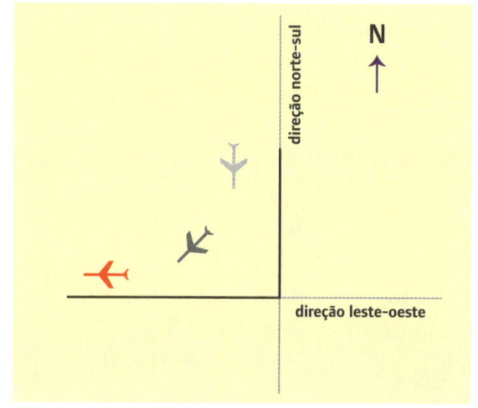

A direção anterior e a nova direção formam um ângulo. O ponto de interseção das duas direções é chamado **vértice do ângulo**.

Representação de um ângulo

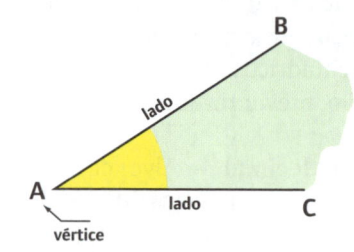

Utilizamos dois segmentos de reta com mesma origem e o espaço compreendido entre elas para representar um ângulo. Os elementos do ângulo são:
a) vértice – representado pelo ponto A, neste exemplo.
b) lados – representados pelos segmentos de reta $\overline{AB}$ e $\overline{AC}$.

O espaço compreendido entre os lados é denominado **abertura do ângulo**.

Notações de ângulos

Podemos adotar as seguintes notações para ângulos:

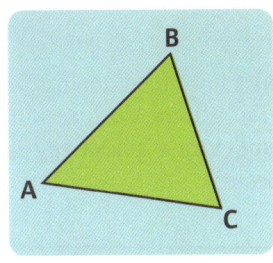

BÂC → ângulo com vértice em A;
CB̂A → ângulo com vértice em B;
AĈB → ângulo com vértice em C.
Podemos utilizar também:
Â → ângulo com vértice em A;
B̂ → ângulo com vértice em B;
Ĉ → ângulo com vértice em C.
Além dessas notações, podemos utilizar as letras gregas:

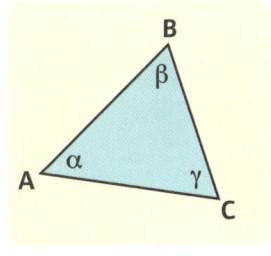

α → ângulo alfa;
β → ângulo beta;
γ → ângulo gama.
Essa notação é utilizada no estudo do triângulo.

Medida de um ângulo

Duas direções quando se interceptam determinam 4 ângulos.

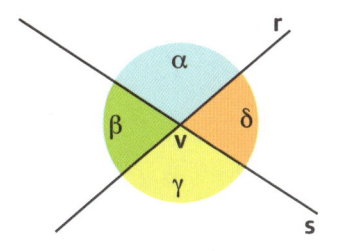

A soma de todos eles é uma volta completa. No sistema de medida em graus, a volta completa mede 360 unidades, assim, 1º (um grau) vale $\frac{1}{360}$ de uma volta.

O instrumento de medida para medir a abertura de um ângulo é o **transferidor**.

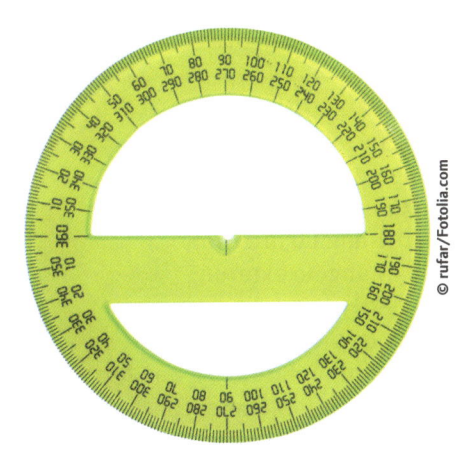

Modelo escolar de um transferidor.

Ângulos e atividades escolares

1. A **malha quadriculada** é um excelente recurso para trabalhar a ideia de ângulos nos anos iniciais do Ensino Fundamental. As direções **horizontais** e **verticais** são facilmente visualizadas na malha quadriculada servindo como referência para trabalhar os ângulos.

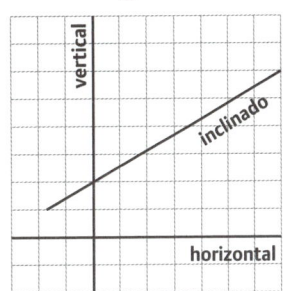

As direções horizontais e verticais podem ser facilmente associadas às direções norte-sul e leste-oeste da rosa dos ventos.

2. O **geoplano circular** e o **retangular**. Com auxílio do geoplano circular, podemos trabalhar a ideia e o conceito de ângulo. A partir da divisão da circunferência, podemos inserir as medidas dos ângulos e as relações entre elas.

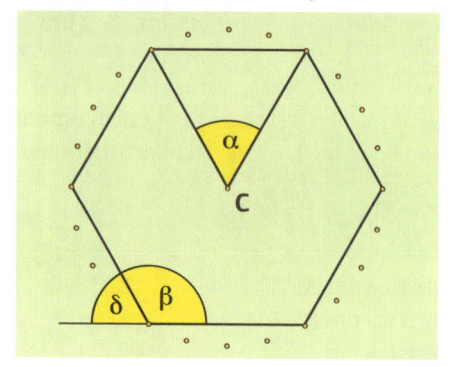

α → ângulo central;
β → ângulo interno;
δ → ângulo externo;
α + β = 180°
α = δ

3. **Teodolito didático** é um dispositivo que permite desenvolver aplicações do conhecimento de ângulos e realizar atividades de medições à distância.

O astrolábio é o precursor do teodolito. Na Antiguidade, permitiu a navegação marítima possibilitando as grandes descobertas.

Ângulo agudo

Ângulo agudo é um ângulo cuja medida é menor que 90°.

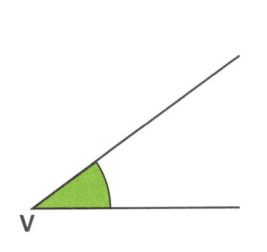

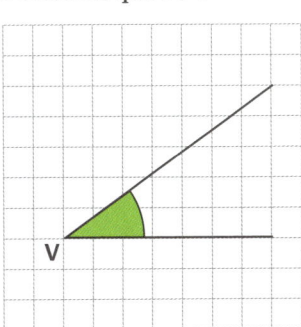

Observe como a malha quadriculada facilita a visualização do ângulo menor que 90°.

Ângulo obtuso

Ângulo obtuso é o ângulo cuja medida é maior que 90°.

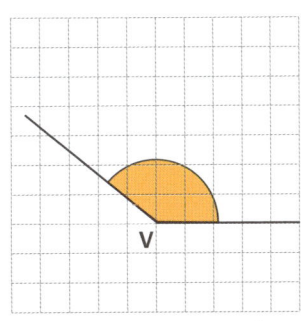

Observe como a malha quadriculada facilita a visualização do ângulo maior que 90°.

Ângulos opostos pelo vértice

Quando duas retas **r** e **s** se interceptam num ponto **V**, determinam quatro ângulos:

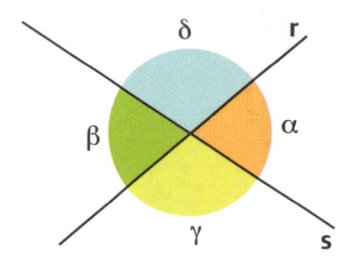

α, β, δ e γ de modo que α = β e δ = γ. Os pares de ângulos α e β e δ e γ são opostos pelo vértice.

Para explorar a igualdade dos ângulos opostos pelo vértice, recomendamos as Réguas Perfuradas:

A igualdade dos ângulos pode ser verificada, de modo simples, contando os furos ou levantando as medidas (multiplicando, neste caso, o número de furos por 15°). As atividades são dinâmicas e o professor pode explorar o caso quando α = β = δ = γ.

Ângulo raso

Ângulo **raso** ou **meia volta** é o ângulo cuja abertura mede 180°.

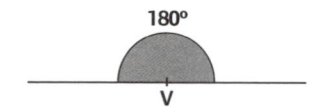

Ângulo reto

Ângulo **reto** ou **um quarto de volta** é o ângulo cuja abertura mede 90°. Na malha quadriculada, é o ângulo formado ente uma reta horizontal e uma vertical.

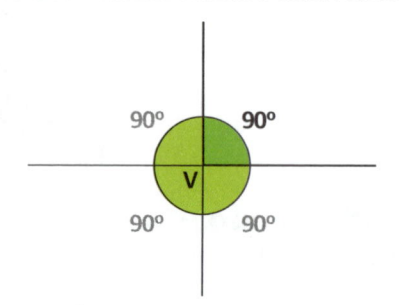

Na prática, indicamos um ângulo reto desta forma:

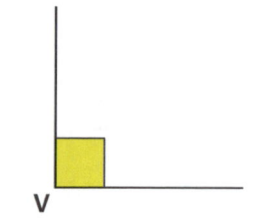

o quadrado indica o ângulo reto.

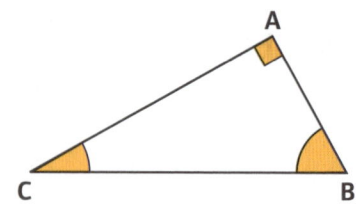

Neste caso, indica-se que o triângulo é retângulo em A.

Ângulos formados por duas retas paralelas cortadas por uma reta transversal

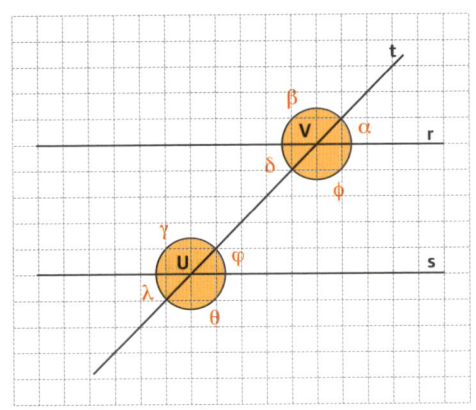

As retas paralelas **r** e **s** cortadas pela reta **t** determinam oito ângulos que obedecem as seguintes condições:

$\left.\begin{array}{l}\phi = \gamma \\ \delta = \varphi\end{array}\right\}$ porque são ângulos alternos internos;

$\left.\begin{array}{l}\beta = \theta \\ \alpha = \lambda\end{array}\right\}$ porque são ângulos alternos externos;

$\left.\begin{array}{l}\beta = \gamma \\ \alpha = \varphi \\ \phi = \theta \\ \delta = \lambda\end{array}\right\}$ porque são ângulos correspondentes.

Para explorar melhor essas ideias, recomendamos o uso das Réguas Perfuradas:

Antecessor

Dado um número que faz parte de uma sequência de números inteiros, antecessor é o número que o precede.

Exemplo: 3, 6, 9, 12, 15. 6 é o antecessor de 9. O número 3 é o único que não tem antecessor na sequência dada.

Apótema

É o raio da circunferência inscrita num polígono regular dado.

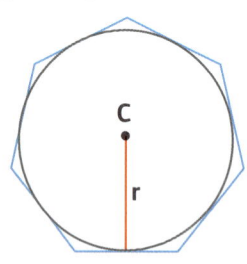

r é o apótema do heptágono regular.

Para relacionar o apótema de um polígono regular, os materiais recomendados são **Polígonos Construtores e o Geoplano Circular 24 divisões**. Veja:

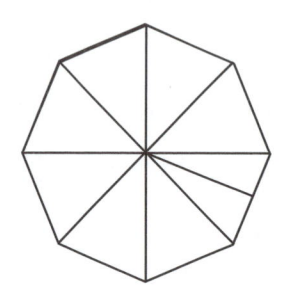

destacando a peça bipartida

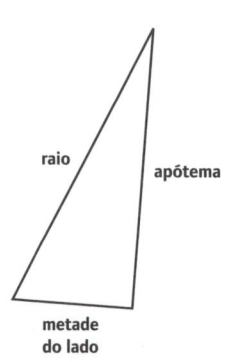

raio   apótema

metade do lado

Raio, apótema e o lado podem ser relacionados uma vez que o triângulo é retângulo e os ângulos são 22,5°; 67,5° e 90°.

Arco capaz

Arco capaz ou **arco capaz de um ângulo** α é um arco de circunferência que: qualquer ângulo com vértice sobre sua curva e seus lados contenham as extremidades do arco, são congruentes a α.

Exemplos:

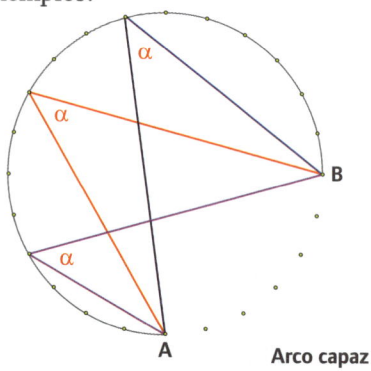

Arco capaz

Observe na construção no geoplano; qualquer ângulo que seja construído terá a medida de α, neste caso, α = 45° e a medida do arco BA = 270°.

Consequência:

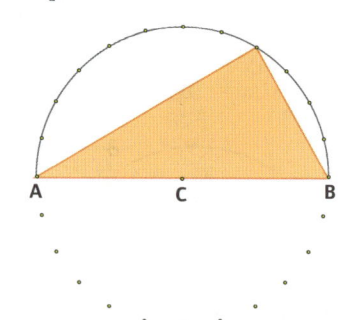

Qualquer triângulo inscrito numa semicircunferência é triângulo retângulo. O arco de 180° é o arco capaz do ângulo de 90°.

Arco de circunferência

Arco de circunferência é uma parte da circunferência compreendida entre dois pontos.

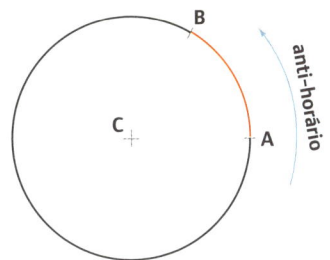

Por convenção, consideramos os arcos formados no sentido anti-horário.
- O ponto A é a **origem** do arco;
- O ponto B é a **extremidade** do arco.

Tome nota

1. A todo arco corresponde um ângulo:

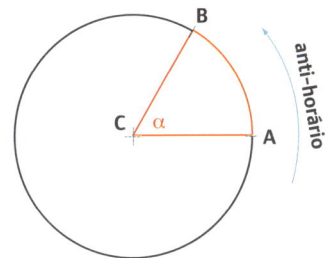

α é chamado **ângulo central**.

2. O arco AB e o ângulo α têm a mesma medida.

3. A figura geométrica associada a um arco é o **setor circular**:

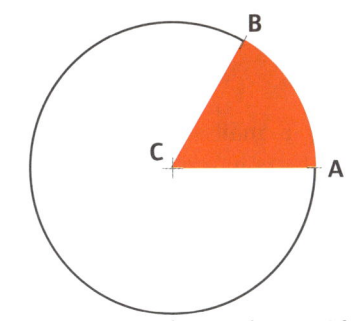

Um setor circular pode ser identificado:

a) pelo ângulo central:

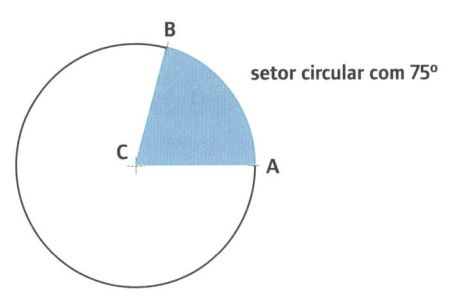

setor circular com 75°

b) por um percentual:

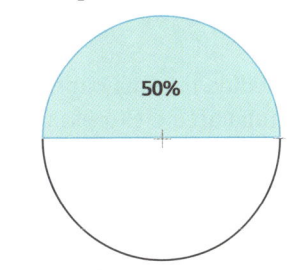

50%

c) por uma fração:

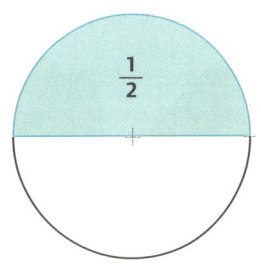

$\frac{1}{2}$

4. Em sala de aula, materiais para trabalhar frações, percentuais e construções de gráficos utilizam setores circulares.

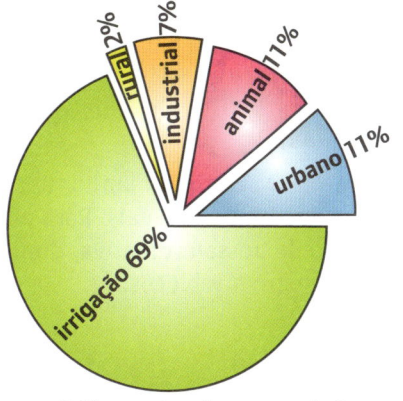

rural 2%
industrial 7%
animal 11%
urbano 11%
irrigação 69%

Gráfico mostrando consumo de água.

Unidade de medida de arcos

Existem duas unidades usuais para medida de arcos:

a) **GRAU** – um grau equivale a $\frac{1}{360}$ de uma volta completa na circunferência, ou uma volta completa na circunferência mede 360°.

b) **RADIANOS** – uma volta completa na circunferência mede 2π rad ou 6,28... rad.

Área

É a medida de uma superfície. A medida de uma área é expressa por um número. Para medir uma área, podemos adotar os seguintes procedimentos:

a) Fazendo estimativa

Veja um exemplo para comparar a área de duas figuras irregulares:

Para realizar uma estimativa, utilizamos blocos com a mesma forma e tamanho, neste caso, blocos de peças cilíndricas:

Com blocos desse tamanho, aparentemente, as áreas são iguais. Para afinar a precisão de nossa estimativa, diminuímos o diâmetro dos blocos:

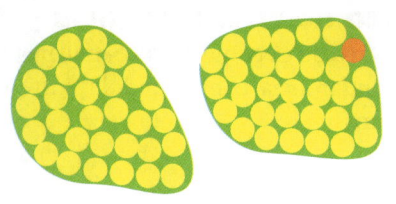

Agora coube um bloco a mais (indicado com a cor vermelha) na figura à direita. O objetivo foi atingido: foi identificada a superfície com maior área.

A unidade não é adequada, mas evidenciamos três aspectos importantes:

1. Para comparar a área de duas superfícies, necessitamos de uma unidade de área.
2. Diminuindo o tamanho da unidade aumentamos a precisão da medida (introduzimos a ideia de submúltiplos).
3. Necessidade de eliminar os espaços entre os blocos.

b) Utilizando a malha quadriculada

Podemos desenhar direto na malha quadriculada ou utilizar uma malha impressa em papel transparente.

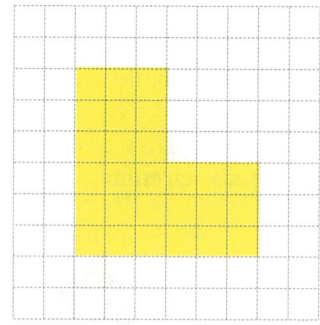

Como a malha foi construída com quadrículas com um centímetro de lado, a medida da área da figura é expressa em centímetros quadrados: 27 cm². Neste caso, a área foi calculada por contagem.

Desenvolvendo atividades com a malha quadriculada, utilizando retângulos, podemos descobrir regularidades envolvendo polígonos equivalentes (com a mesma área).

Neste caso, verificamos:
1. o cálculo da área pode ser efetuado multiplicando as dimensões do retângulo;
2. a igualdade 3 × 5 = 5 × 3 (propriedade comutativa da multiplicação);

Por extensão, podemos chegar ao cálculo da área de outras figuras:

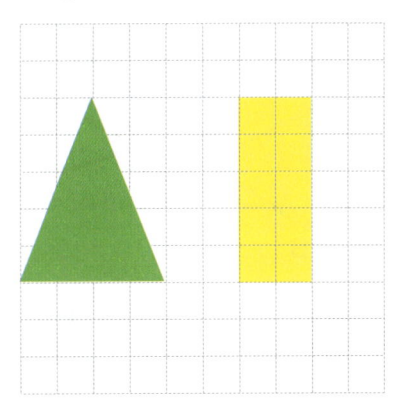

A área do triângulo é igual a: $S = \dfrac{\text{base} \times \text{altura}}{2} = \dfrac{4 \times 5}{2} = 10\,\text{cm}^2$

A ideia pode ser estendida à multiplicação de números racionais:

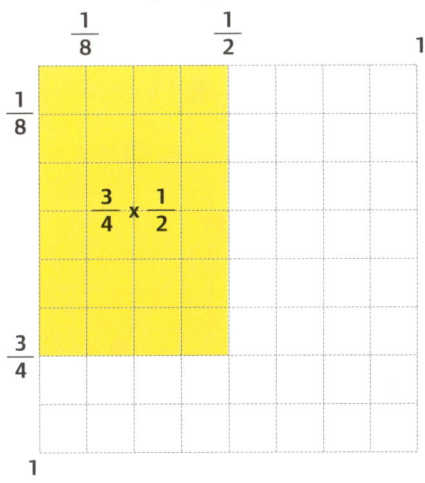

O total de quadrículas na malha quadriculada 1x1 é 64, assim cada quadrícula vale $\frac{1}{64}$:

O retângulo em amarelo possui 24 quadrículas, ou seja, $\frac{24}{64}$.

Simplificando a fração: $\frac{24}{64} = \frac{12}{32} = \frac{6}{16} = \frac{3}{8} \rightarrow$ assim, $\frac{3}{4} \times \frac{1}{2} = \frac{3}{8}$.

Essa é uma forma de exemplo concreto de uma multiplicação de números racionais.

Aresta
É o segmento de reta que une dois vértices consecutivos de um poliedro.

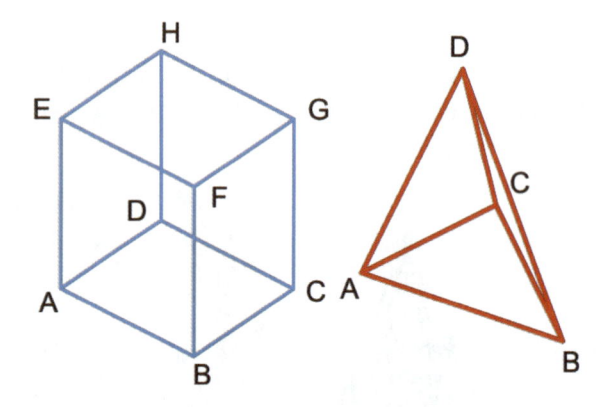

Observe os poliedros representados pelas suas arestas.

Em sala de aula, o professor pode desenvolver atividades utilizando espetinhos para churrasco e massa de modelar para a construção de poliedros:

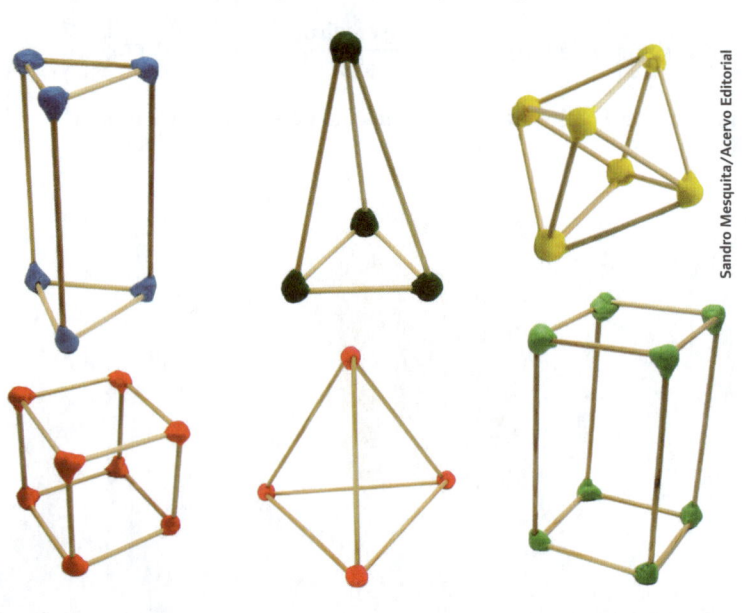

Árvore de possibilidades

É um diagrama bidimensional, inspirado nos ramos de uma árvore, que tem como finalidade organizar as possibilidades de desenvolvimento de um evento.

Exemplo:

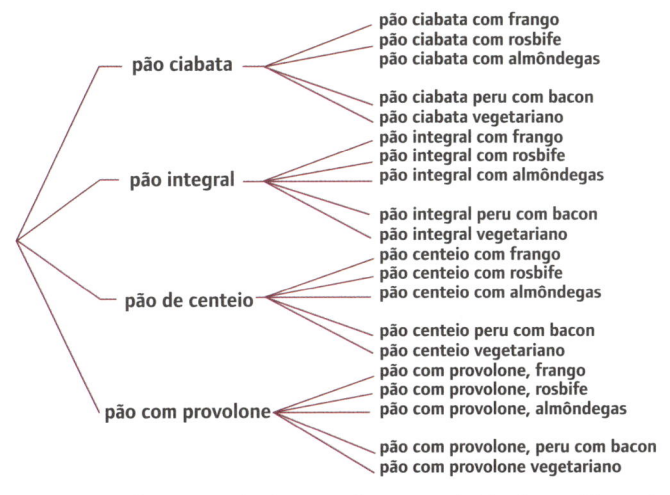

pão ciabata
- pão ciabata com frango
- pão ciabata com rosbife
- pão ciabata com almôndegas
- pão ciabata peru com bacon
- pão ciabata vegetariano

pão integral
- pão integral com frango
- pão integral com rosbife
- pão integral com almôndegas
- pão integral peru com bacon
- pão integral vegetariano

pão de centeio
- pão centeio com frango
- pão centeio com rosbife
- pão centeio com almôndegas
- pão centeio peru com bacon
- pão centeio vegetariano

pão com provolone
- pão com provolone, frango
- pão com provolone, rosbife
- pão com provolone, almôndegas
- pão com provolone, peru com bacon
- pão com provolone vegetariano

Nos anos iniciais, o professor pode desenvolver as atividades utilizando brinquedos para festa de aniversário. Veja, por exemplo, um aviãozinho composto por cinco peças

1. asas: amarelas e azuis;
2. fuselagem superior: brancas e azuis;
3. fuselagem inferior: azuis e brancas;
4. hélice: amarelas e verdes;
5. flutuadores: azuis e verdes.

Quantos aviões diferentes podem ser montados com essas peças?

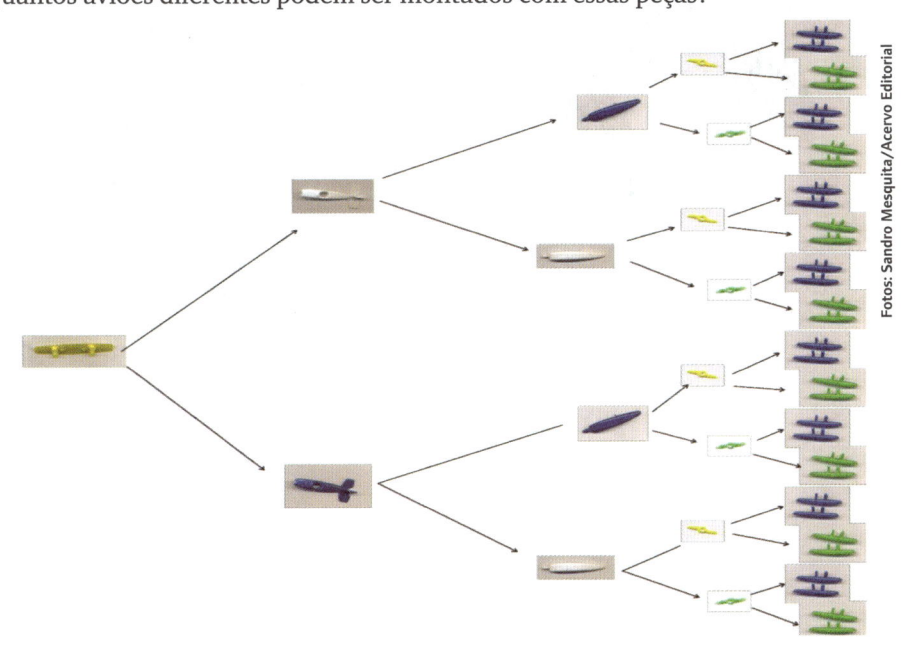

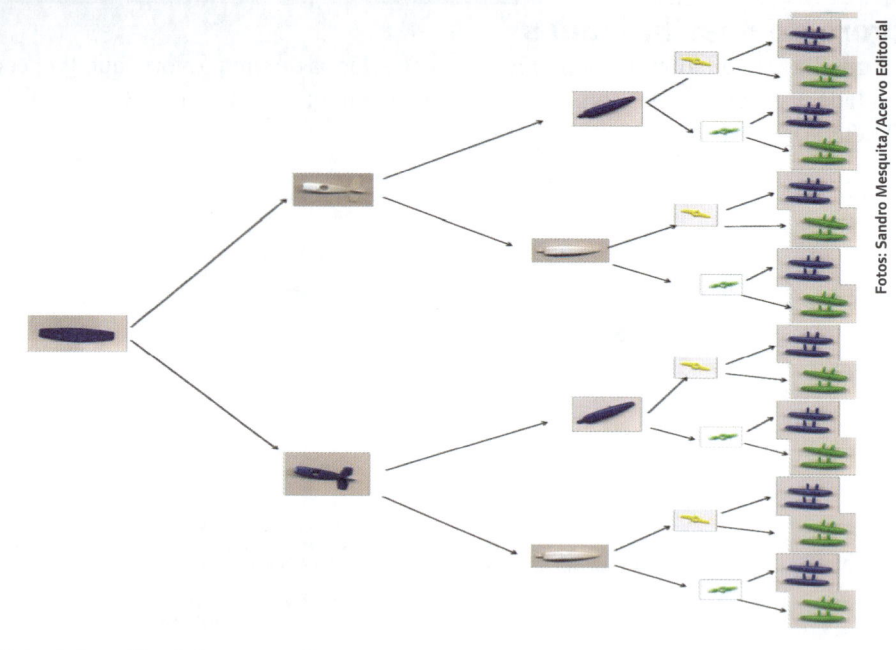

Veja dois aviõezinhos completos:

b

Balança

Qualquer instrumento ou aparelho destinado a comparar massas, determinar pesos ou medir forças.

> Instrumento que serve para pesar (substâncias, produtos, objetos etc.), constituído de uma haste vertical, na qual repousa um travessão móvel com dois braços pendentes, um em cada extremidade, um dos quais recebe os pesos e o outro aquilo que se quer pesar.
>
> Dicionário Houaiss

Balança antropométrica.

Balança algébrica

É um recurso didático que permite, em sala de aula, o estudo dos princípios aditivos e multiplicativos. A balança algébrica é inspirada no princípio de funcionamento da balança romana. Ver *balança romana*.

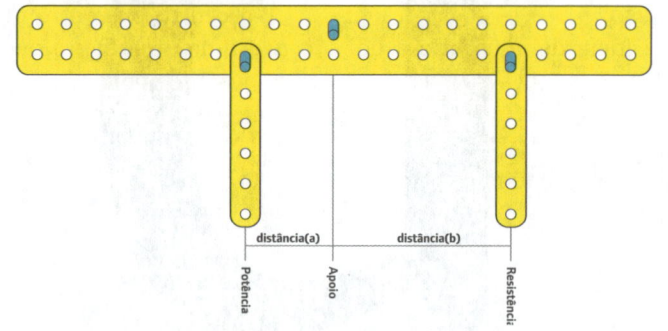

Balança de dois pratos

Compara as massas de dois corpos, a igualdade das massas pode ser conferida pela situação de equilíbrio.

A balança de dois pratos é utilizada em sala de aula para desenvolver atividades visando a resolução de equações e inequações a partir das propriedades algébricas deixando de lado algoritmos artificiais.

Veja as aplicações da balança de dois pratos:
- exploração de atividades para desenvolver a ideia de estimativa;
- exploração de atividades que envolvem precisão;
- associar a ideia de equilíbrio à de igualdade.

Conceitos associados
- igualdade e desigualdade;
- equivalência;
- unidade de medida de massa;
- propriedades algébricas;
- registro;
- construção de tabelas;
- construção de gráficos.

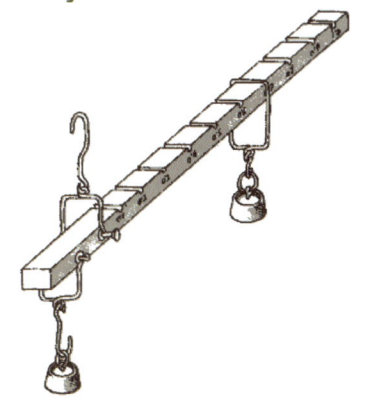

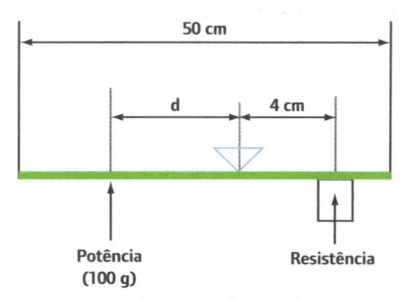

Balança romana

A equação do equilíbrio é:
- Potência → P = 100 g
- Distância entre potência e o ponto de apoio → d
- Resistência → R
- Distância entre resistência e o ponto de apoio → d_2
- P × d = R × d_1

Baricentro

Baricentro ou centro de gravidade é o ponto de uma figura ou de um objeto pelo qual ele pode ser sustentado para ficar em equilíbrio.

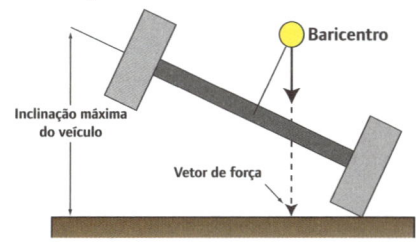

Baricentro de um triângulo

É o ponto de intersecção das medianas do triângulo.

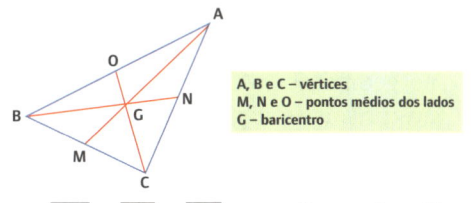

A, B e C – vértices
M, N e O – pontos médios dos lados
G – baricentro

$\overline{AM} = \overline{BN} = \overline{CO}$ → medianas do triângulo

Se Ax_a, y_a; Bx_b, y_b; Cx_c, y_c, então

$$G\left(\frac{x_a + x_b + x_c}{3}; \frac{y_a + y_b + y_c}{3}\right)$$

Barra algébrica

Associada à balança algébrica, as barras algébricas têm como objetivo o estudo de estruturas algébricas, de ideias de proporcionalidade, de divisão proporcional, de simetria, assimetria e outros conteúdos afins. O uso da régua algébrica é associado também a três dinamômetros que permitem desenvolver atividades quantitativas de distribuição de forças paralelas.

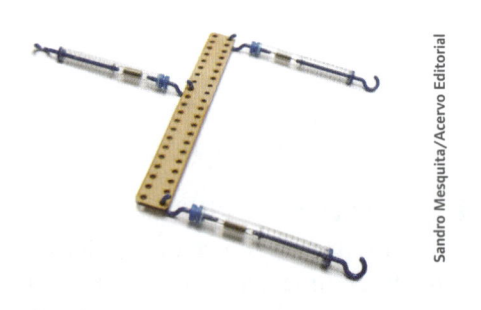

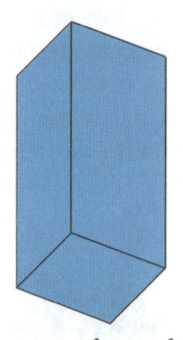

Prisma reto, quadrangular regular.

No caso dos cones e dos cilindros, as bases são círculos.

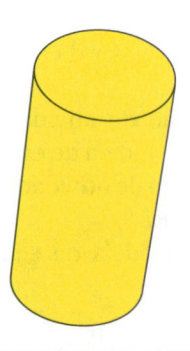

Base

1. Nas figuras geométricas planas, é convencionado escolher o lado do polígono, normalmente, na horizontal como **base** e um segmento de reta perpendicular a este lado com **altura**.

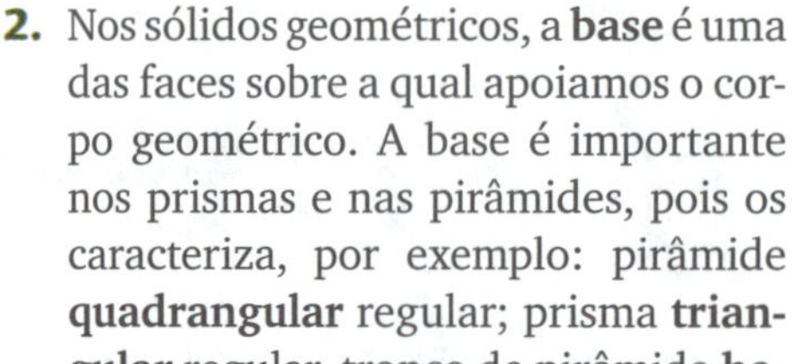

2. Nos sólidos geométricos, a **base** é uma das faces sobre a qual apoiamos o corpo geométrico. A base é importante nos prismas e nas pirâmides, pois os caracteriza, por exemplo: pirâmide **quadrangular** regular; prisma **triangular** regular, tronco de pirâmide **hexagonal** regular.

Base de uma potência

A potenciação é uma multiplicação com fatores repetidos. Esse fator repetido é denominado base de uma potência. Exemplo:

$$5^3 = 5 \times 5 \times 5 = 125 \begin{cases} 5 \rightarrow \text{base da potência} \\ 3 \rightarrow \text{expoente} \\ 125 \rightarrow \text{potência} \end{cases}$$

Batalha naval

Jogo de tabuleiro que propicia o desenvolvimento de atividades que envolvem a localização de um ponto no plano utilizando um sistema de coordenadas. O jogo, em sua versão básica, consiste no seguinte:

    a) cada participante recebe uma cartela contendo duas malhas quadriculadas;

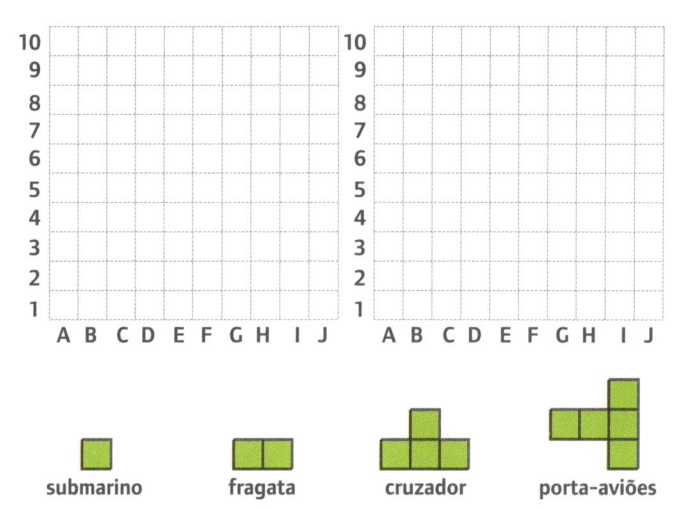

b) no primeiro quadro, o participante coloca estrategicamente sua frota e, no segundo, marca seus lançamentos;
c) o lançamento é efetuado dando uma coordenada: uma letra de A até J e um número de 1 até 10. Exemplo: B8

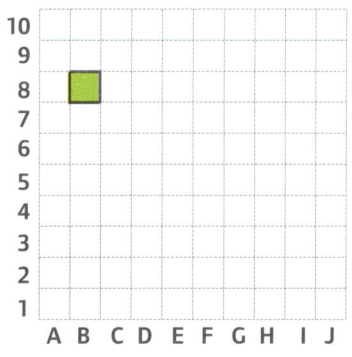

d) após o sorteio para ver quem começa, cada jogador faz um lançamento: se errar o alvo, o adversário deve dizer "água" e, se o jogador acertar, deve dizer "certo".
e) ganha o jogo quem primeiro afundar a frota adversária;

O professor, de acordo com suas necessidades, pode adaptar as coordenadas para trabalhar com pares ordenados do tipo (3, 4); (0, – 3) e assim por diante.

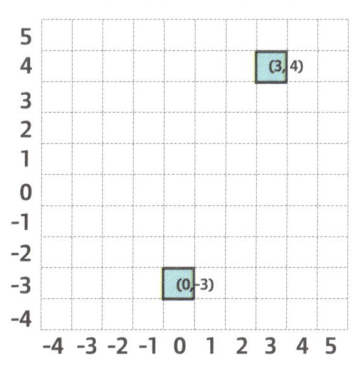

Bidimensional

Aquilo que tem duas dimensões. As figuras geométricas planas têm duas dimensões: comprimento e largura. Como exemplos, podemos citar os polígonos e os círculos.

Binômio

Expressão algébrica com dois termos. Exemplos:
a) $3x^3 - 8y^2$
b) $4m + 3$

Bissecção

Divisão em duas partes iguais.

A bissecção de um segmento de reta em duas partes iguais é feita pela mediatriz.

A bissecção de um ângulo é feita pela **bissetriz**.

Bissetriz

Semirreta cujos pontos são equidistantes de duas semirretas de mesma origem. A bissetriz divide um ângulo em duas partes iguais.

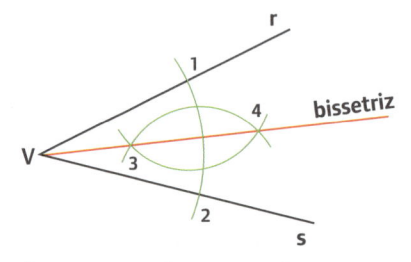

Para construir geometricamente uma bissetriz, seguimos os seguintes passos:
1. ponta seca em V, raio qualquer, determinamos os pontos 1 e 2;
2. ponta seca em 1, raio qualquer, traçamos um arco;
3. com a mesma abertura do compasso, ponta seca em 2, traçamos outro arco: determinamos os pontos 3 e 4;
4. ligando o ponto 4 com o vértice, obtemos a bissetriz.

Bloco

Designação genérica dada às peças sólidas que representam figuras planas ou bidimensionais.

Quando trabalhamos com material concreto, não podemos utilizar os termos triângulo, quadrado ou círculo, uma vez que estamos trabalhando com objetos tridimensionais. Adotamos o termo "bloco" acrescido da forma predominante nas suas faces maiores.

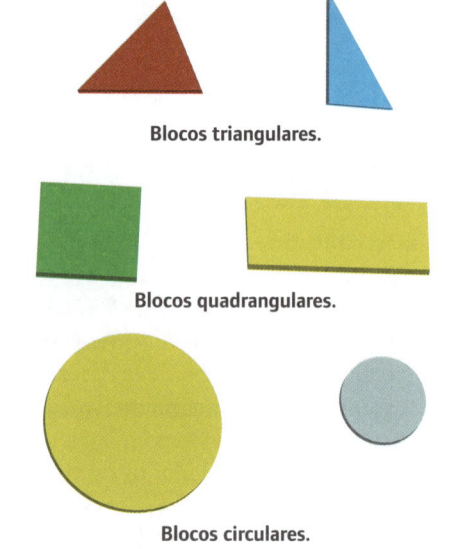

Blocos triangulares.

Blocos quadrangulares.

Blocos circulares.

Entretanto, podemos aceitar que as crianças nomeiem – provisoriamente – esses blocos com outros nomes nos anos iniciais. O papel do professor é reforçar a nomenclatura correta.

Nesta etapa, podemos trabalhar, também, as ideias de grande e pequeno, grosso e fino e introduzir as cores como atributo dos blocos.

Bloco de cubos

As construções utilizando cubos permitem diversas explorações, dentre elas a contagem direta, a contagem por estimativa e o cálculo do volume. A composição e a decomposição de sólidos geométricos constituem-se num bom exercício para desenvolver a percepção espacial.

Utilizando o cubo como unidade, podemos representar e comparar quantidades e estabelecer bases para sistemas de numeração.

Bloco de peças cilíndricas

É um conjunto de peças com formato cilíndrico em diferentes diâmetros, com inúmeras aplicações em sala de aula, por exemplo:
- objetos em situações de contagem;
- unidade de medida na comparação de áreas;
- gabarito para o traçado de circunferências.

Blocos base 2

É uma versão do material dourado com a diferença de empregar blocos que seguem a seguinte lógica construtiva: a partir do bloco unidade, com duas unidades temos um palito, com quatro unidades temos uma placa, com oito unidades temos um cubo, com dezesseis unidades temos um super palito, com trinta e duas unidades temos uma super placa e com sessenta e quatro unidades temos um super cubo.

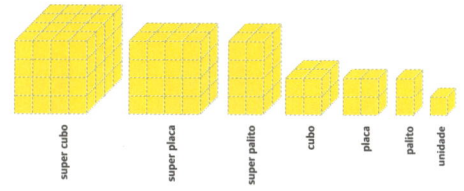

Observe que os blocos estão ordenados, da direita à esquerda, de acordo com as potências de 2: 2^0, 2^1, 2^2, 2^3, 2^4, 2^5 e 2^6. Para representar um número binário com blocos, utilizamos apenas os blocos que correspondem às ordens onde aparece o algarismo 1. Veja os exemplos:

a) 1010 é representado por:

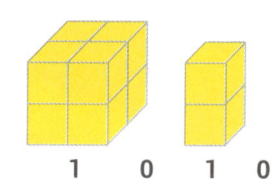

que corresponde ao número decimal $8 + 2 = 10$.

b) 1100 é representado por:

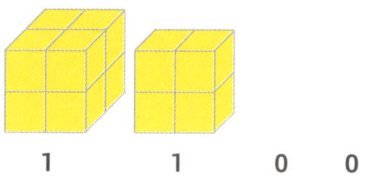

que corresponde ao número decimal $8 + 4 = 12$.

Observe que a representação dos números binários com os blocos facilita a conversão à base 10 e o estudo das operações.

Blocos lógicos

Os blocos lógicos podem ser aplicados em diferentes conteúdos da Matemática, começando nos anos iniciais até o Ensino Médio. O potencial da sua utilização está no desenvolvimento da linguagem e na fundamentação das operações e suas propriedades. A teoria dos conjuntos foi retirada como conteúdo no Ensino Fundamental e Médio, entretanto, no estudo das operações, das equações e das inequações, esse fato traz reflexos que dificultam justificar a resolução ou não de uma equação ou de uma inequação, bem como escrever sua solução. Além disso, no aspecto interdisciplinar, a lacuna é ainda maior, uma vez que todo desenvolvimento tecnológico está ligado à Álgebra de Boole e a Teoria dos Conjuntos é o aspecto integrador entre a eletrotécnica, a eletrônica, eletrônica digital e a mecânica (esquecendo-se da matemática) criando um novo campo do conhecimento a **mecatrônica**.

C

Calculadora

Máquina (dispositivo mecânico ou eletrônico), ou programa de computador, que faz cálculos matemáticos automaticamente, a partir dos dados fornecidos, e exibe os resultados; MÁQUINA DE CALCULAR.

O sonho de automatizar os cálculos começou antes da Era Cristã, com os ábacos. Prosseguiu com as máquinas mecânicas de Babage, passou pelos computadores à válvula até chegar às calculadoras eletrônicas de hoje, que estão se tornando ferramentas indispensáveis em sala de aula.

Cálculo

1. Palavra originária do latim *calculus*, pedrinhas, porque os romanos as usavam para fazer contas.
2. Execução de uma operação, de um conjunto de operações ou de um processo matemático ou algébrico; cômputo. Avaliar, estimar; fazer conjecturas.

Calendário componível

A construção do calendário foi uma das primeiras manifestações matemáticas do homem.

Os calendários foram construídos a partir da observação, principalmente, dos astros celestes mais brilhantes na abóbada celeste: o Sol e a Lua; com eles foram inventados os números. Povos de diversas partes do mundo desenvolveram, seus calendários e seus sistemas de numeração de modo independente. O material didático denominado calendário componível foi projetado para:

- registro de datas: dia, dia da semana, mês e ano;
- desenvolvimento do conceito de tempo: ano, ano bissexto, mês, semana e dia;
- estações do ano.

Câmera escura

A máquina fotográfica é um dispositivo que pode enriquecer o ensino da matemática, explorando as ideias de ampliação redução, escalas percentuais, etc.

A câmara escura favorece que o aluno possa desenvolver esse e outros estudos com a vantagem de não precisar revelar filmes, ou contar com um computador e uma impressora para obter as imagens.

Artistas de renome utilizaram este dispositivo para compor suas obras de arte.

As aplicações da câmera escura em sala de aula são:

- associar conceitos matemáticos à arte;

- desenhar objetos em escala mantendo suas proporções;
- desenhar reduzindo o tamanho do objeto numa determinada escala;
- efetuar medições à distância.

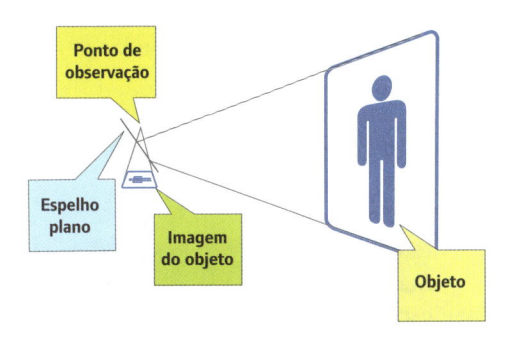

Capacidade
Volume contido num recipiente.

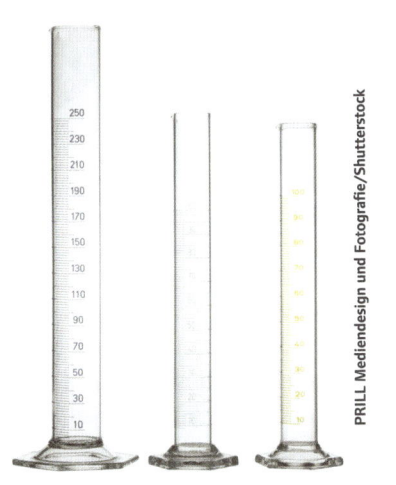

A proveta é um dos instrumentos utilizados para medir volumes.

Nas práticas em sala de aula, podemos utilizar como instrumentos de medida:
- embalagens usadas de um litro, se possível, de meio e de dois litros. Atenção: use embalagens de leite, água mineral, extrato de tomate, etc. Evite propaganda de marcas e embalagens de produtos tóxicos;
- além das provetas, temos as jarras graduadas e os copos de becker;
- existem no mercado popular instrumentos de medidas como copos, colheres, etc.

Capital
Termo utilizado em Matemática Financeira; significa uma quantidade em dinheiro sobre a qual serão calculados juros.

Os termos envolvidos no cálculo são:
- capital → representado pela letra **C**;
- tempo → representado pela letra **t**;

- taxa → representado pela letra **i**;
- juro → representado pela letra **j**;
- montante → representado pela letra **M**.

As fórmulas aplicadas são:
- juros simples:
  $j = C \times i \times t$ e $M = C + j$
- juros compostos:
  $M = C(1 + i)^t$

Cartelas para conversão binário x decimal

O lado lúdico da matemática pode ser explorado com o auxílio dessas cartelas. Elas são organizadas de modo que podemos "adivinhar" um número compreendido entre 1 e 31.

Não se trata de uma adivinhação, mas de uma construção lógica do sistema de numeração binária: cada um dos números a ser "adivinhado" pode ser representado pelos algarismos 0 e 1 ou no ábaco aberto com a colocação do aro ou numa haste.

O sistema de numeração binária é utilizado na eletrônica digital, o que permitiu os avanços nas comunicações e no entretenimento.

As aplicações dessas cartelas em sala de aula são:
- desenvolver atividades de contagem;
- explorar sistemas de numeração posicionais;
- explorar outros sistemas de numeração além do sistema decimal;
- explorar atividades lúdicas no ensino da matemática.

Cateto

Os lados do triângulo retângulo que formam o ângulo são denominados **catetos**.

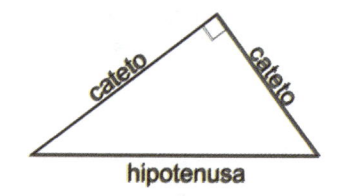

Centavo

É a centésima parte de uma unidade monetária.

Exemplo: O real possui moedas de:
- 1 centavo;
- 5 centavos;
- 10 centavos;
- 25 centavos;
- 50 centavos.

Existem réplicas de moedas, confeccionadas em plástico para o desenvolvimento de atividades em sala de aula.

Centena

Quantidade igual a 100 unidades.

No **quadro valor-posição**, é a 3ª posição a contar da direita para a esquerda.

Aqui, representado pela letra C.

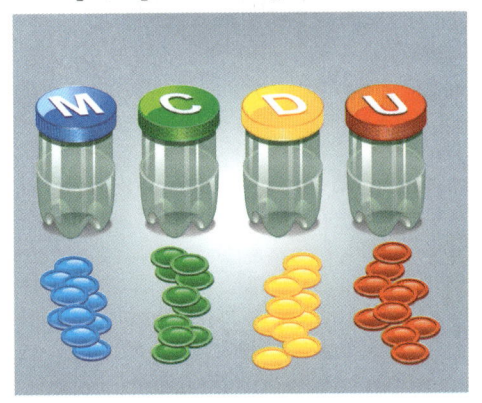

Centésimo
Cada uma das partes de um objeto ou algo que foi dividido em 100 partes iguais.

Veja um exemplo na malha quadriculada:

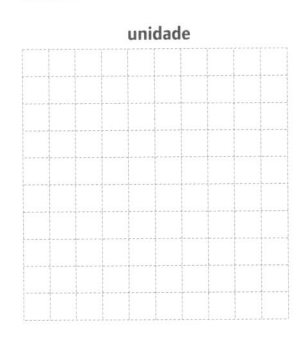

unidade

$\frac{1}{100}$ da unidade

Centímetro
É centésima parte do metro.

O centímetro é o submúltiplo do metro mais usado para medir objetos de pequeno porte.

A fita métrica é um instrumento de medida utilizado pelas costureiras e pelos alfaiates.

Centímetro cúbico
Unidade de medida de volume expressa por um cubo de um centímetro de aresta.

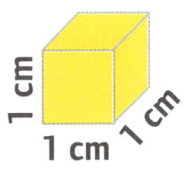

1 cm 1 cm 1 cm

Em sala de aula, o professor pode utilizar os cubinhos que representam uma unidade no material dourado para desenvolver atividades que levam à construção da ideia e do conceito de volume e capacidade.

Exemplos:

a) simular uma embalagem de creme dental:

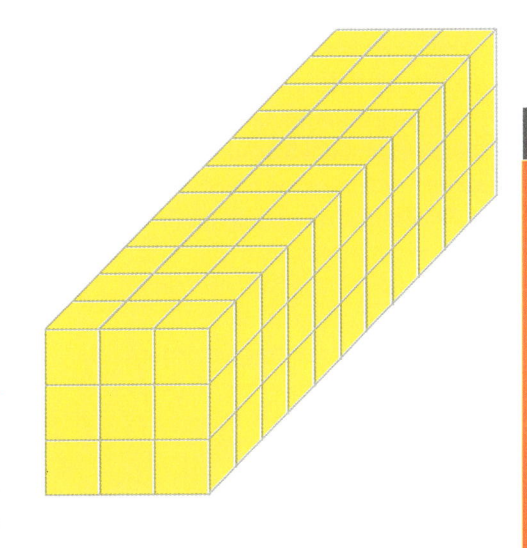

A atividade desenvolve a ideia de composição de um corpo, pois o aluno pode ir contando as peças até obter o volume do objeto; observando a construção, pode ser levado à percepção do cálculo do volume multiplicando as medidas das três dimensões do objeto.

b) imitar uma embalagem com objetivo de estimar o volume da caixa ou do vidro; o valor encontrado nos fornece um valor máximo para nossa estimativa.

c) preencher uma embalagem aberta com os cubinhos para estimar a sua capacidade. Este procedimento nos fornece um valor mínimo para nossa estimativa.

Centímetro quadrado

Unidade de medida de área expressa por um quadrado com um centímetro de lado.

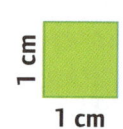

As malhas quadriculadas com quadrículas com um centímetro de lado são opções para desenhar e medir figuras geométricas planas diretamente.

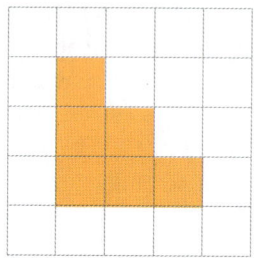

A figura desenhada tem área de 6 cm².

Para calcular a área de figuras com contornos curvos, um círculo, por exemplo, podemos refinar nossos processos de estimativa:

a) Desenho na malha quadriculada.

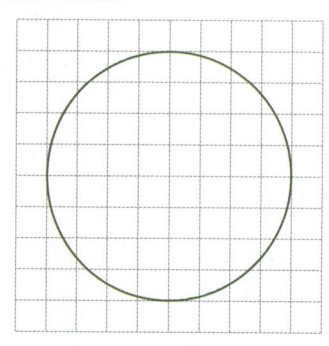

b) Estimativa por valores menores.

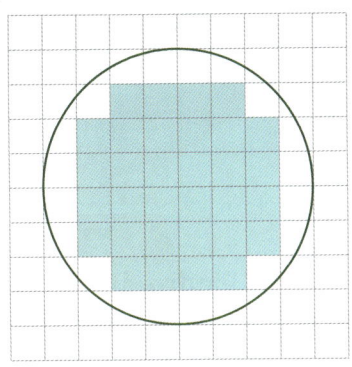

por falta: 24 cm²

c) Estimativa por valores maiores.

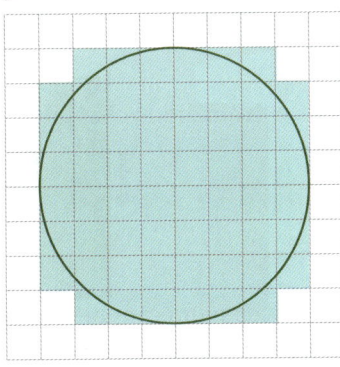

por excesso: 60 cm²

d) A área do círculo é maior que 24 cm² e menor que 60 cm². Calculando a média aritmética entre esses dois valores:

$$M_a = \frac{24+60}{2} = 42 \, cm^2$$

e) Outra estimativa pode ser feita por aproximação, tomando as áreas do quadrado inscrito e do circunscrito:

$$M_a = \frac{S_{ins} + S_{circ}}{2} = \frac{36+64}{2} = 50 \, cm^2$$

Esse processo vale por sua história, Arquimedes calculou o valor de π a partir da ideia de que a área do círculo está compreendida entre as áreas do polígono inscrito e do circunscrito numa mesma circunferência. A precisão aumenta com o aumento do número de lados do polígono.

f) A área do círculo com raio igual a 4 cm é: $S = \pi \times r^2 = 3{,}14 \times 16 = 50{,}24 \, cm^2$

Cento

Conjunto com cem unidades.

Unidade de comercialização de parafusos, por exemplo; as embalagens fechadas têm, normalmente, 5 centos.

Centro

Ponto que goza de uma ou mais condições ou propriedades geométricas:
1. **Centro da circunferência** – é equidistante de todos os pontos da curva.
2. **Centro de homotetia** – ponto fixo cujas razões de suas distâncias a pontos correspondentes de duas figuras é constante.

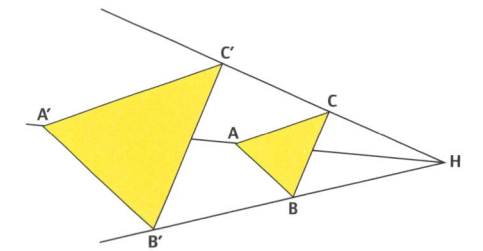

$$\frac{\overline{HA}}{\overline{HA'}} = \frac{\overline{HB}}{\overline{HB'}} = ... = k$$

H é o centro de homotetia.
Observe:

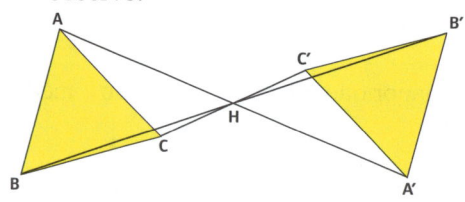

Aqui, H é centro de simetria também, as razões são iguais a 1.

Ceviana

Segmento de reta que liga um vértice de um triângulo a um ponto qualquer do lado oposto. As cevianas de um triângulo são: altura, mediana e bissetriz.

O termo **ceviana** procede do matemático italiano Tommaso Ceva (1648-1736).

Cilindro

Corpo geométrico formado por uma superfície cilíndrica e duas bases circulares.

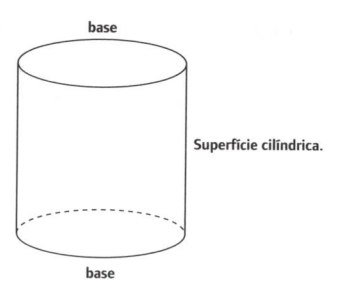

Cilindro de revolução

Corpo geométrico gerado pela rotação de um retângulo em torno de um de seus lados.

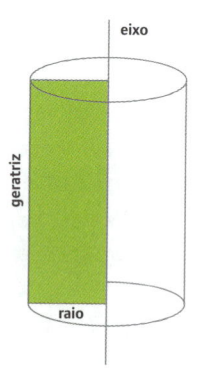

Círculo

Figura geométrica plana delimitada por uma circunferência.

O círculo reúne todos pontos internos mais a circunferência δ.

Circuncentro

É o centro da circunferência que passa por todos os vértices de um polígono.

Circunferência

Circunferência é uma linha curva fechada cujos pontos são equidistantes a um ponto fixo denominado centro.

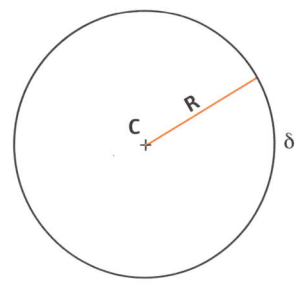

A curva é designada pela letra δ;
C é o centro da circunferência;
R é o raio da circunferência.

Tome nota:
1. O termo EQUIDISTANTE significa a mesma distância.
2. O raio é a distância entre o centro e a curva.
3. O **compasso** é o instrumento utilizado para desenhar uma circunferência. A abertura do compasso é o raio da circunferência.

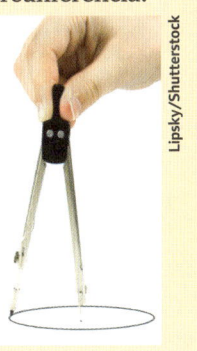

1. **Circunferência circunscrita a um polígono** – é a circunferência que passa por todos os vértices de um polígono. Veja exemplos:

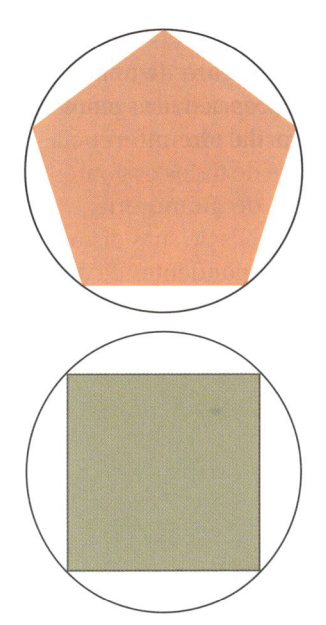

2. **Circunferência inscrita num polígono** – é a circunferência que é tangente a todos os lados do polígono.

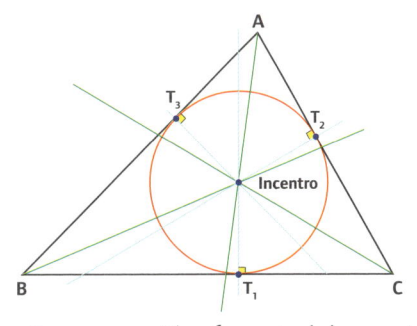

Como sugestões de materiais para trabalhar circunferências e polígonos, recomendamos os geoplanos circulares.

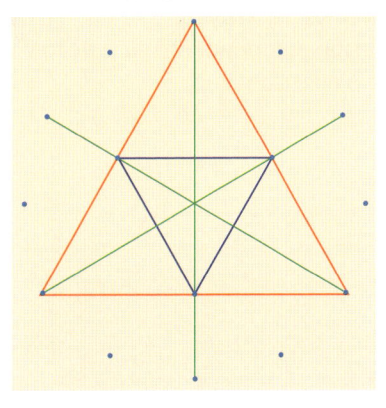

As circunferências **circunscrita** e **inscrita** não figuram no geoplano, entretanto, elas estão presentes (três pontos determinam uma e somente uma circunferência).

As relações métricas entre os elementos lineares dos polígonos podem ser deduzidas com facilidade.

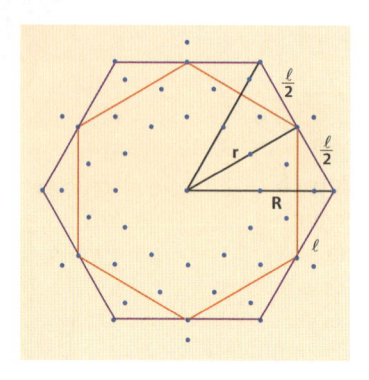

Coeficiente

Valor numérico que multiplica a parte literal num termo de polinômio. Pode ser expresso por um número, letra ou símbolo. Exemplos:

a) $5x \rightarrow \begin{cases} 5 \text{ coeficiente - valor fixo} \\ x \text{ parte literal - valor variável} \end{cases}$

b) $\dfrac{2}{3}xy \rightarrow \begin{cases} \dfrac{2}{3} \text{ coeficiente} \\ xy \text{ parte literal} \end{cases}$

c) $ax^2 \rightarrow \begin{cases} a \text{ representa um valor fixo} \\ x^2 \text{ representa um valor variável} \end{cases}$

Coeficiente angular

Coeficiente da variável do primeiro grau numa função do tipo y = ax + b – indica o valor da tangente do ângulo formado entre a reta que representa a função e o eixo das abscissas.

Coeficiente linear

Termo independente na função y = ax + b – indica o ponto onde o gráfico da função corta o eixo do y.

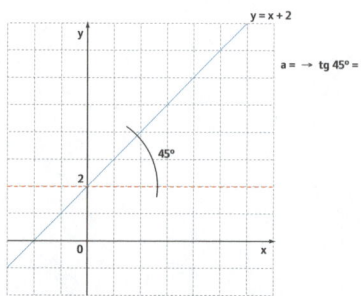

Coleção de formas geométricas

As formas geométricas estão presentes na natureza e nas formas criadas pelo homem.

A composição e a decomposição de formas permitem a criação de novas figuras e sugerem aplicações práticas. A manipulação dos blocos e a agilidade proporcionada pelas mantas magnéticas permitem associar e dissociar formas explorando a criação de mosaicos.

Compasso

Instrumento de desenho utilizado para desenhar circunferências, auxiliar em medições e verificar congruência.

No material escolar, podemos ter:

a) compassos com uma ponta seca:

b) compassos com duas pontas secas:

No desenho geométrico tradicional, os instrumentos recomendados são:
- régua (com ou sem escala);
- compasso;
- lápis.

Com eles, podemos executar todas as construções geométricas.

No atual sistema escolar, essa relação é ampliada com a introdução de:
- transferidor;
- jogo de esquadros.

Entretanto, é possível desenvolver as construções geométricas utilizando apenas um compasso. Pense a respeito. Pesquise!

Composição

Recurso didático que permite a montagem de figuras geométricas com blocos (triângulos construtores ou polígonos construtores), recortes ou desenhos para facilitar a determinação de uma área, por exemplo.

Composição da forma quadrada com as peças do tangram.

Materiais recomendados:
- tangram tradicional;
- mosaico geométrico;
- triângulos construtores;
- polígonos construtores;
- malha quadriculada impressa.

Composto

Diz-se do número que pode ser expresso pelo produto de seus fatores primos.

Exemplos:
a) $6 = 2 \times 3$
b) $24 = 2^3 \times 3$

Comprimento

Extensão de um objeto considerado de uma extremidade à outra. Medida de um segmento de reta, do contorno de um polígono ou da aresta de um poliedro.

Concavidade

Aquilo que tem reentrância ou saliência. Nas funções quadráticas, a concavidade é importante no estudo do sinal e do conjunto imagem.

A concavidade é indicada pelo sinal de **a** em:

$y = ax^2 + bx + c$:

- se a > 0, a concavidade é voltada para cima:

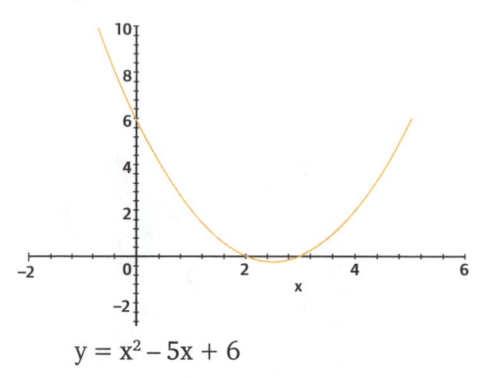

$y = x^2 - 5x + 6$

- se a < 0, a concavidade é voltada para baixo:

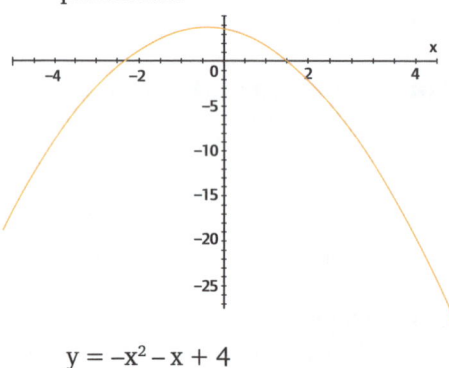

$y = -x^2 - x + 4$

Côncavo

Aquilo que tem superfície mais profunda no centro do que nas bordas.

Em geometria, côncavo opõe-se ao convexo. Exemplo:

A colher apresenta uma superfície côncava nessa posição.

Concêntricos ou concêntricas

Diz-se de duas ou mais figuras geométricas que possuem o mesmo centro.

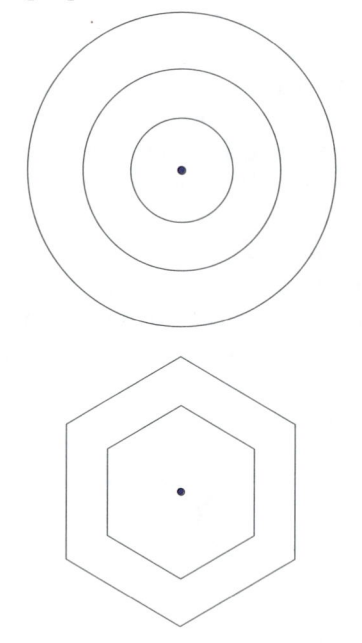

Congruência

Segmentos de retas congruentes

Dois segmentos de reta são congruentes quando têm a mesma medida.

Dados dois segmentos de retas:

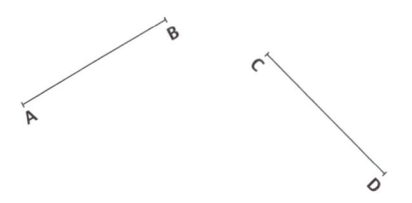

Com o auxílio de um compasso podemos verificar as medidas dos dois segmentos.

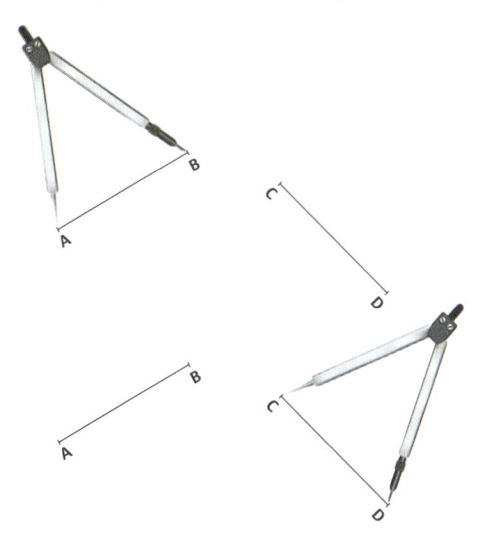

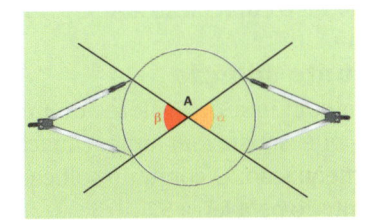

Observe a circunferência auxiliar e a igualdade das medidas dos arcos.

Assim, podemos escrever: α ≡ β (alfa e beta são congruentes).

O compasso indica a igualdade das duas medidas. Os dois segmentos de reta são **congruentes**.

Congruência de blocos

Dois blocos são congruentes quando suas faces principais são levadas a coincidir por sobreposição dos dois blocos.

Os dois blocos são congruentes.

Ângulos congruentes

Dois ângulos são congruentes quando têm a mesma medida.

Exemplo: verificar se os ângulos α e β são congruentes.

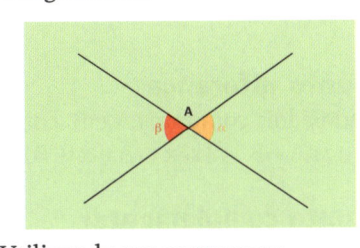

Utilizando um compasso:

Cônicas

Figuras geométricas produzidas pela interseção de um cone com plano:

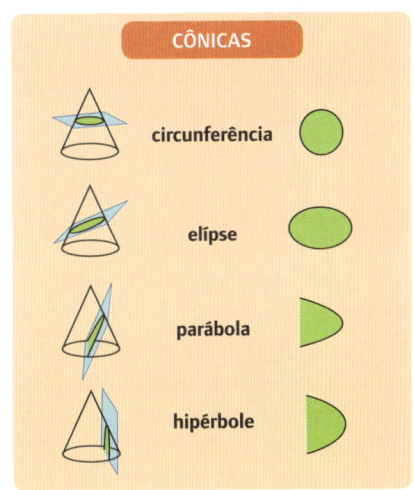

CÔNICAS

- circunferência
- elipse
- parábola
- hipérbole

Conjunto

Agrupamento ou coleção de elementos que têm propriedades comuns ou atendem a uma determinada condição.
Exemplos:
a) jogadores da seleção brasileira de 2010;
b) jogos olímpicos;
c) letras do alfabeto;
d) talheres de uso doméstico;
e) números pares.

Os conjuntos são representados por letras maiúsculas e seus elementos por minúsculas, separados por vírgula e colocados entre chaves. Exemplo:
A = {a, b, c, d, e} lemos:
Conjunto A com os elementos a, b, c, d e e.

Pode-se, também, utilizar um diagrama:

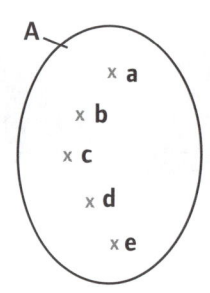

A
× a
× b
× c
× d
× e

Podemos escrever conjuntos:
a) Enumerando todos seus elementos: {dó, ré, mi, fá, sol, lá, si}.
b) Por extensão: {Mercúrio, Vênus, Terra, Marte, ...}.
c) Por compreensão:
S = {x ∈ $\mathbb{R}$/–2 < x ≤ 5}.

Conjunto universo

É o conjunto que contém todos os conjuntos. É representado pela letra **U**.
Exemplo:
S = {x ∈ $\mathbb{N}$/x ≠ 0} → neste caso, o conjunto universo é $\mathbb{N}$ (conjunto dos números naturais).

Conjunto vazio

É o conjunto que não tem elementos.
O conjunto vazio pode ser representado pelos símbolos ϕ ou { }. O conjunto vazio está contido em qualquer conjunto.
Exemplo:
Resolver a equação: 3x = 5 → U = $\mathbb{N}$
A solução é: $3x = 5 \leftrightarrow x = \frac{5}{3} \rightarrow S = \{\}$
A solução é o conjunto vazio quando o conjunto U = $\mathbb{N}$.

Conjunto unitário

É o conjunto que possui apenas um elemento.

Conjunto enumerável

É o conjunto no qual podemos designar todos seus elementos por números.

Conjunto infinito

É o conjunto que possui um número indeterminado de elementos.

Conjunto intersecção

Dados dois conjuntos A e B, A ∩ B = {x/x ∈ A e x ∈ B}.

Conjunto união

Dados dois conjuntos A e B, A ∪ B = {x/x ∈ A ou x ∈ B}.

Conjunto diferença

Dados dois conjuntos A e B, conjunto diferença A – B = {x/x ∈ A e x ∉ B}.

Conjunto complementar

Se B ⊂ A, A – B é chamado complementar de B em relação a A.

Conjunto solução

É o conjunto dos valores de um universo que satisfazem uma equação ou uma inequação. O conjunto solução é representado pela letra **S**.

Conjunto numérico
É o conjunto formado por números.
Os principais conjuntos numéricos utilizados no Ensino Fundamental são:
a) $\mathbb{N} = \{0, 1, 2, 3, 4, 5, 6,...\} \to$ naturais
b) $Z = \{...-2, -1, 0, 1, 2, 3, 4, 5, 6,...\} \to$ inteiros
c) $Q = \left\{...-2,...,-\dfrac{3}{2},...,-1,...,-\dfrac{1}{4},...,0,...,\dfrac{1}{2},...,1,...,2,...,\dfrac{5}{2},...\right\} \to$ racionais
d) $I = \left\{...-\pi,...,-\sqrt{2},...,\sqrt{2},...,\sqrt{3},...,e,...,\pi,...\right\} \to$ irracionais
e) $R = \left\{...-\pi,...,-2,...,-\sqrt{2},-\dfrac{1}{4},...,0,...,\dfrac{1}{2},...,1,...,\sqrt{2},...,e,...,\dfrac{5}{2},...\right\} \to$ reais

Consecutivo
É aquele que se segue, um após o outro. No conjunto dos números naturais, se somarmos uma unidade a um determinado número, obtemos seu consecutivo. Todo número natural tem um consecutivo.

Constante
É um valor que permanece fixo, sem variação.

Constante de proporcionalidade
Valor obtido pela razão entre dois valores correspondentes em duas sequências numéricas ou entre as dimensões correspondentes entre uma figura e sua ampliação ou redução. Exemplo:

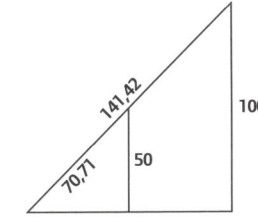

$\dfrac{50}{100} = \dfrac{70,71}{141,42} = \dfrac{1}{2} \to$ constante de proporcionalidade

Construção geométrica
Desenhos realizados utilizando régua e compasso aplicando conhecimento de geometria.
As construções geométricas podem ser realizadas ampliando os recursos:
• malha quadriculada;
• dobraduras.
E os instrumentos:
• transferidor;
• jogo de esquadros;
• escalímetro;
• tesoura.

Convexo

Superfície convexa é aquela na qual o ponto central é mais elevado que os periféricos. Exemplo: a superfície de uma semiesfera.

Polígono convexo

Polígono cujos lados prolongados não atingem o interior da figura.

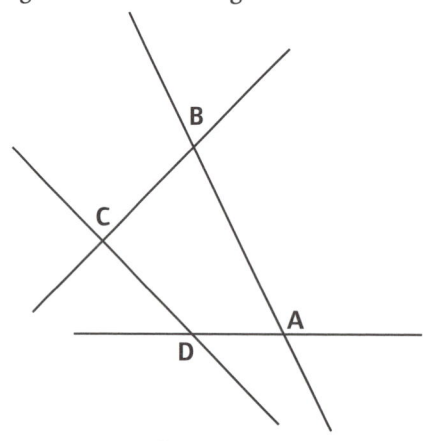

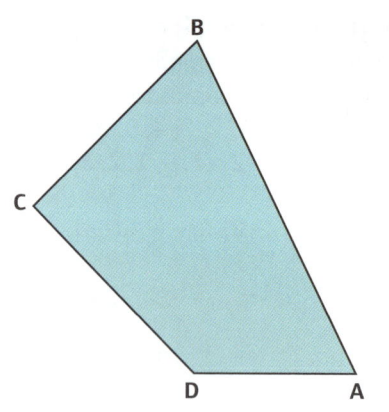

- neste polígono, temos um ângulo interno maior que 180°.

Contraexemplo:

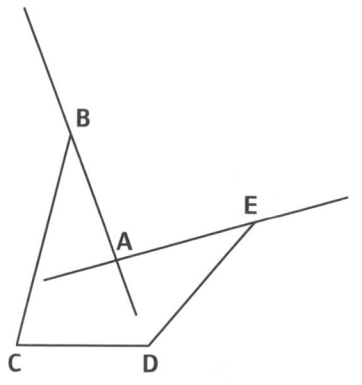

Polígono não convexo ou côncavo.

Do ponto de vista dos ângulos internos:
- nos polígonos convexos, todos os ângulos internos são menores que 180°.

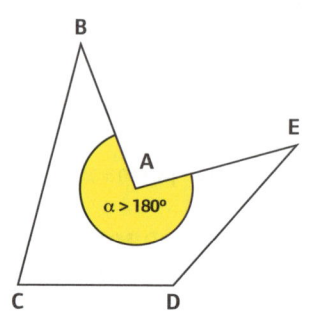

Conta

Operação aritmética registrada ou não.

Contagem

1. Estabelecer uma correspondência biunívoca entre eventos ou objetos, com os números naturais;
2. Processo que consiste em determinar o número de elementos de um conjunto.

Contraparalelogramo

Quando convexo, temos um paralelogramo, quando não convexo, temos um contraparalelogramo.

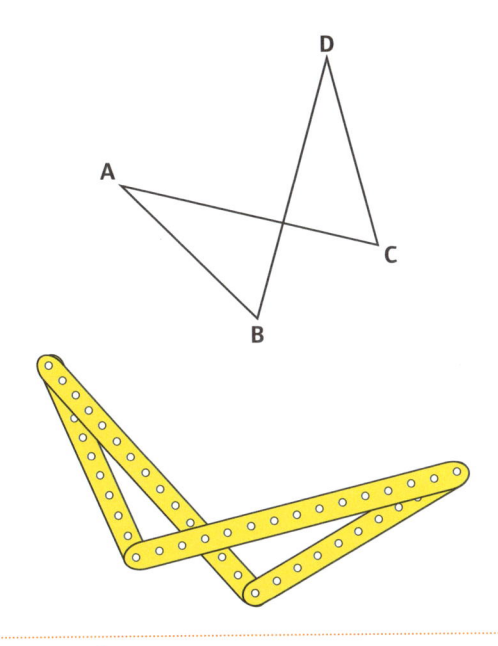

Coordenadas cartesianas

Sistema de localização de um ponto que utiliza retas como referência. No plano são utilizadas duas retas concorrentes, preferencialmente, perpendiculares entre si.

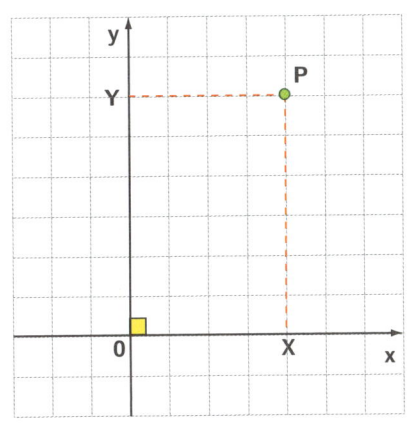

Os eixos x e y → eixo das abscissas e eixo das ordenadas
P x, y → o ponto P é localizado pelo par ordenado x, y.
x é denominado **abscissa** do ponto P;
y é denominado **ordenada** do ponto P.

A designação **coordenadas cartesianas** é feita em homenagem ao matemático francês René Descartes (1596-1650).

Coordenadas geográficas

São linhas imaginárias que permitem a localização sobre o globo terrestre:
- **Paralelos** – linhas paralelas ao equador;
- **Meridianos** – semicírculos que unem os polos norte e sul.

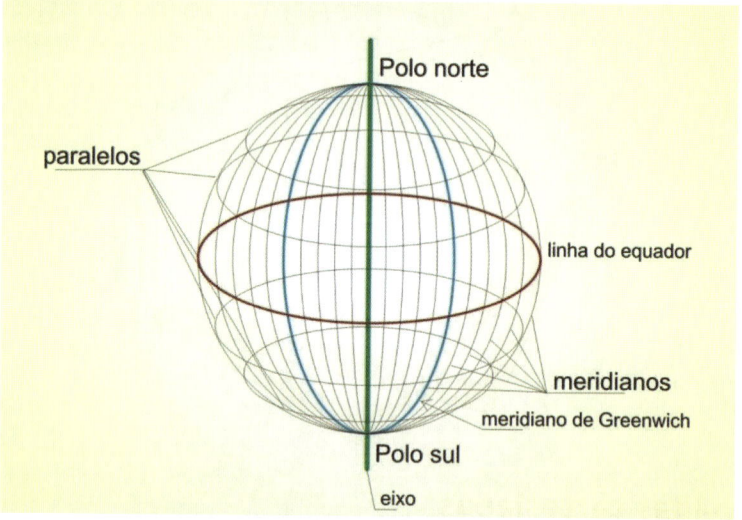

Convencionou-se que o meridiano de Greenwich, que passa pelos arredores da cidade de Londres, na Inglaterra, é o meridiano principal.

Para uma localização mais precisa utilizamos **latitudes** – medidas no intervalo de 0º a 90º – nos hemisférios **N** = Norte e **S** = Sul; **longitudes** – medidas no intervalo de 0º a 180º - **E** = Leste e **W** = Oeste. (A cidade de Goiânia tem latitude 16º 40' S; 49º 15' W). Os pontos que estão na mesma **latitude** estão no mesmo **paralelo** e os pontos que estão na mesma **longitude** estão no mesmo **meridiano**.

Observe que:
a) existem sistemas que convencionam que as latitudes sul são negativas;
b) no Brasil, convencionamos usar as letras L e O.

Corda

Corda é um segmento de reta que une as extremidades de um arco de circunferência. A maior corda de uma circunferência é aquela que passa pelo centro e recebe a denominação de **diâmetro**.

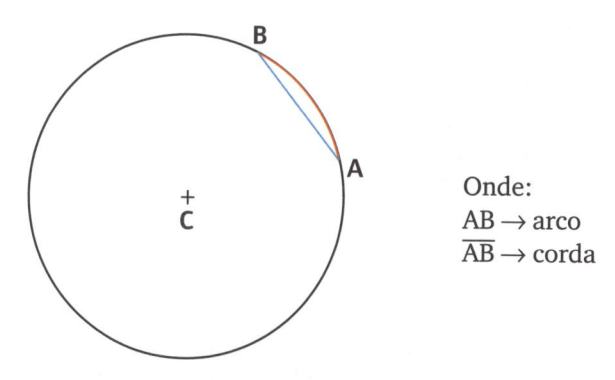

Onde:
AB → arco
$\overline{AB}$ → corda

Tome nota

a) a maior corda de uma circunferência é o seu diâmetro, ou seja, a corda que contém o centro da circunferência.

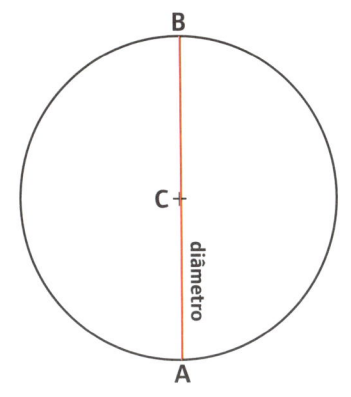

b) se AB = 60° → $\overline{AB}$ = R, onde R é o raio da circunferência.

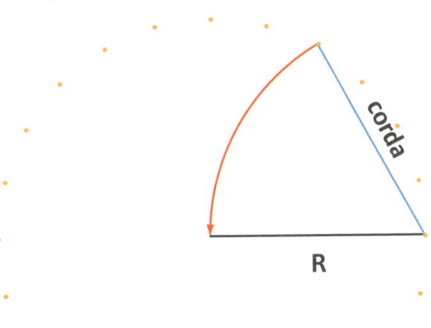

Coroa circular

Região delimitada por duas circunferências concêntricas.

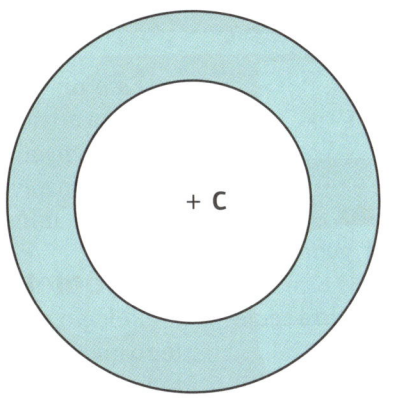

Correspondência

Ato de relacionar elementos de dois conjuntos segundo uma regra.

Na contagem, fazemos corresponder objetos ao conjunto dos números naturais.

Correspondência biunívoca

Correspondência um a um entre os elementos de dois conjuntos.

Cosseno

Razão entre as medidas do cateto adjacente e a da hipotenusa no triângulo retângulo.

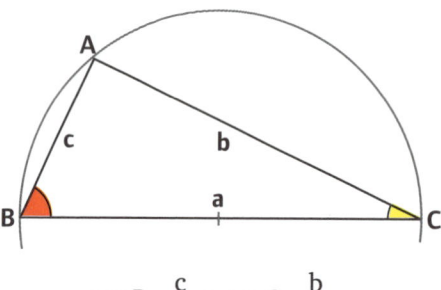

$$\cos B = \frac{c}{a} \quad \text{e} \quad \cos C = \frac{b}{a}$$

Essa relação é constante quando é mantido o ângulo. Veja a figura:

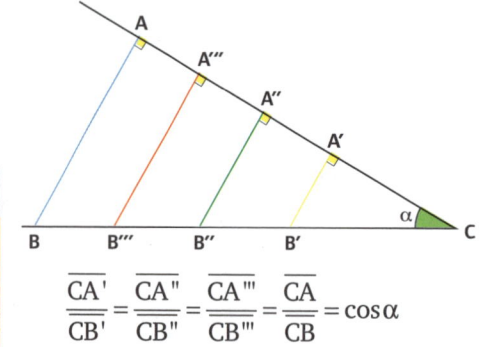

$$\frac{\overline{CA'}}{\overline{CB'}} = \frac{\overline{CA''}}{\overline{CB''}} = \frac{\overline{CA'''}}{\overline{CB'''}} = \frac{\overline{CA}}{\overline{CB}} = \cos \alpha$$

Copiador geométrico

A utilização do copiador geométrico possibilita atividades artísticas e científicas de copiar desenhos aplicando a semelhança de triângulos.

Entretanto, esse aparelho é versátil, pode desenvolver atividades artísticas, atividades de cópias com redução, realizar medições à distância e preparar o aparelho para funcionar como um telêmetro.

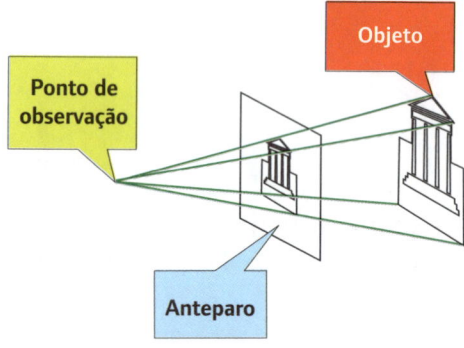

Esse material didático pode ser aplicado em atividades para:
- desenvolver atividades artísticas;
- desenvolver cópias com redução;
- efetuar medições à distância.

Cronômetro

Relógio especial dotado de um ponteiro que se pode acionar ou parar à vontade para registro exato do tempo (até frações de segundo) ao longo de competições esportivas, experiências tecnológicas, operações de produção industrial e afins.

(Dicionário Houaiss.)

Cronômetro de areia

Dispositivo didático que usa a vazão de areia fina para cronometrar eventos.

O controle é feito comprimindo e soltando o botão colocado na parte superior do dispositivo.

2. Hexaedro regular

A planificação do cubo:

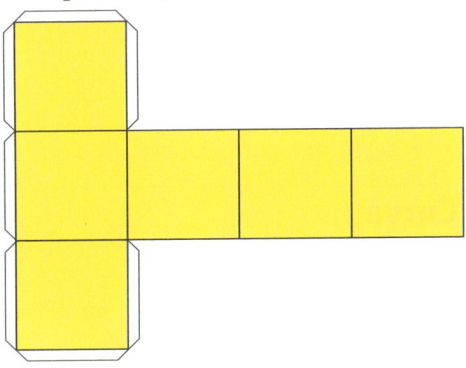

Cubo de um número

É a terceira potência de um número. Exemplo: $5^3 = 125$, assim, 125 é o cubo de 5.

Utilizando material concreto:

Cubos

1. Poliedro regular formado por seis faces quadradas.

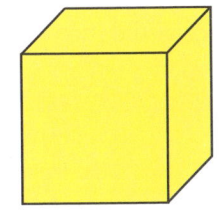

Além das 6 faces, possui 8 vértices e 12 arestas.

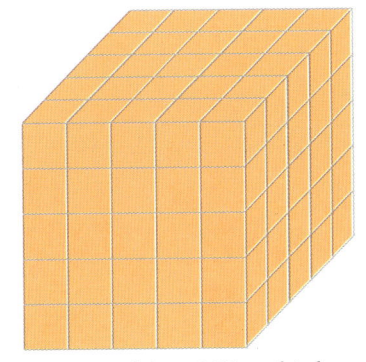

São necessários 125 cubinhos para formas um cubo com 5 unidades de área.

Cubos com números e operações

As atividades lúdicas em sala de aula facilitam o aprendizado dos números, da contagem e das operações. Esses cubos podem ser utilizados para:
- propiciar condições para vivenciar ideias de quantidade;
- identificar e escrever sequências numéricas com números naturais de 0 a 9;
- propiciar condições para vivenciar ideias de juntar, comparar e repartir;
- reconhecer os símbolos de adição, subtração, multiplicação e divisão;
- explorar a natureza aleatória dos números.

Curva

Termo genérico utilizado para designar a linha que representa o gráfico de uma função.

Exemplos:

a)

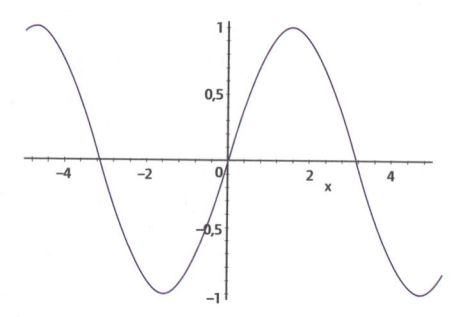

b)

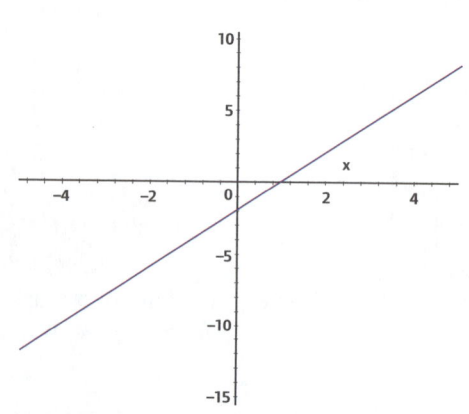

A reta em gráfico também é considerada como curva.

d

Dado

1. Resultado de uma observação, medição, investigação ou pesquisa. O registro dos dados é uma etapa importante do processo. A planilha é um dos instrumentos utilizados para armazenar dados. Exemplo:

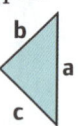

	G	M	P
a	60,0	42,4	30,0
b	42,4	30,0	21,2
c	42,4	30,0	21,2

Dados obtidos por medição nas peças do tangram. A organização dos dados facilita a análise e a percepção de regularidades.

2. Instrumento utilizado para jogos que utiliza as formas dos poliedros regulares com símbolos desenhados em suas faces:

A forma mais comum utilizada é a do hexaedro regular (cubo).

Em sala de aula, esses dados podem ser utilizados no estudo de probabilidade.

Decágono

Polígono que possui dez lados e dez ângulos.

Decágono regular

Polígono que possui dez lados e dez ângulos congruentes.

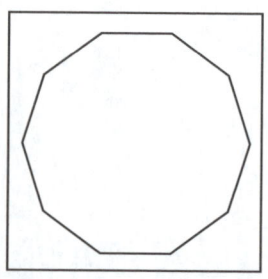

Decágono regular representado no geoplano circular com vinte divisões.

Decimal

Relativo a dez. Por exemplo: sistema decimal de numeração, a numeração tem como base 10.

O número 2457 pode ser escrito como: $2 \times 10^3 + 4 \times 10^2 + 5 \times 10^1 + 7 \times 10^0$

Decímetro

Submúltiplo que equivale a um décimo do metro. Exemplo: 20 dm = 2 m.

Decímetro cúbico

Submúltiplo que equivale a um milésimo do metro cúbico. É representado por um cubo que tem 1dm de lado. Veja um recipiente com medidas internas iguais a 1dm.

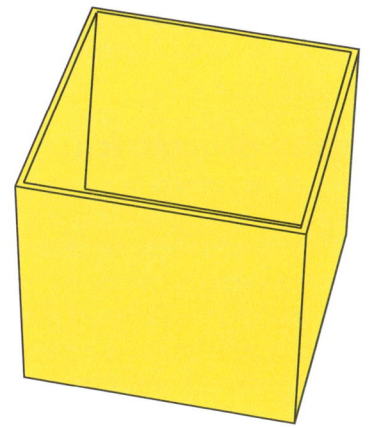

A capacidade desse cubo é 1 litro.

Décimo

Cada uma das partes de um todo dividido em dez partes iguais.

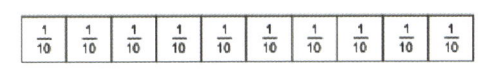

Declive ou declividade

Razão entre a altura e o comprimento de uma superfície inclinada. Uma rampa tem o declive medido com um medidor de ângulo.

O declive pode ser calculado a partir de um triângulo retângulo:

$$\text{tg } \alpha = \frac{\text{altura}}{\text{comprimento}} \rightarrow$$

$$\alpha = \text{arctg} \frac{\text{altura}}{\text{comprimento}}$$

O declive ou a declividade por ser expressa por um ângulo ou por um percentual. Se o comprimento da rampa é 10 m e a altura é 10 cm, temos:

a) $\text{tg } \alpha = \dfrac{10}{100} = 0,1 \rightarrow \alpha = 5,7° \cong 6°$

b) $\dfrac{10}{100} = 10\%$

As aplicações práticas da declividade estão nos projetos hidráulicos, nas rampas de acesso, nos telhados, no traçado de estradas, etc.

Decomposição de figuras

Recurso didático que consiste em decompor uma figura em quadrados ou triângulos para estudar as relações métricas ou calcular áreas.

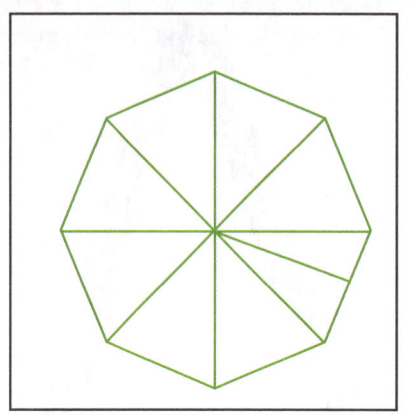

Com auxílio dos polígonos construtores, podemos estabelecer relações entre o lado, o raio e o apótema de um octógono regular, por exemplo.

Decomposição em fatores primos

Operação aritmética que facilita a simplificação de frações ou cálculo de uma raiz de um determinado número. Exemplos:

a) Simplificar a fração:
$$\frac{75}{100} = \frac{3 \times 5 \times 5}{2 \times 2 \times 5 \times 5} = \frac{3}{4}$$

b) Calcular a raiz quadrada de um número:
$$\sqrt{784} = \left(2^4 \times 7^2\right)^{\frac{1}{2}} = 2^2 \times 7 = 28$$

O dispositivo prático consiste em dividir o número dado, sucessivamente, quando possível, por 2, 3, 5, 7, 11,..., nesta ordem. Observe o algoritmo:

```
3150 | 2
1575 | 3
 525 | 3
 175 | 5
  35 | 5
   7 | 7
   1
```

$3150 = 2 \times 3 \times 3 \times 5 \times 5 \times 7$

Dedução

1. Modo de pensar no qual analisamos fatos e informações para chegarmos a uma conclusão.
2. Em aritmética, tem o sentido subtrair um determinado valor.

Definição

Proposição afirmativa cujos atributos explicam um determinado conceito e somente ele.

Demonstração

Sequência de procedimentos lógicos que validam ou não as hipóteses levantadas sobre um problema.

Denominador

Elemento de uma fração que indica o número de partes na qual foi dividido o todo.

Desenho geométrico

Parte da geometria que consiste em fazer construções geométricas fundamentais utilizando régua e compasso. Explorar atividades que envolvem o traçado de paralelas, perpendiculares, ângulos, polígonos, circunferências, tangência, concordância, etc. praticando o uso de esquadros, transferidores, etc.

Desigualdade

Sentenças matemáticas que envolvem os sinais:
< menor que
≤ menor ou igual
> maior que
≥ maior ou igual
Exemplos:
a) $x \leq 2$ é menor ou igual a dois
b) $5 < x < 9$ intervalo aberto entre 5 e 9

Desigualdade triangular

Se a, b e c são lados de um triângulo, então qualquer um de seus lados deve ser menor que a soma dos outros dois e maior que a diferença:

$$|a+b| > c > |a-b|$$

O uso das réguas perfuradas facilita a visualização da desigualdade. Explorando a furação das réguas, é possível verificar quais valores atendem à desigualdade e quais não.

Desvio médio

$$D_M = \frac{\sum |x_1 - M_a|}{n}$$

onde:
DM → desvio médio
δ → desvio padrão
x_1 → é um elemento da sequência
M_a → média aritmética
n → é o n.º de elementos da sequência

Desvio-padrão

Medida de dispersão do valor de uma variável em torno de sua média.

$$\sigma = \sqrt{\frac{\sum |x_1 - M_a|}{n}}$$

δ → desvio padrão
x_1 → é um elemento da sequência
M_a → média aritmética
n → é o n.º de elementos da sequência

Dezena

Quantidade igual a dez unidades.

Diagonal

1. Segmento de reta que liga dois vértices não consecutivos de um polígono:

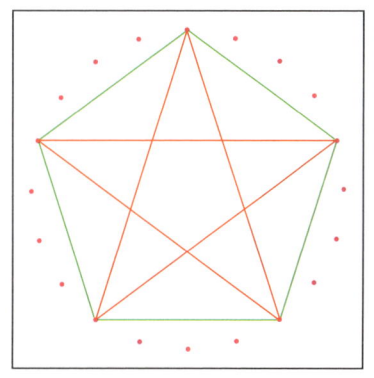

O número de diagonais de um polígono pode ser calculado pela fórmula:

$$d = \frac{n \times (n-3)}{2}$$

A dedução dessa fórmula pode ser feita desenhando um geoplano no chão e colocando um aluno em cada vértice. Cada um deles (**n**) deve passar um pedaço de barbante para um colega que não esteja ao seu lado n – 3. Ao passar o barbante, eles vão notar a duplicidade de ligações (daí dividir por dois). A dedução deve ser feita a partir da variação do número de alunos participantes como vértice.

2. Segmento de reta que liga dois vértices não consecutivos de um poliedro. Se os vértices estiverem na mesma face, a diagonal pertence a esta face. Se estiverem em faces diferentes, a diagonal é denominada **diagonal do poliedro**.

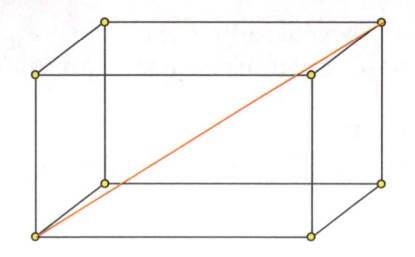

Diagrama

Representação bidimensional de um fato ou de uma situação. Exemplos:

a) diagrama Venn-Euler:

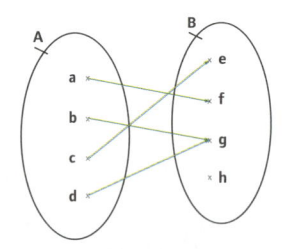

b) árvore de possibilidades

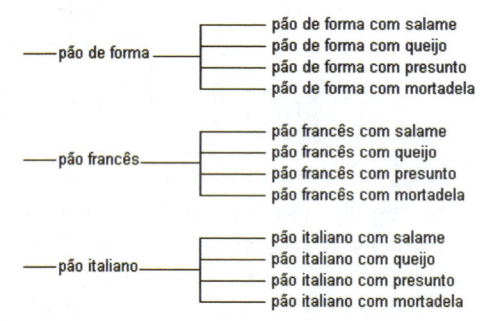

Diedro

Cada uma das partes formada pela interseção de dois planos.

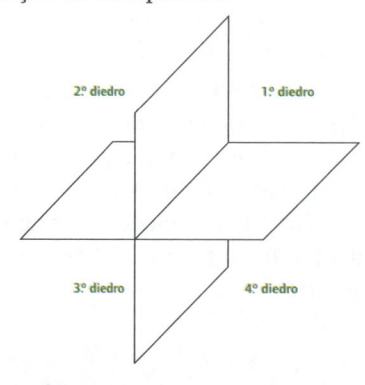

A geometria descritiva utiliza o primeiro diedro formado por dois planos perpendiculares.

Diâmetro

Segmento de reta que liga dois pontos de uma circunferência passando pelo centro.

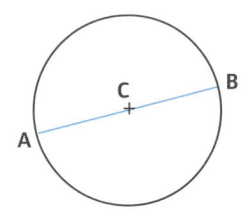

No comércio, os perfis cuja seção é circular, fios elétricos, por exemplo, são identificados pela medida de seu diâmetro.

Diferença

É o resultado de uma subtração. Exemplo:

$$23-18=5 \begin{cases} 23 \rightarrow \text{minuendo} \\ 18 \rightarrow \text{subtraendo} \\ 5 \rightarrow \text{diferença ou resto} \end{cases}$$

Dígito

Dígito é sinônimo de algarismo.

Dimensão

Cada uma das medidas de um objeto ou figura.

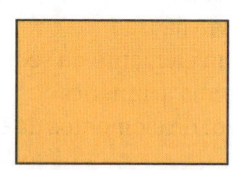

Retângulo 30 mm x 20 mm

As dimensões desse retângulo são 30 mm e 20 mm.

Dinamômetro

Instrumento que mede forças diretamente da deformação por elas causada num sistema elástico.

É um instrumento de medida de força.

Utilizamos o dinamômetro para explicar o princípio do funcionamento de uma balança e para realizar experimentos matemáticos que envolvem divisão diretamente proporcional, distribuição de forças e função de primeiro grau.

Aplicações
- Desenvolver atividades que envolvem distribuição de forças associadas a conceitos geométricos.
- Desenvolver atividades que envolvem forças e distâncias associadas ao conceito matemático de divisão em partes proporcionais.
- Desenvolver atividades que envolvem a deformação de um meio elástico associado ao modelo da função de primeiro grau.

Discriminante

Valor do radicando na fórmula de Bhaskara:

$$x = \frac{-b \pm \sqrt{b^2 - 4ac}}{2a} \rightarrow \Delta = b^2 - 4ac$$

O discriminante é representado pela letra grega "delta": Δ.

A discussão do valor do discriminante define a situação das duas raízes da equação: $ax^2 + bx + c = 0$

$$\begin{cases} \Delta > 0 \rightarrow x_1 \text{ e } x_2 \in \mathbb{R} \text{ com } x_1 \neq x_2 \\ \Delta = 0 \rightarrow x_1 \text{ e } x_2 \in \mathbb{R} \text{ com } x_1 = x_2 \\ \Delta < 0 \rightarrow x_1 \text{ e } x_2 \notin \mathbb{R} \end{cases}$$

Dispositivo didático para desenhar simetria

Material didático que utiliza uma lâmina de vidro ou de acrílico transparente, para copiar desenhos: coloca-se um objeto ou figura de um lado do espelho e desenha-se esse objeto ou figura sobre a sua imagem do outro lado.

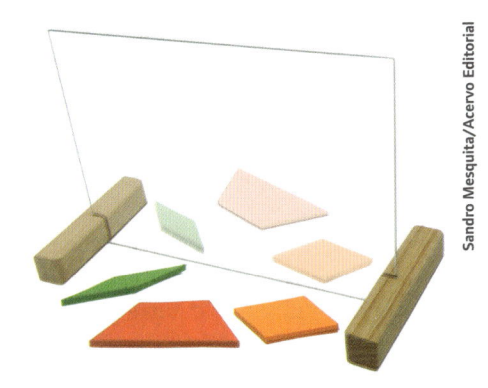

É utilizado para:
- identificação de simetrias em figuras planas;
- verificação da existência de simetria em figuras planas;
- desenvolver o conceito de simetria;
- aplicar a ideia de simetria em tabelas de adição e de multiplicação, associando a propriedade comutativa;
- explorar os polígonos regulares para pesquisar eixos de simetria;
- verificar a simetria entre os gráficos de uma função e de sua inversa.

Dispositivo didático para treinar lógica matemática

Material didático projetado para ser utilizado no desenvolvimento de diversos conceitos em matemática, tais como: contagem, possibilidades, construção de tabelas, demonstração de teoremas.

De um modo geral, esse dispositivo permite a associação de conceitos matemáticos com os circuitos elétricos. Assim como os blocos lógicos, pode ser aplicado em diferentes conteúdos da Matemática dos anos iniciais até o Ensino Médio. O potencial da utilização dos blocos lógicos está no desenvolvimento da linguagem e na fundamentação das operações concretas e das suas propriedades.

Com o uso desse dispositivo, pretende-se evidenciar as aplicações tecnológicas da matemática na pneumática, na eletrônica e na robótica.

Aplicações

- Auxiliar no desenvolvimento da linguagem.
- Explorar noções de lógica matemática.
- Propiciar condições de associação dos conceitos matemáticos às aplicações práticas no terreno da eletrônica digital.

Conceitos associados

- Contagem
- Sistemas de numeração binária
- Constantes e variáveis
- Proposições
- Quantificadores, modificadores e conetivos lógicos
- Construção de tabelas
- Equivalência de tabelas
- Organização da informação

Dividendo

Número que está sendo dividido numa divisão. Exemplo:

$$340 \div 17 = 20 \rightarrow \begin{cases} 340 \rightarrow \text{dividendo} \\ 17 \rightarrow \text{divisor} \\ 20 \rightarrow \text{quociente} \\ 0 \rightarrow \text{resto} \end{cases}$$

Em matemática financeira, é o valor que deve ser rateado entre os participantes.

Divisão

Operação aritmética fundamental que consiste em repartir em partes iguais. Os elementos da divisão são:

$352 \div 18 =$

dividendo — 352 | 18 — divisor
        −18   19 — quociente

        172
        −162
        ---
        10 — resto

Tirando a prova:
$352 = 19 \times 18 + 10$
$352 = 342 + 10$
$352 = 352$

Se o resto é igual a zero, temos uma **divisão exata**.

A divisão pode ser tratada também como uma subtração sucessiva:

$68 \div 16 = 4$ resto igual a 4.

$$\begin{array}{r} 68 \\ -16 \\ \hline 52 \\ -16 \\ \hline 36 \\ -16 \\ \hline 20 \end{array} \quad \begin{array}{r} 52 \\ -16 \\ \hline 36 \\ 20 \\ -16 \\ \hline 04 \end{array}$$

16 cabe 4 vezes em 68 e sobra 4.

Este procedimento pode ser adotado pelo professor quando os alunos demonstrarem dificuldades na divisão, principalmente com divisor com dois ou mais algarismos.

Nos anos iniciais, para desenvolver o conceito de divisão pode-se adotar os seguintes materiais:

a) organizadores;

b) ábaco aberto;
c) material dourado;
d) coleção de objetos;
e) palitos de picolé.

Divisão em partes proporcionais

Em matemática financeira, os dividendos são rateados, proporcionalmente, de acordo com o número de cotas de cada participante. Do desenho geométrico extraímos um exemplo:

Dado um segmento de reta $\overline{AB}$, dividi-lo em partes diretamente proporcionais a 3 e 5.

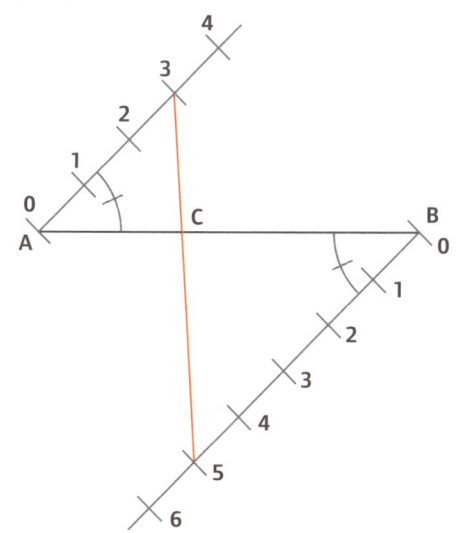

As linhas em cinza são linhas de construção, observe que as retas auxiliares formam ângulos iguais com o segmento dado. O ponto C divide o segmento $\overline{AB}$ de modo que:

$$\frac{\overline{AC}}{3} = \frac{\overline{CB}}{5} = \frac{\overline{AC}+\overline{CB}}{3+5} = \frac{\overline{AB}}{8} = k$$

a) $\dfrac{\overline{AB}}{8} = \dfrac{\overline{AC}}{3} \to \overline{AC} = \dfrac{3\times\overline{AB}}{8}$

verificando:

b) $\dfrac{\overline{AB}}{8} = \dfrac{\overline{CB}}{5} \to \overline{CB} = \dfrac{5\times\overline{AB}}{8}$

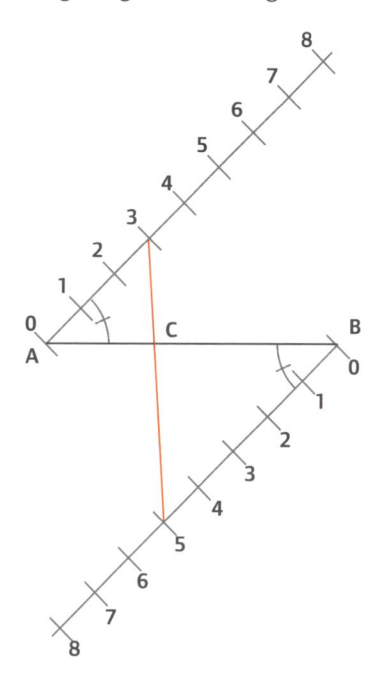

Observe que o segmento dado foi dividido em 8 partes iguais e o ponto C está a 3 unidades de A e a 5 unidades de B.

Em valores numéricos: dividir 32 em partes diretamente proporcionais a 3 e 5.

Seja A a parte diretamente proporcional a 3 e B a parte diretamente proporcional a 5:

$$\frac{A}{3} = \frac{B}{5} = \frac{A+B}{3+5} = \frac{32}{8} = k \rightarrow \begin{cases} \frac{A}{3} = k \rightarrow A = 3k \\ \frac{B}{5} = k \rightarrow B = 5k \end{cases}$$

$$\frac{A}{3} = \frac{32}{8} \rightarrow \frac{3k}{3} = \frac{32}{8} \rightarrow k = 4 \rightarrow \begin{cases} A = 12 \\ B = 20 \end{cases}$$

As duas partes são: 12 e 20.

Para a divisão em partes inversamente proporcionais, temos mudanças nas razões:

$$3A = k \rightarrow A = \frac{1}{3}k$$

$$5B = k \rightarrow B = \frac{1}{5}k$$

Divisível

Um número é divisível por outro se o resto da divisão for zero.

Existem regras de divisibilidade para verificar se o número é divisível ou não por um outro:
   a) **2** – o algarismo da unidade do número deve ser: 0,2,4,6,8;
   b) **3** – a soma dos algarismos que compõem o número deve ser 3 ou um múltiplo de 3;
   c) **4** – os dois últimos algarismos do número devem ser divisível por 4;
   d) **5** – se o último algarismo do número for igual a 0 ou 5;
   e) **9** – se a soma dos algarismos que formam o número for 9 ou um múltiplo de 9.
   f) **10** – se o último algarismo do número for igual a 0.

Divisor

Um número é divisor de outro se o resto da divisão for zero.

Dízima periódica

É um número cuja parte decimal se repete indefinidamente. Exemplos:
0,44444...   2,3454545...   1,785785...

Observe que as três dízimas têm **períodos** diferentes:
- no primeiro caso, o período é 1: apenas o quatro se repete;
- no segundo caso, o período é 2; repete o 45;
- no terceiro caso, o período é 3; repete o 785.

A fração ordinária que produz a dízima periódica é chamada **geratriz**.

$$0{,}44444... = \frac{4}{9}$$

$$2{,}3454545... = 2{,}3 + 0{,}04545... = \frac{23}{10} + \frac{45}{990} = \frac{2322}{990}$$

$$1{,}785785... = 1 + 0{,}785785... = 1 + \frac{785}{999} = \frac{999 + 785}{999} = \frac{1784}{999}$$

Entendendo a dízima periódica como uma soma de termos de uma **progressão geométrica**, infinita, podemos determinar a sua geratriz:

$$S = \frac{a_1}{1-q} \text{ onde } \begin{cases} S \text{ é a soma dos termos} \\ a_1 \text{ é o primeiro termo} \\ q \text{ é a razão da PG} \end{cases}$$

Aplicando na dízima: 0,4444...

$S = 0,4 + 0,04 + 0,004 + 0,0004 + ... \to S = \dfrac{0,4}{1-0,1} = \dfrac{0,4}{0,9} = \dfrac{4}{9}$

Aplicando na segunda dízima:

2,3454545... = 2,3 + 0,04545 = 2,3 + 0,045 + 0,00045 + ...

a PG é : 0,045; 0,00045; ... $\to S = \dfrac{0,045}{1-0,1} = \dfrac{0,045}{0,990} = \dfrac{45}{990}$

Lembre-se que $2,3 = \dfrac{23}{10}$ assim: $\dfrac{23}{10} + \dfrac{45}{990} = \dfrac{2277+45}{990} = \dfrac{2322}{990}$

Dobraduras

É um recurso didático oriundo da arte japonesa do **origami**. As dobraduras de papel são utilizadas para construir figuras geométricas aplicando suas propriedades.

Além dos recursos artísticos, o professor pode explorar, a partir de desafios, as construções de um quadrado ou de um triângulo retângulo isósceles, tendo como ponto de partida uma folha de papel no formato A4 (210 x 297 mm).

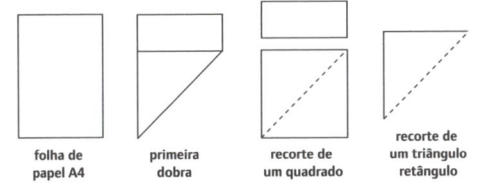

folha de papel A4 — primeira dobra — recorte de um quadrado — recorte de um triângulo retângulo

O professor pode abordar também as medidas, inserindo números irracionais:

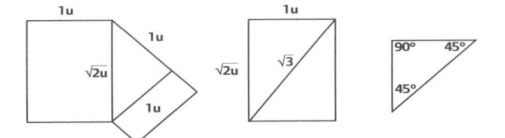

Dodecaedro

É o poliedro que tem 12 faces.

Dodecaedro regular – poliedro convexo que tem 12 faces pentagonais regulares.

Dodecaedro regular.

Diagrama da planificação de um dodecaedro regular.

Dodecágono

Polígono com 12 lados.

Dodecágono regular – polígono regular com 12 lados e 12 ângulos congruentes.

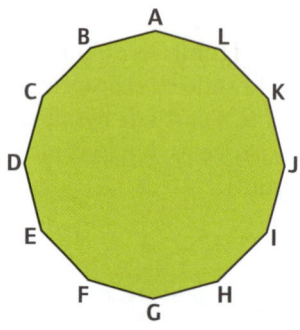

A divisão de uma circunferência em 12 partes iguais, além do dodecágono regular, produz os pontos correspondentes às horas no relógio.

Associado a um geoplano circular com 12 divisões, podemos desenvolver atividades de leitura das horas em relógio analógico, medidas de ângulos, etc.

Domínio de uma função

Uma função de A → B define dois conjuntos: A – domínio da função, em que todos os seus elementos têm uma e somente uma imagem em B. O conjunto B é denominado **contradomínio**. Os elementos do conjunto B que têm um elemento correspondente no conjunto A formam o **conjunto imagem** da função.

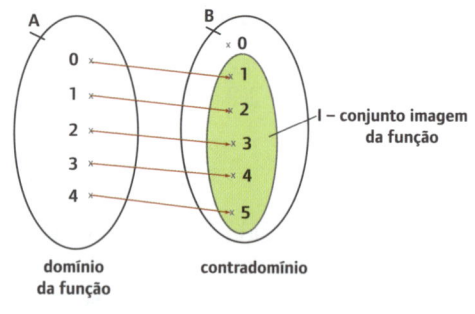

A função **real** tem **domínio** no conjunto dos números reais. Exemplos:

a) $y = 3x - 8$ de $\mathbb{R} \to \mathbb{R}$

b) $y = \sqrt{x}$ definida em $\mathbb{R}_+ \to \mathbb{R}$

Dúzia

Relativo ao número doze. Unidade de medida que contém doze elementos. Exemplo: os ovos são comercializados em caixas com: meia dúzia; uma dúzia; duas dúzias e meia.

Embalagem de ovos.

e
Número irracional conhecido como **número de Neper**, e = 2,7182... é usado como base no sistema de logaritmos naturais.

Eixo
Qualquer reta que exerça uma função num desenho:
1. indicar simetria → **Eixo de simetria**
2. indicar as coordenadas dos pontos → **Eixos coordenados**

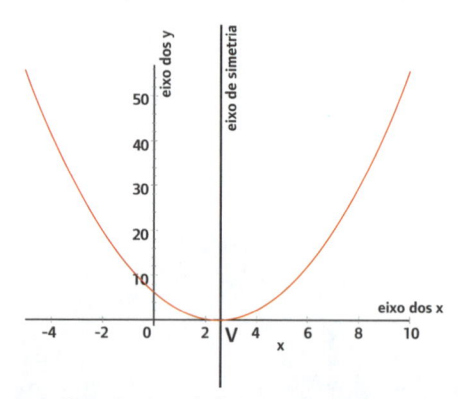

Observe o gráfico de uma função quadrática indicando o eixo de simetria.

Elemento
Cada um dos componentes de um conjunto.

Elemento neutro
Na adição, o elemento neutro é o zero, ou seja, qualquer que seja
$x \in R$, $x + 0 = 0 + x = x$.
Na multiplicação o elemento neutro é 1, assim, qualquer que seja
$x \in R$, $x \times 1 = 1 \times x = x$.

Elipse
É o lugar geométrico dos pontos do plano em que a soma de suas distância a dois pontos fixos (denominados focos) é constante.

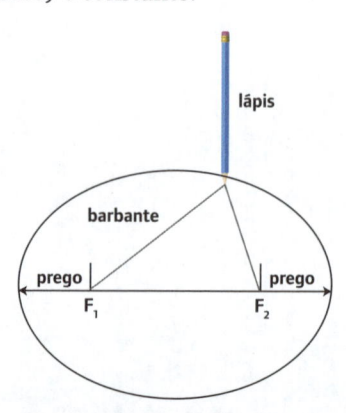

O material que o aluno pode utilizar para explorar a construção de uma elipse é similar ao que se apresenta na imagem; observe as possibilidades de posicionamento dos focos da elipse.

Elementos lineares do eneágono:

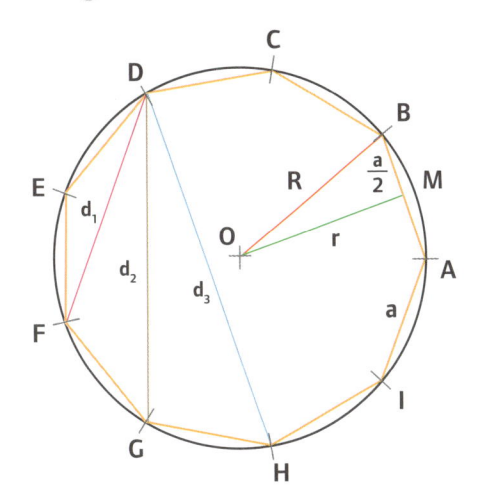

a – lado do eneágono
d_1, d_2, d_3 – três tamanhos de diagonais
R – raio da circunferência circunscrita
r – apótema
O – centro da circunferência

Eneágono
Polígono com nove lados.
Eneágono regular – polígono regular com nove lados e nove ângulos congruentes.

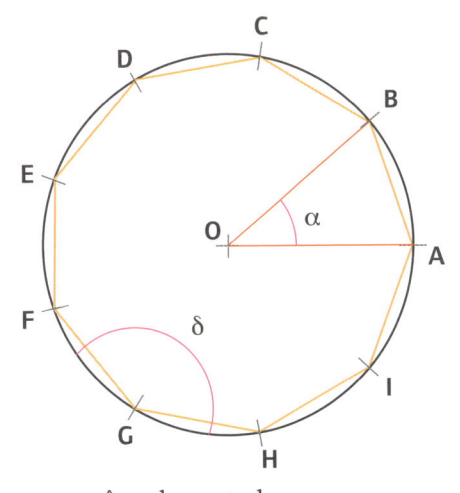

$\alpha \to$ ângulo central
$\delta \to$ ângulo interno

$\alpha = \dfrac{360°}{9} = 40° \to \begin{cases} \alpha = 40° \\ \delta = 140° \end{cases}$

$\delta = 180° - \alpha = 180° - 40° = 140°$

Equação
É uma sentença aberta na qual seu valor lógico depende dos elementos de um conjunto universo. Resolver uma equação é encontrar um valor ou valores, que tornem a sentença **verdadeira** quando colocados no lugar do valor desconhecido. O valor desconhecido pode ser denominado também de **incógnita**.

Exemplos:
a) "Ele" é jogador da seleção brasileira de vôlei. O valor desconhecido é "ele" e o conjunto universo é conjunto de todos os jogadores de voleibol brasileiros.
"Giba" é um dos valores que torna a sentença verdadeira.
b) $3x = x + 6$, $x \in N$. O valor desconhecido é um número natural x.
$3x = x + 6 \leftrightarrow 3x - x = x - x + 6 \leftrightarrow$
$2x = 6 \leftrightarrow \dfrac{2x}{2} = \dfrac{6}{2} \leftrightarrow x = 3 \to S = \{3\}$

c) $\text{sen} 2x - \dfrac{1}{2} = 0, x \in \mathbb{R}$.

O valor desconhecido é a medida de um arco expressa por um número real.

$$\text{sen} 2x - \dfrac{1}{2} = 0 \leftrightarrow \text{sen} 2x - \dfrac{1}{2} + \dfrac{1}{2} = 0 + \dfrac{1}{2} \leftrightarrow \text{sen} 2x = \dfrac{1}{2} \rightarrow$$

$$2x = \text{arcsen}\dfrac{1}{2} \rightarrow 2x = \begin{cases} 30° + n \times 360° \rightarrow \dfrac{2x}{2} = \dfrac{30}{2} \\ 150° + n \times 360° \rightarrow x = 75° \end{cases}$$

$S = \{\, x \in \mathbb{R} \;/\; x = 15° + n \times 180°$ ou $x = 75° + n \times 180° \,\}$

O pioneiro no estudo das equações foi o matemático árabe Al-Khowarizmi, que propunha resolução de equações com um método semelhante ao que utilizamos no exemplo b. As equações eram tratadas por ele como uma balança.

Os materiais que podem ser utilizados com esse objetivo são:
- a balança algébrica;
- a balança de dois pratos.

Equação do primeiro grau

É uma equação originária de um polinômio do primeiro grau. Exemplos:
$x + 5 = 9$
$9 - 3x = 0$

Equação do segundo grau

É uma equação originária de um polinômio do segundo grau. Exemplos:
$x^2 - 6x + 5 = 0$
$8 - 4x^2 = 3x$

Equador

Circunferência que divide uma esfera em duas partes iguais. A linha do equador determina o círculo máximo de uma esfera. Lembre-se: qualquer secção plana de uma esfera é um círculo; o círculo de maior área é aquele que contém o centro da esfera.

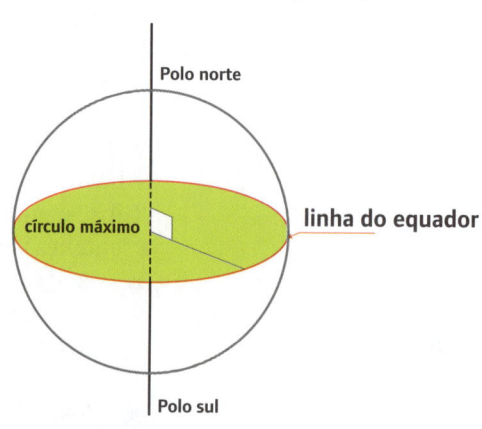

Veja *coordenadas geográficas*.

Equiângulo
Tem o significado de congruência dos ângulos.

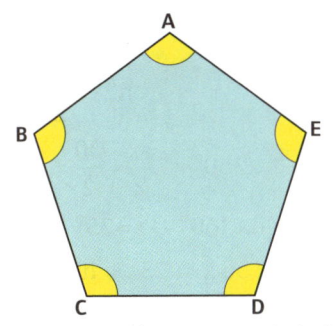

A congruência dos ângulos internos é uma propriedade dos polígonos regulares.

Equidistante
Tem o significado de distâncias iguais. Por exemplo:

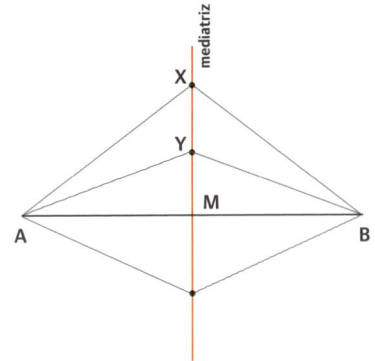

Qualquer ponto sobre a mediatriz do segmento AB é equidistante dos pontos A e B.

Equilátero
Tem o significado de: lados com medidas iguais. Exemplo: diz-se dos lados de um quadrado.

Equivalente
Tem o significado de igualdade de valores. Utilizamos este termo para designar:
- as frações que têm o mesmo valor;
- figuras planas que têm a mesma área;
- corpos sólidos com o mesmo volume.

Escala
Relação entre a configuração ou as dimensões de um desenho e o objeto por ele representado.

A expressão matemática que designa uma escala é:

$$E = \frac{d}{D} \text{ onde } \begin{cases} d \text{ é a medida do desenho} \\ D \text{ é a medida do objeto} \end{cases}$$

Ex.: escala de um mapa.

Fonte: Base cartográfica adaptada do **Atlas geográfico escolar**. Rio de Janeiro: IBGE, 2009.

Observe que a escala está indicada com um segmento de reta.

Uma escala pode ser escrita das seguintes maneiras:

$E = \dfrac{1}{50}$ ou $E = \mathbf{1 : 50} \rightarrow$ lemos: escala um por cinquenta.

Significa dizer que as medidas do objeto foram divididas por 50 para ser representado. Assim, 1 metro é representado por um segmento de reta medindo 2 cm. Essa escala é utilizada pelas prefeituras como referência para o desenho de plantas de casa.

Existem três tipos de escalas:

Escala de redução

Quando as medidas de um objeto são reduzidas para representá-lo. Uma escala indicada por:

$$E=\frac{1}{100} \quad E=\frac{1}{250} \quad E=\frac{1}{5000000}$$

Escala natural

Quando as medidas de um objeto são mantidas para representá-lo. A escala natural é indicada por $E = 1:1$

Escala de ampliação

Quando as medidas de um objeto são ampliadas para representá-lo. A escala de ampliação é indicada por:

$$E=\frac{10}{1} \text{ ou } E = 10:1$$

Quer dizer: as medidas do objeto foram multiplicadas por 10 para representá-lo.

Essa escala é utilizada para o desenho de circuitos eletrônicos.

Escala de Cuisenaire

Tradicional material criado pelo belga Émile Georges Cuisenaire (1891-1980), professor de matemática. Sua intenção era ajudar seus alunos no entendimento dos conceitos matemáticos básicos. Ao trabalhar conhecimentos matemáticos, como sistema de numeração, espaços, formas, equações simples, utilizando a escala de Cuisenaire, com atividades que provoquem reflexão e resolução de problemas, as crianças estarão consequentemente desenvolvendo sua capacidade de generalizar, analisar, sintetizar, inferir, formular hipóteses, deduzir, refletir e argumentar.

Aplicações

- Contagem e registro.
- Sistema de numeração decimal.
- Escalímetro para modelista.
- Ordenação e comparação de quantidades.
- Operações fundamentais e propriedades.
- Equações.

Escalímetro

Conjunto de réguas com diversas escalas, por exemplo, um conjunto de réguas para modelistas:

No desenho arquitetônico, utilizamos esse modelo de escalímetro:

Esfera

Corpo geométrico delimitado por uma superfície curva cujos pontos são equidistantes de um ponto fixo, em seu interior, denominado centro.

Bolas de futebol, de basquete e de bilhar são exemplos de esfera.

Superfície esférica é nome da superfície que delimita a esfera.

As esferas têm inúmeras aplicações industriais, uma delas é na indústria de rolamentos.

Espaço

Extensão limitada, lugar determinado (inclusive em suas dimensões) que pode conter algo. No Ensino Fundamental, exploramos os seguintes espaços:
  a) **tridimensional** – estudo dos corpos geométricos: nomenclatura e cálculo do volume. É o tipo de espaço mais fácil para a criança compreender;
  b) **bidimensional** – é o plano onde representamos as figuras geométricas. Estudamos polígonos, cônicas, nomenclatura e cálculo de perímetro e áreas.

Espessura

Dimensão que exprime a distância entre a superfície inferior e a superior de um sólido. Exemplos:
  a) espessura de uma folha de papel;
  b) espessura de uma peça dos blocos lógicos.

Espiral

Figura plana que consiste em uma linha curva que se expande a cada volta em torno do(s) centro(s).

Exemplos:

Espiral com dois centros

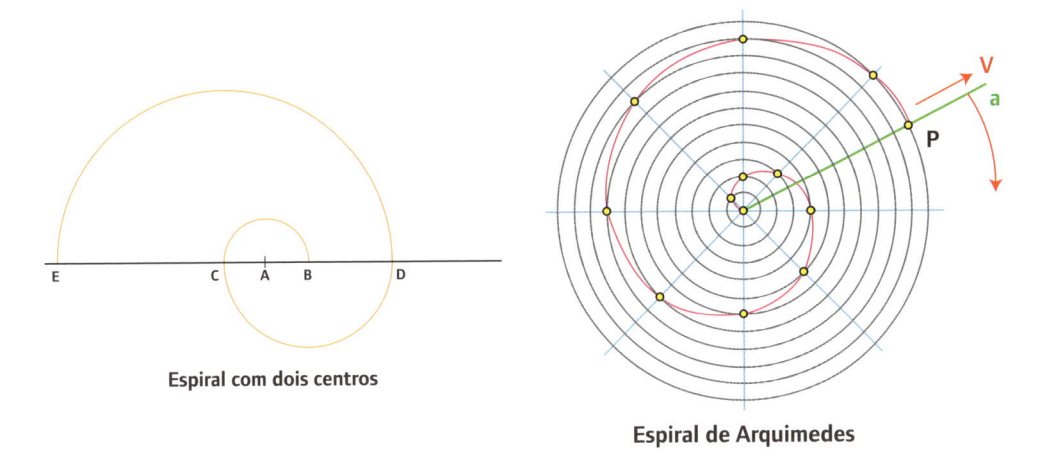

Espiral de Arquimedes

Esquadro
Instrumento de desenho que faz parte do material didático dos alunos do Ensino Fundamental e Médio. Tem a forma de triângulo retângulo e é confeccionado em plástico ou acrílico, pode ter ou não escala.

Jogo de esquadro escolar: com ângulos de 30°, 60° e 90°; e com ângulos de 45°, 45° e 90°.

Estatística
1. Uma parte da matemática que permite conhecer o presente e inferir o futuro.
2. Ramo da matemática que trata da coleta, da análise, da interpretação e da apresentação de massas de dados numéricos.
3. A estatística utiliza-se das teorias probabilísticas para explicar a frequência de fenômenos e para possibilitar a previsão desses fenômenos.
4. O que modernamente se conhece como Ciências Estatísticas, ou simplesmente Estatística, é um conjunto de técnicas e métodos de pesquisa que, entre outros tópicos, envolve o planejamento do experimento a ser realizado, a coleta qualificada dos dados, a inferência, o processamento, a análise e a disseminação das informações.

Estimativa

1. Avaliação prospectiva (de algo, alguém, processo, etc.) que se faz com base nos dados disponíveis no presente.
2. Cálculo mental elaborado com a utilização das propriedades operatórias para antecipar ou prever resultado de uma operação ou de uma medida.

Expoente

Número ou letra que indica quantas vezes uma base deve ser tomada como fator para se obter uma potência.

$$\underset{\text{base}}{4}{}^{\text{expoente}\;3} = \underset{\text{3 vezes}}{4 \times 4 \times 4} = 64 \;\; \text{potência}$$

Expressão algébrica

Combinação de números e letras submetidos às operações de adição, subtração, multiplicação, divisão, potenciação e radiciação finitas vezes. Exemplos:

a) $a + b \rightarrow$ significa a soma de dois números.

b) $\dfrac{x}{2} \rightarrow$ significa a metade de um número.

c) $x - y^2 \rightarrow$ significa o quadrado da diferença de dois números.

Expressão numérica

Combinação de números submetidos às operações de adição, subtração, multiplicação, divisão, potenciação e radiciação, hierarquizadas com o uso de parênteses, colchetes e chaves. Exemplos:

a) $-5 + 3 \times 8$
b) $6 + 8^2 + \sqrt{8}$
c) $\sqrt{\dfrac{25-16}{16-9}}$

Extração de uma raiz

Extrair a raiz n-ésima de um número dado N é determinar uma base B de modo que:

$$\sqrt[n]{N} = B \Leftrightarrow B^n = N$$

Exemplos:

a) $\sqrt[3]{27} = 3 \Rightarrow 3^3 = 27 \rightarrow$ lemos: A raiz cúbica de 27 é 3; implica que 3 elevado ao cubo é igual a 27.

b) $\sqrt[4]{625} = 5 \Rightarrow 5^4 = 625$.

c) $\sqrt{144} = 12 \Rightarrow 12^2 = 144$.

Veja **radiciação**.

Extremos

1. Extremos de um intervalo linear são os pontos **a** e **b** de modo que **a** é o extremo inferior e **b** é o extremo superior desse intervalo. Exemplo:

a) [a, b] → intervalo fechado ab → a e b pertencem ao intervalo;

b)]a, b[→ intervalo aberto ab → a e b não pertencem ao intervalo;

c) [a, b[→ intervalo aberto à direita → a pertence e b não pertence ao intervalo;

d)]a, b] → intervalo aberto à esquerda → a não pertence e b pertence ao intervalo.

2. Numa proporção $\dfrac{a}{b} = \dfrac{c}{d}$ **a** e **d**, são os extremos da proporção e **b** e **c** são os meios da proporção.

Exemplo:

$\dfrac{5}{10} = \dfrac{8}{16} \rightarrow$

$\begin{cases} 5 \text{ e } 16 \rightarrow \text{extremos da proporção} \\ 10 \text{ e } 8 \rightarrow \text{meios da proporção} \end{cases}$

$5 \times 16 = 10 \times 8$

$5 \times 16 = 10 \times 8 \rightarrow$ Em toda proporção, o produto dos meios é igual ao produto dos extremos.

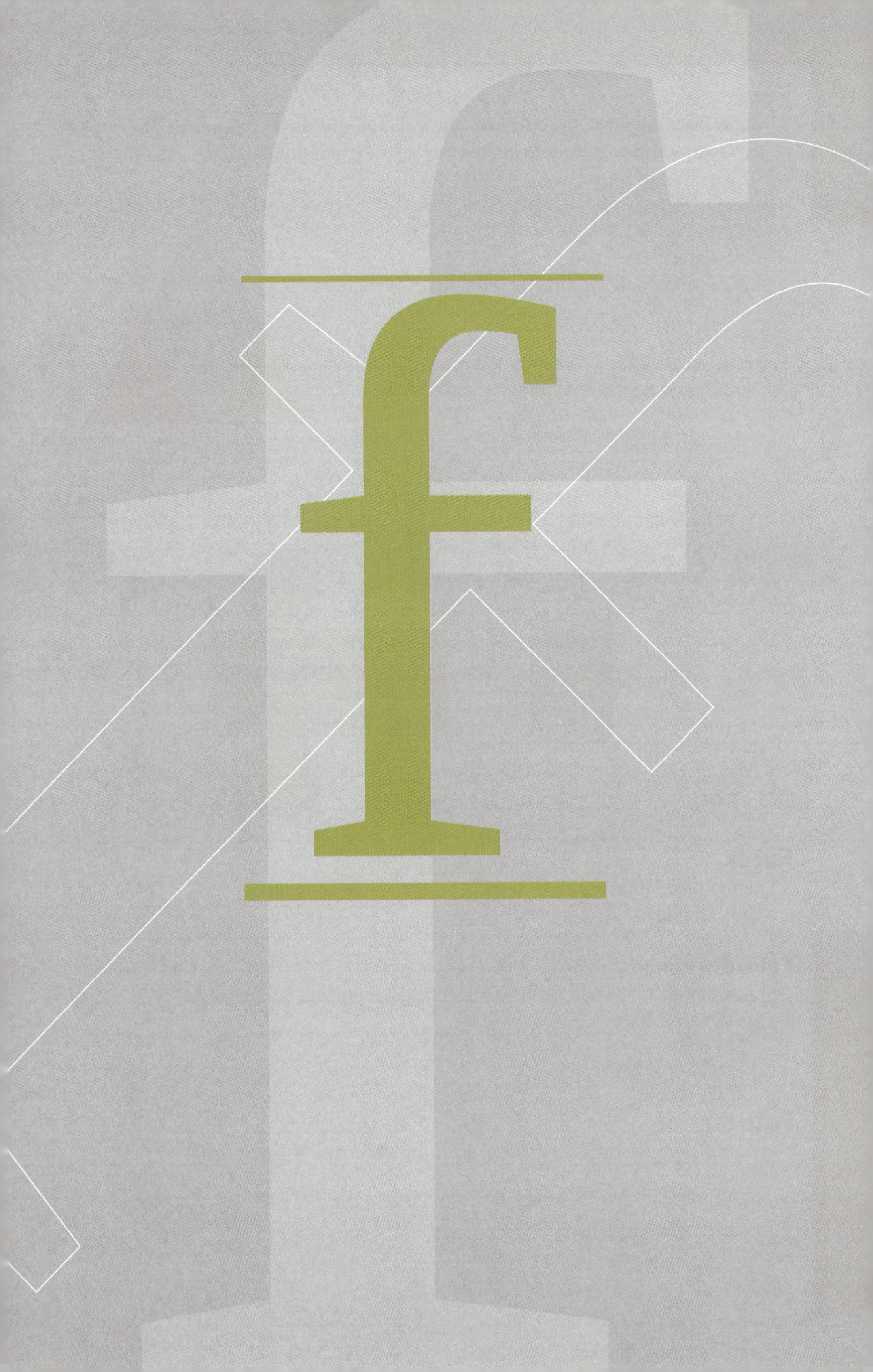
f

Face

Superfície, ou parte da superfície que delimita um corpo geométrico. Exemplos:

a) O tetraedro regular tem quatro faces, triângulos equiláteros.

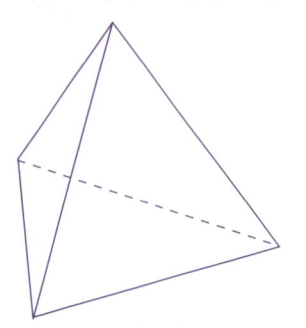

Vista em perspectiva do poliedro montado.

Esquema de colocação dos triângulos para montar um tetraedro. Observe as quatro faces.

b) O cilindro possui três faces: duas faces planas (círculos) e uma face curva (superfície cilíndrica).

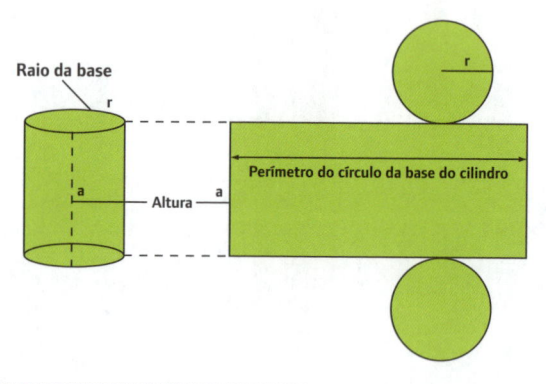

Raio da base
Perímetro do círculo da base do cilindro
Altura

Fator

Elemento de uma multiplicação.
$12 \times 15 = 180$

Fatores primos

Os números compostos podem ser decompostos em seus fatores primos. Veja exemplos:

a) $15 = 3 \times 5$
b) $24 = 2 \times 2 \times 2 \times 3$
c) $210 = 2 \times 3 \times 5 \times 7$

Fatorar

Fatorar significa transformar em produto. Veja alguns exemplos:

a) $ax - bx \xrightarrow{fatorando} x \cdot (a - b)$
b) $ax + ay + bx + by \xrightarrow{fatorando} a(x+y) + b(x+y) \xrightarrow{fatorando} (a+b)(x+y)$
c) $a^2 - b^2 \xrightarrow{fatorando} (a+b)(a-b)$

Recortes em cartolina ou materiais confeccionados em E.V.A. facilitam a visualização do processo de fatoração e dos produtos notáveis.

Antes de começar, vamos estabelecer as seguintes convenções:

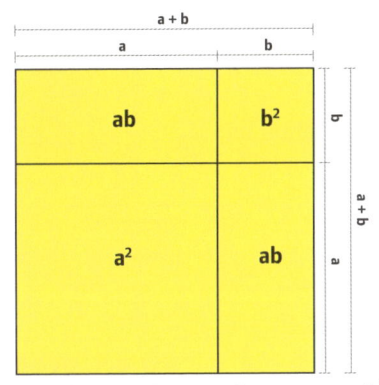

Com esses quatro blocos, podemos desenvolver as seguintes atividades:
a) Fatoração com fator comum:

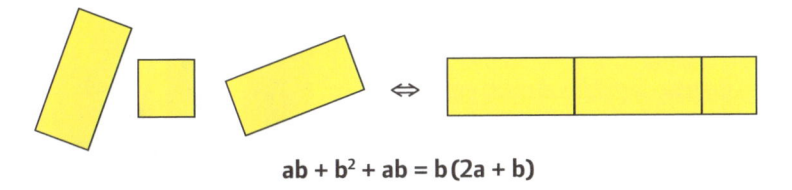

$$ab + b^2 + ab = b(2a + b)$$

b) Fatoração recorrendo a um produto notável:

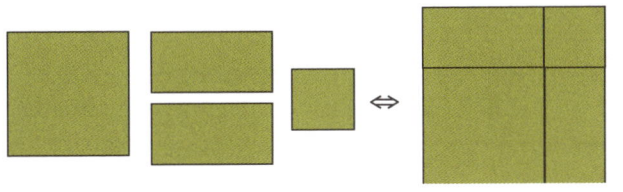

$a^2 + 2ab + b^2 = a + b^2$

Fatorial
Fatorial de um número **n** é o produto de todos números naturais de **n** até 1:

n! = n × n – 1 × n – 2 × ... × 2 × 1
Exemplos:
a) 5! = 5 × 4 × 3 × 2 × 1 = 120
b) 1! = 1
c) 0! = 1

Feixe de reta
É um conjunto de retas com uma determinada propriedade em comum.
Exemplos:
a) feixe de retas paralelas:

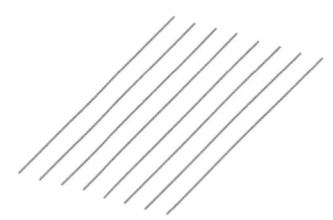

b) feixe de retas que concorrem a um ponto P:

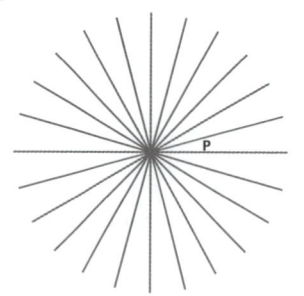

Figura
Conjunto de traços gráficos que representam alguém ou algo real ou imaginário.

Figura geométrica bidimensional
Figuras geométricas planas são conjuntos de pontos contidos num só plano que gozam de uma determinada propriedade;
Exemplos: as faces dos poliedros, as bases e secções planas dos corpos de revolução.

Figura geométrica tridimensional
São exemplos:
O cubo, a esfera, a pirâmide, etc.

Sinônimos
Figura geométrica espacial
Corpo geométrico
- São figuras que possuem três dimensões: comprimento, largura e altura.
- São conjuntos de pontos que não podem estar contidos num só plano.

Figura geométrica

Figuras geométricas são conjuntos de pontos que gozam de uma determinada propriedade.

Ângulo, triângulos, círculos, cubos e cilindros são exemplos de figuras geométricas.

Conjunto de traços gráficos que representam um objeto que possui determinadas propriedades ou regularidades.

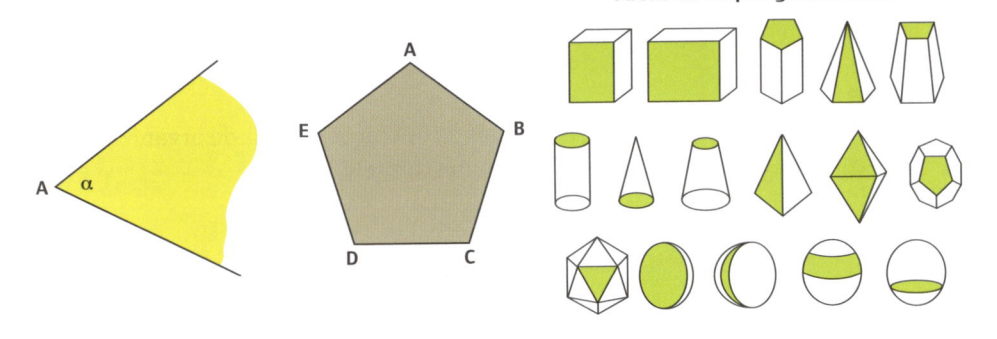

Fio de prumo

Instrumento que indica a direção vertical.

Prumo

Foco

1. Pontos fixos de uma elipse, sobre o eixo maior, simétricos em relação ao eixo menor. A soma das distâncias dos dois focos até qualquer ponto da curva é constante.
2. Ponto fixo de uma parábola situado sobre o eixo x. Qualquer ponto da curva é equidistante do foco e da diretriz.

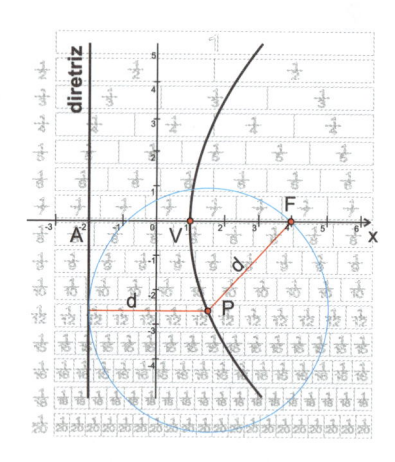

Fórmula

Expressão contendo letras, números, sinais de operações, sinais de organização que se propõe calcular um perímetro, uma área, uma raiz, etc.

Exemplos:

a) $d = \left|\sqrt{x_a - x_b^2 + y_a - y_b^2}\right|$ → calcular a distância entre dois pontos no plano cartesiano.

b) $x_1 = \dfrac{-b\sqrt{b^2 - 4ac}}{2a}$ e $x_2 = \dfrac{-b+\sqrt{b^2-4ac}}{2a}$ → calcular as raízes de uma equação do segundo grau: $ax^2 + bx + c = 0$.

Fração

substantivo feminino
1. Ato pelo qual se divide, se separa, se parte algo
2. Parcela de um todo; parte, porção, pedaço
Ex.: uma pequena fração dos alunos foi reprovada
3. Aritmética.
Parte menor ou cada uma das partes menores em que se dividiu uma unidade.

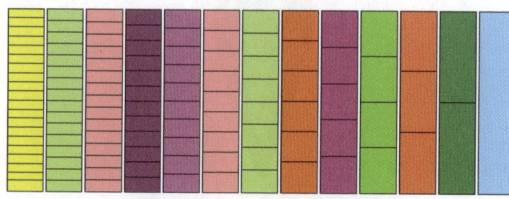

Blocos de frações em barras

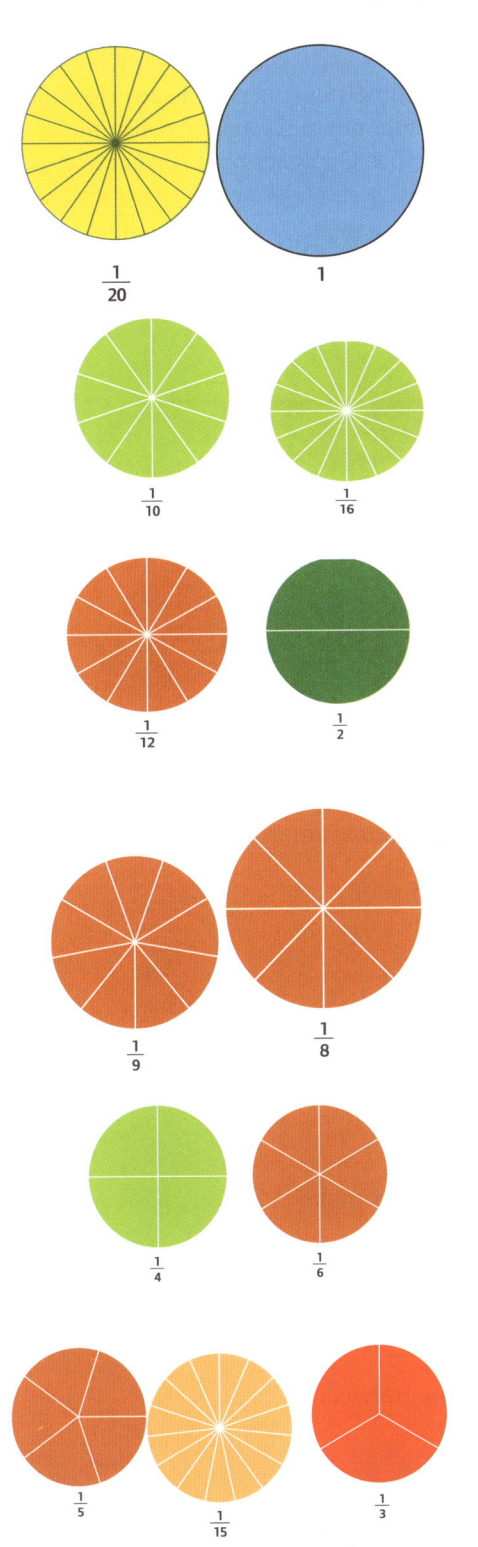

Fração: elementos

$\dfrac{4}{6}$ numerador
denominador

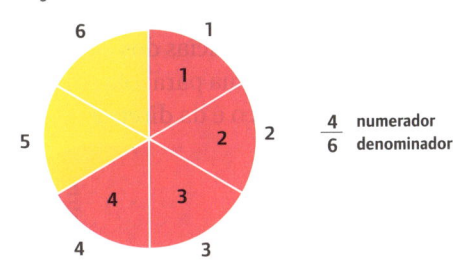

Na fração, $\dfrac{4}{6}$ o denominador indica em quantas partes foi dividido o todo, e o numerador indica quantas destas partes foram tomadas. Veja uma outra forma de representar essa mesma fração:

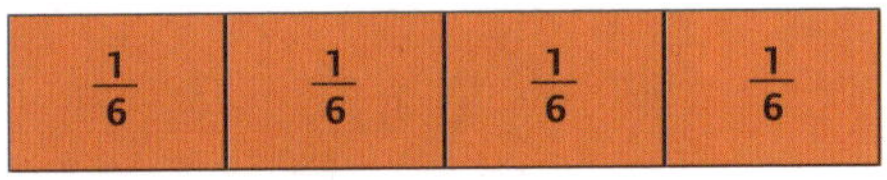

| $\dfrac{1}{6}$ | $\dfrac{1}{6}$ | $\dfrac{1}{6}$ | $\dfrac{1}{6}$ |

Frações - tipos

Fração própria – é uma fração cujo numerador é menor que o denominador; representa um número compreendido entre 0 e 1. Exemplos:

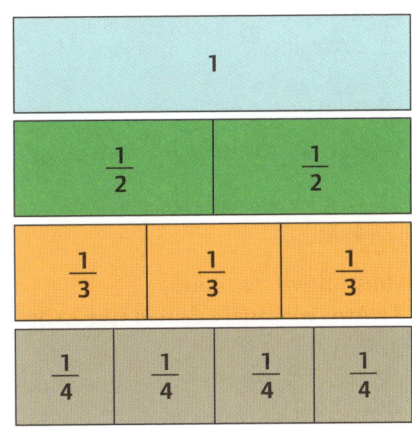

Outros exemplos:

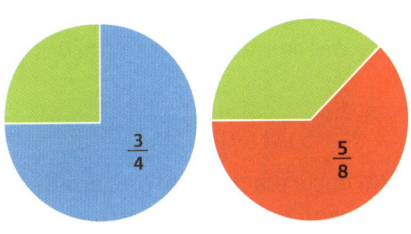

Setores circulares para trabalhar frações.

Fração imprópria – é uma fração cujo numerador é maior que o denominador, representa um número maior que 1.
Exemplos:

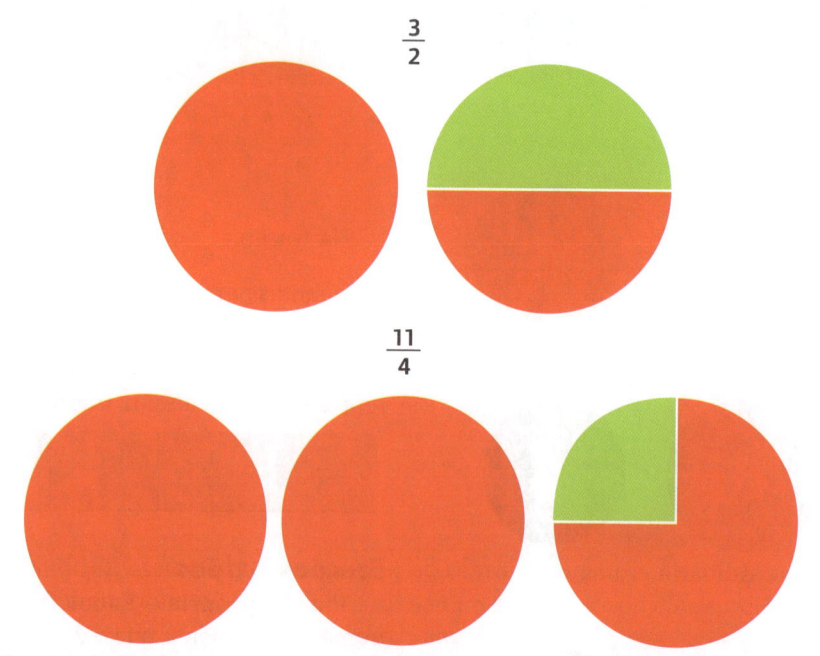

$$\frac{3}{2}$$

$$\frac{11}{4}$$

As frações impróprias podem ser transformadas em **números mistos**:

$$\frac{3}{2} = 1\frac{1}{2} \Leftrightarrow 1 + \frac{1}{2}$$

$$\frac{11}{4} = 2\frac{3}{4} \Leftrightarrow 2 + \frac{3}{4}$$

Fração aparente – é a fração que pode ser reduzida a um número inteiro. Exemplos:

$$\frac{2}{1}, \frac{4}{2}, \frac{10}{5}, \ldots$$

Fração irredutível – é a fração que não pode ser simplificada. Exemplos:

$$\frac{2}{3}, \frac{1}{2}, \frac{4}{5}, \frac{13}{2}, \ldots$$

Frações equivalentes

Frações equivalentes são frações que têm o mesmo valor. Exemplos:

$$\frac{1}{2} = \frac{2}{4} = \frac{3}{6} = \frac{4}{8} = \frac{5}{10} = \ldots$$

Em decorrência da **propriedade fundamental das frações**, qualquer fração pode ser substituída por outra **equivalente**.

Veja um quadro de frações equivalentes:

1																			1
$\frac{1}{2}$										$\frac{1}{2}$									$\frac{2}{2}$
$\frac{1}{3}$						$\frac{1}{3}$						$\frac{2}{3}$							$\frac{3}{3}$
$\frac{1}{4}$					$\frac{1}{4}$				$\frac{2}{4}$					$\frac{3}{4}$					$\frac{4}{4}$
$\frac{1}{5}$				$\frac{1}{5}$			$\frac{2}{5}$				$\frac{3}{5}$				$\frac{4}{5}$				$\frac{5}{5}$
$\frac{1}{6}$			$\frac{1}{6}$			$\frac{2}{6}$			$\frac{3}{6}$			$\frac{4}{6}$			$\frac{5}{6}$				$\frac{6}{6}$
$\frac{1}{8}$		$\frac{1}{8}$		$\frac{2}{8}$		$\frac{3}{8}$		$\frac{4}{8}$		$\frac{5}{8}$		$\frac{6}{8}$		$\frac{7}{8}$					$\frac{8}{8}$
$\frac{1}{9}$		$\frac{1}{9}$	$\frac{2}{9}$		$\frac{3}{9}$		$\frac{4}{9}$		$\frac{5}{9}$		$\frac{6}{9}$		$\frac{7}{9}$		$\frac{8}{9}$				$\frac{9}{9}$
$\frac{1}{10}$	$\frac{1}{10}$		$\frac{2}{10}$		$\frac{3}{10}$		$\frac{4}{10}$		$\frac{5}{10}$	$\frac{6}{10}$		$\frac{7}{10}$		$\frac{8}{10}$		$\frac{9}{10}$			$\frac{10}{10}$
$\frac{1}{12}$	$\frac{2}{12}$	$\frac{3}{12}$	$\frac{4}{12}$	$\frac{5}{12}$	$\frac{6}{12}$	$\frac{7}{12}$	$\frac{8}{12}$	$\frac{9}{12}$	$\frac{10}{12}$	$\frac{11}{12}$									$\frac{12}{12}$
$\frac{1}{15}$	$\frac{2}{15}$	$\frac{3}{15}$	$\frac{4}{15}$	$\frac{5}{15}$	$\frac{6}{15}$	$\frac{7}{15}$	$\frac{8}{15}$	$\frac{9}{15}$	$\frac{10}{15}$	$\frac{11}{15}$	$\frac{12}{15}$	$\frac{13}{15}$	$\frac{14}{15}$						$\frac{15}{15}$
$\frac{1}{16}$	$\frac{2}{16}$	$\frac{3}{16}$	$\frac{4}{16}$	$\frac{5}{16}$	$\frac{6}{16}$	$\frac{7}{16}$	$\frac{8}{16}$	$\frac{9}{16}$	$\frac{10}{16}$	$\frac{11}{16}$	$\frac{12}{16}$	$\frac{13}{16}$	$\frac{14}{16}$	$\frac{15}{16}$					$\frac{16}{16}$
$\frac{1}{20}$	$\frac{2}{20}$	$\frac{3}{20}$	$\frac{4}{20}$	$\frac{5}{20}$	$\frac{6}{20}$	$\frac{7}{20}$	$\frac{8}{20}$	$\frac{9}{20}$	$\frac{10}{20}$	$\frac{11}{20}$	$\frac{12}{20}$	$\frac{13}{20}$	$\frac{14}{20}$	$\frac{15}{20}$	$\frac{16}{20}$	$\frac{17}{20}$	$\frac{18}{20}$	$\frac{19}{20}$	$\frac{20}{20}$

Fração ordinária

Fração ordinária é uma das formas de representar um Número Racional, a outra forma de representação é chamada número decimal. Essas duas formas de representação são equivalentes entre si. Veja alguns exemplos:

$$\frac{1}{10}=0,1 \quad \frac{1}{2}=0,5$$

A transformação de fração ordinária para decimal é feita efetuando a divisão indicada.

$$\frac{10}{40}=\frac{1}{4}$$

Em alguns casos, o número de casas decimais pode ficar indefinido:

$$\frac{5}{3} = 1,6666666666666666666666666666666...$$ são as chamadas dízimas periódicas.

O processo inverso pode ser realizado também

$$0,75 = \frac{75}{100} = \frac{75 \div 25}{100 \div 25} = \frac{3}{4}$$

A regra é a seguinte: tomamos como numerador o número decimal retirando a vírgula decimal, como denominador 1 seguido de tantos zeros quanto forem as casas decimais do número dado:

Exemplos:

$$2,4=\frac{24}{10} \qquad 5,89=\frac{589}{100} \qquad 0,003=\frac{3}{1000}$$

Frequência

Número de vezes que um fato ocorre ou um dado aparece numa sequência no registro de uma pesquisa.

Exemplo: 9.º ano com 40 alunos.
10 alunos gostam de voleibol.
Frequência absoluta de quem gosta de voleibol é 10;

Frequência relativa é:

$$\frac{10}{40} = \frac{1}{4} = 0,25 = 25\%.$$

Fronteira

1. Linha divisória entre territórios ou países; divisa; limite.
2. Linha que separa duas regiões.
3. Limite entre dois espaços físicos ou conceituais (fronteira da resistência). Exemplo:

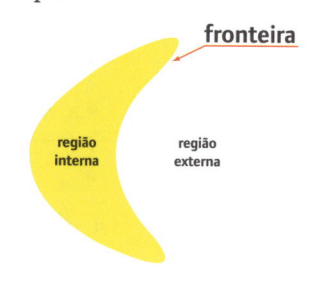

Função

Dados dois conjuntos A e B, existe uma função de A em B, se e somente se, a todo elemento pertencente ao conjunto A corresponde um, e somente um, elemento pertencente ao conjunto B.

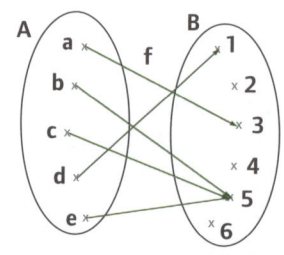

As setas indicam a correspondência. Temos uma função f : A → B (função f de A em B).

O conjunto A é o domínio da função. O conjunto B é o contradomínio da função. O conjunto formado pelos elementos 1, 3, 5 é chamado **conjunto imagem** da função.

f(a) = 3 → a imagem de a pela função f é 3.
f(b) = 5
f(c) = 5
f(d) = 1
f(e) = 5

Anote:
Se o domínio da função estiver no conjunto dos números reais, dizemos que temos uma **função real**.

Função do primeiro grau

É uma função polinomial do primeiro grau, de R em R, definida por uma lei da forma f(x) = ax + b, onde a e b são números reais, com a ≠ 0.

O gráfico de uma função do primeiro grau é uma reta:

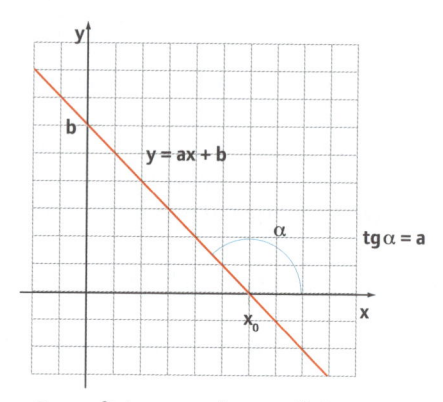

O coeficiente **a** é o coeficiente angular, nos fornece o valor da tangente do ângulo que o gráfico da função forma com o eixo dos x.

O coeficiente **b** é o coeficiente linear, nos fornece a ordenada do ponto de interseção do gráfico com o eixo dos y.

O ponto x_0 é o ponto onde o gráfico da função corta o eixo dos x: **zero da função**.

Exemplos:

a)

$y = -x + 2 \quad \begin{cases} a = -1 \to \alpha = 135° \\ b = 2 \end{cases}$

se $y = 0 \to -x + 2 = 0 \to -x = -2 \to x_0 = 2$

b)

$y = \frac{\sqrt{3}}{3}x + 1 \quad \begin{cases} a = \frac{\sqrt{3}}{3} \to \alpha = 30° \\ b = 1 \end{cases}$

se $y = 0 \to \frac{\sqrt{3}}{3}x + 1 = 0 \to x_0 = -\sqrt{3}$

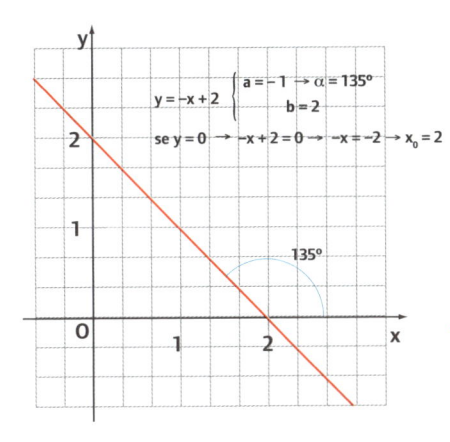

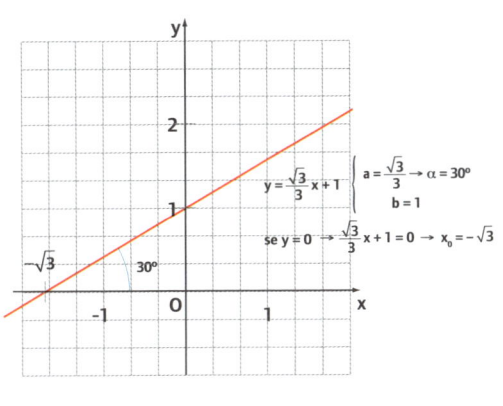

Função do segundo grau

É uma função polinomial do segundo grau, de $R \to R$, definida por uma lei da forma $y = ax^2 + bx + c$, onde a, b e c são números reais, com $a \neq 0$. O gráfico de uma função do segundo grau ou quadrática é uma parábola.

Os coeficientes a, b e c proporcionam 6 possibilidades de diferentes situações:

	$b^2 - 4ac > 0$	$b^2 - 4ac = 0$	$b^2 - 4ac < 0$
a > 0	x_1, x_2	$x_1 = x_2$	x_1 e $x_2 \notin \mathbb{R}$
a < 0	x_1, x_2	$x_1 = x_2$	x_1 e $x_2 \notin \mathbb{R}$

As coordenadas do vértice são: $V\left(-\dfrac{b}{2a}, -\dfrac{b^2 - 4ac}{4a}\right)$

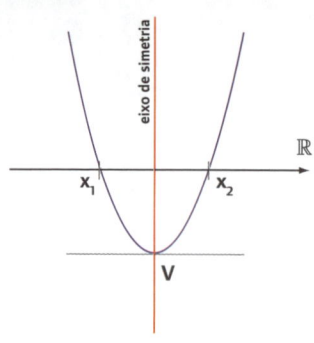

O eixo de simetria da parábola passa pelo vértice.

Fuso esférico

Região da superfície esférica compreendida entre dois meridianos. Veja **meridiano**.

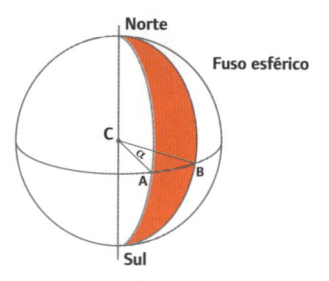

Observe que a área da região, considerando a área da superfície esférica, é diretamente proporcional à medida do arco AB.

$S_e = 4\pi r^2$ É a área da superfície esférica, corresponde a 360°; assim:

$$\frac{S_f}{S_e} = \frac{\alpha}{360°}$$ onde S_f é a área do fuso esférico.

Fuso horário

A Terra está dividida em 24 fusos horários, cada um deles tem um ângulo central de 15°. Se nos deslocarmos no sentido horário, a cada fuso diminuímos 1 hora; no sentido contrário aumentamos uma hora.

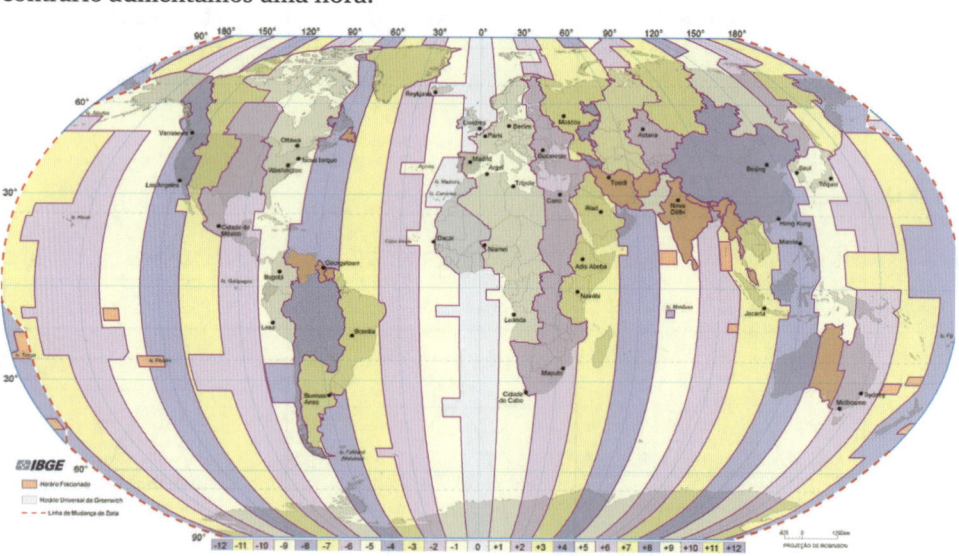

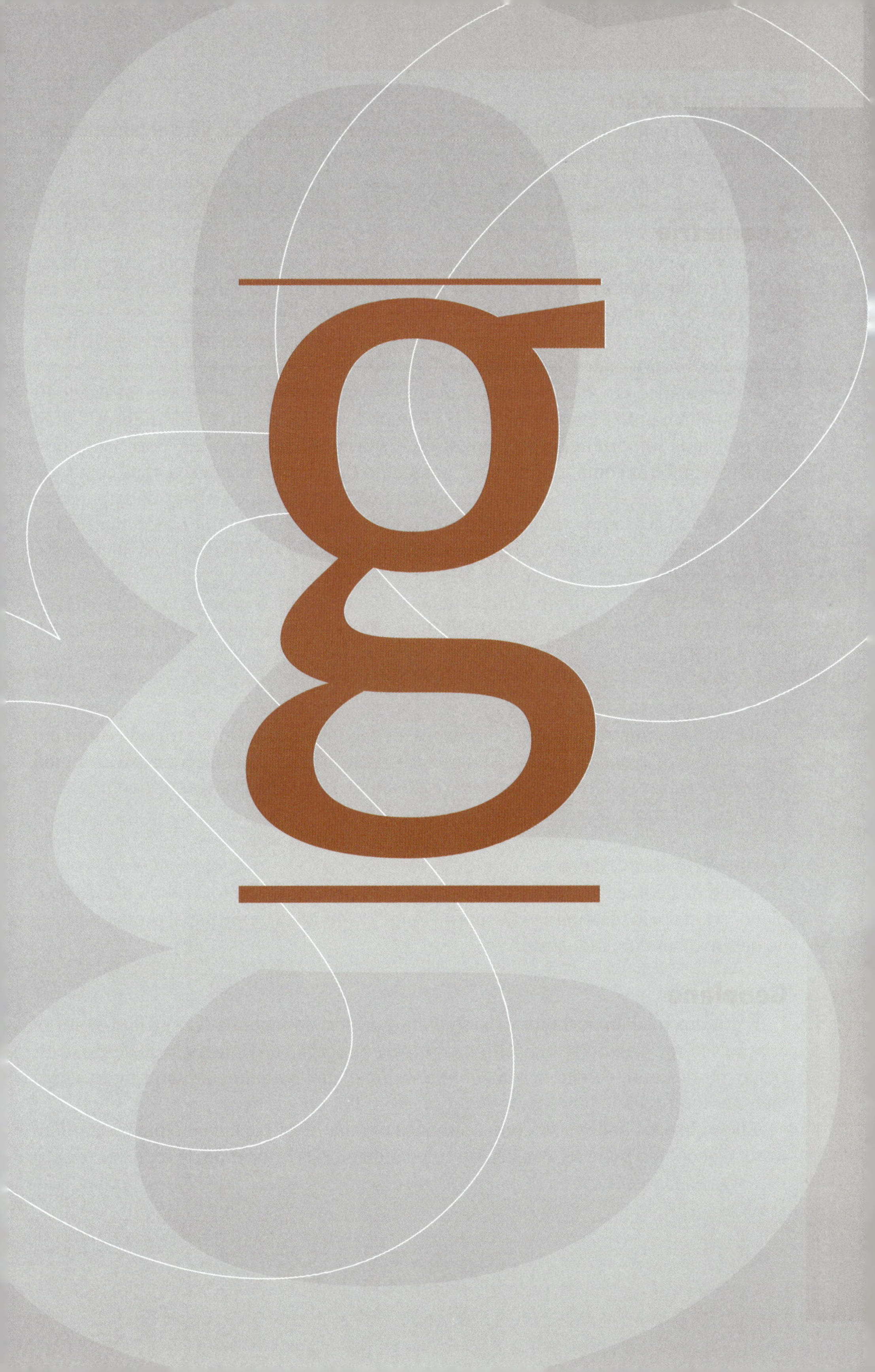

Generalização

Estender propriedades, qualidade e/ou características válidas para alguns elementos a todos os elementos do mesmo conjunto. Exemplo:

$2 + 3 = 3 + 2; 2 \text{ e } 3 \in \mathbb{N} \xrightarrow{\text{generalizando}} a + b = b + a;$ para todo $a, b \in \mathbb{N}$

Geometria

De acordo com o significado do termo em grego, geometria significa medição de terras. Um fato histórico associado ao conceito de geometria são as enchentes do rio Nilo; após as inundações, as terras deviam ser demarcadas novamente.

Geometria é a parte da matemática que estuda o espaço, as formas que ele pode conter e as propriedades dessas formas.

O matemático grego Euclides foi o primeiro organizador da geometria no século III a.C., daí chamar-se a geometria básica de *euclidiana*. Escreveu os "**Elementos**", obra que têm uma importância excepcional na história das matemáticas, pois, não apresenta a geometria como um mero agrupamento de dados desconexos, mas como um sistema lógico. As definições, os axiomas ou postulados e os teoremas não aparecem agrupados ao acaso, mas antes expostos numa ordem perfeita. Cada teorema resulta das definições, dos axiomas e dos teoremas anteriores, de acordo com uma demonstração rigorosa.

Entretanto, outros matemáticos também têm elos com a geometria, entre eles Pitágoras, Eratóstenes, Tales, Descartes, Gauss, Bolyai, Lobachevski e Georg Friedrich Bernhard Riemann.

Geometria analítica

Ramo da geometria associado à álgebra, de modo que um ponto é tratado como um par ordenado e a reta como uma equação do primeiro grau, etc. Sua criação é atribuída a René Descartes (1596-1650), embora a existência de evidências de que os chineses já a usavam mil anos antes, pelo menos.

Geometria descritiva

Ramo da geometria que tem como objetivo representar objetos tridimensionais no plano, criada pelo matemático Gaspard Monge (1746-1818), teve papel preponderante no desenvolvimento industrial.

Geoplano

É um dos mais importante recurso para o ensino da matemática. Atribui-se a sua criação ao Prof. Caleb Gattegno, do Instituto de Educação da Universidade de Londres. De um modo geral, geoplano é um quadro sobre o qual podemos explorar figuras geométricas interligando pinos fixos ou móveis com fios ou elásticos.

Esses quadros podem ser confeccionados em madeira, plástico, acrílico, etc. Além disso, o geoplano pode ser construído colocando alunos brincando de roda.

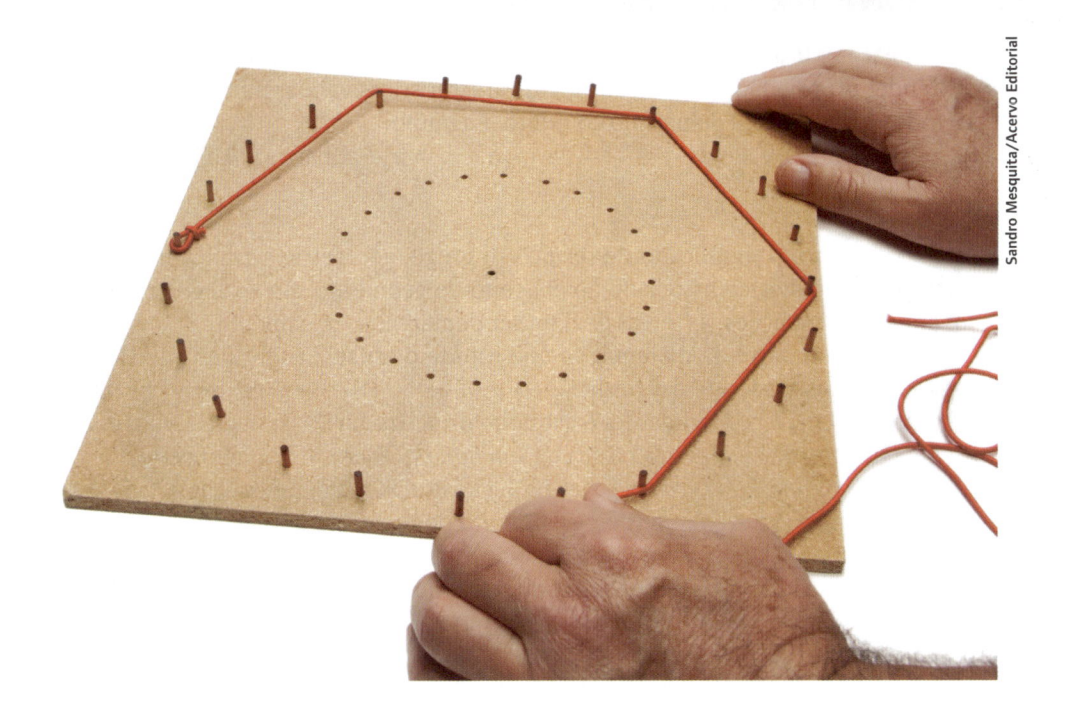

A configuração dos pinos é adequada ao nível de ensino e aos conceitos abordados.
Os geoplanos permitem uma representação simplificada e abstrata de um fenômeno ou situação concreta, e que serve de referência para a observação, estudo ou análise.
A utilização dos geoplanos pode ser distribuída dos anos iniciais ao ensino superior, abrangendo dezenas de conceitos matemáticos e de outros campos do conhecimento.

Veja instrumentos do dia a dia que podem ser associados ao geoplano:

Bússola.

Relógio convencional.

Relógio de Sol.

Geoplano retangular

Geoplano cuja furação ou disposição dos pinos é feita em linhas e colunas.

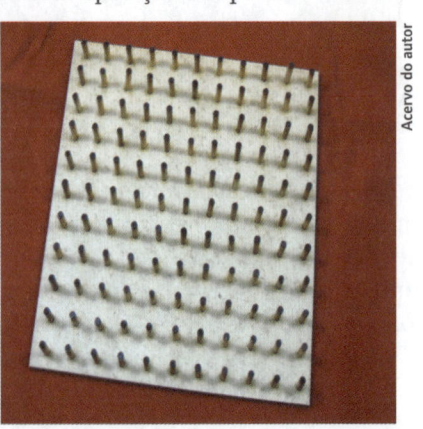

Para os anos iniciais, recomenda-se o uso de pinos fixos.

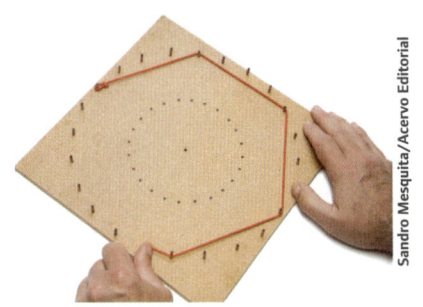

Como quadro mural, o geoplano retangular permite ao professor desenvolver conteúdos no campo dos números e da álgebra, e operações relacionadas a conteúdos de geometria.

Tem como indicação principal a utilização no desenvolvimento da geometria e da álgebra, resgatando as relações conceituais entre as operações, o cálculo de áreas e perímetros, dos produtos notáveis e da fatoração.

Geoplano circular

Geoplano circular é aquele cuja disposição dos pinos ou de sua furação segue uma circunferência e o seu centro. A distribuição da furação sobre a curva determina uma sucessão de arcos congruentes.

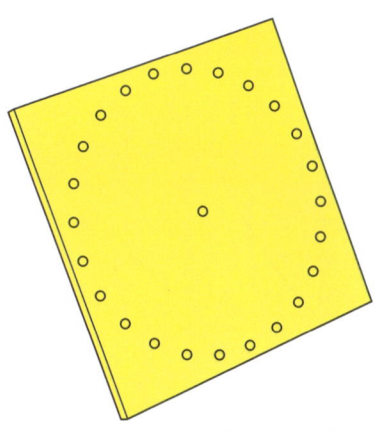

Os geoplanos circulares podem ser utilizados para desenvolver, pelo menos, 60 conceitos matemáticos, abrangendo desde os anos iniciais até o Ensino Médio. É um material com características interdisciplinares que integra conceitos dos quatro blocos de conteúdos: números, operações e álgebra; espaço e forma; grandezas e medidas e tratamento da informação.

Suas diferentes versões agilizam sua aplicação em sala de aula tanto na perspectiva de explorar os conceitos, quanto na forma e na dinâmica de exposição.

Aplicações
- Explorar ideias de contagem e organização.
- Associar conceitos de contagem aos conceitos geométricos.
- Desenvolver vocabulário essencial da matemática.
- Construção de polígonos regulares associado à divisão exata.
- Relações métricas nos polígonos.
- Relações trigonométricas nos polígonos.

Geratriz

1. Aquela que gera; generatriz.
2. Geom. Reta que gera a superfície de um cone.
3. Geom. Curva que, movendo-se de certa maneira, gera uma superfície.

Veja a geração dos cones por uma geratriz em torno de um eixo.

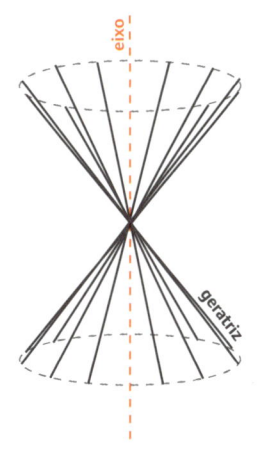

Gráfico

1. Relativo à grafia, à escrita, aos caracteres da escrita.
2. Referente à informação na forma de sinais, desenhos, figuras, signos, em qualquer método de representação ou suporte.
3. Que se apresenta em forma de desenho, figura.
4. Linha que representa uma função.
Exemplo:
O gráfico de uma função do primeiro grau é uma reta:

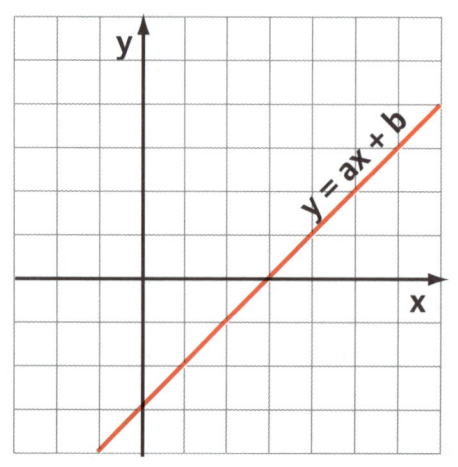

Gráfico cartesiano

Representação que utiliza um sistema de eixos coordenados como referência:
Normalmente, o sistema de eixos coordenados utiliza eixos perpendiculares para representação:
- eixo das abscissas (eixo horizontal);
- eixo das ordenadas (eixo vertical).

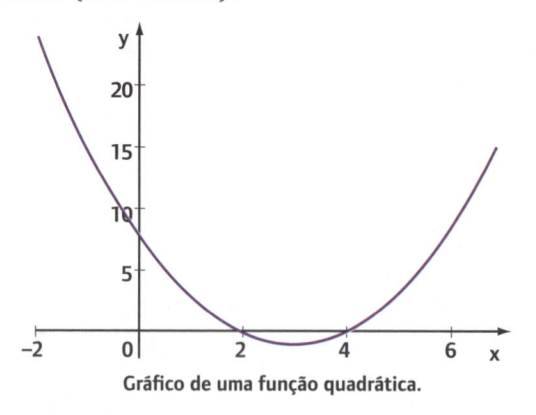

Gráfico de uma função quadrática.

Gráfico de barras

É o tipo de gráfico em que os dados são apresentados em barras que têm a mesma largura, dispostas na vertical ou na horizontal.

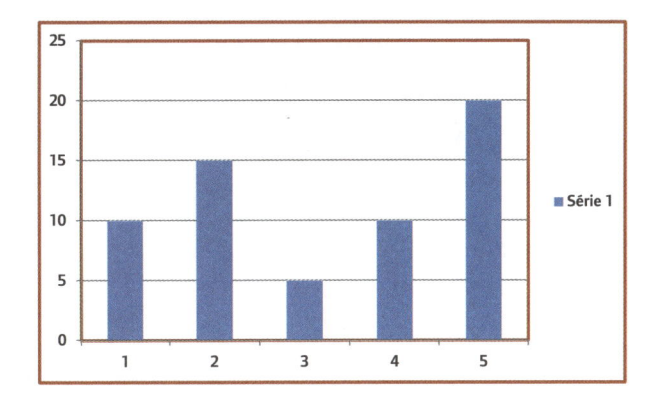

Título do Gráfico

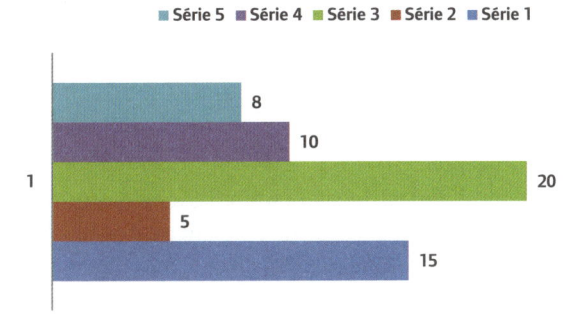

Exemplo de gráficos obtidos com aplicativo Excel.

Gráfico de segmentos

Gráfico que indica a variação dos dados ao longo de uma observação, é utilizado para indicar o crescimento e o decrescimento de vendas ou de produção, por exemplo.

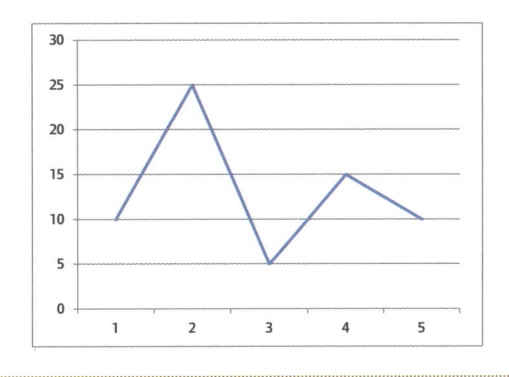

Gráfico de setores

Tipo de gráfico que utiliza setores circulares para expressar os dados e as relações entre eles. Também e chamado gráfico tipo pizza.

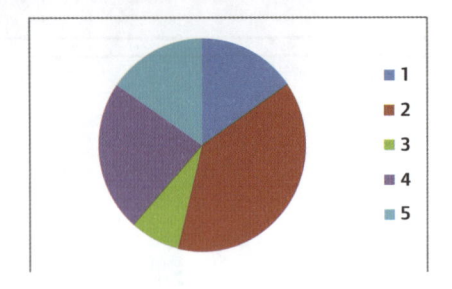

Grama
Unidade de medida de massa que equivale a um milésimo do quilograma.

Grandeza
Tudo aquilo que pode ser contado ou medido.

Grandeza escalar
Grandeza que apresenta apenas um valor numérico e sua unidade de medida: exemplos: 45 cm, 32 ℓ, 20 °C;

Grandeza vetorial
Grandeza que apresenta um valor numérico, uma direção e um sentido. Exemplo: um avião está voando a 870 km, na direção 30° no sentido norte-sul.

Grau
Unidade de medida de ângulo que equivale a um trezentos e sessenta avos de uma volta completa sobre uma circunferência.

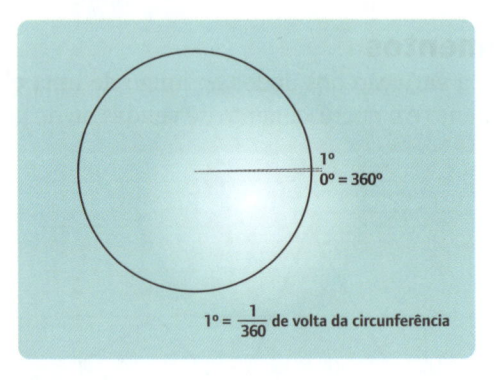

Grau de um polinômio
É dado pela potência do seu termo de maior grau.
Ex.: O polinômio é do 4.º grau.
Px = $3x^2 + 5x + 2x^4 + 6$

Grosa
Unidade de medida que equivale a 12 dúzias (144 unidades).

h

Hectare
Área de uma superfície quadrada com cem metros de lado.

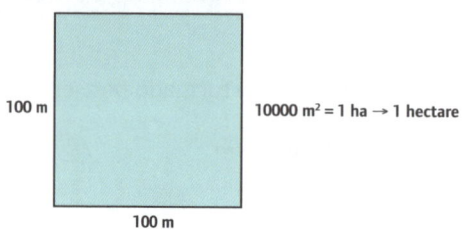

100 m — 100 m — $10000\ m^2 = 1\ ha \rightarrow 1\ hectare$

Heptágono
Polígono com sete lados e sete ângulos.

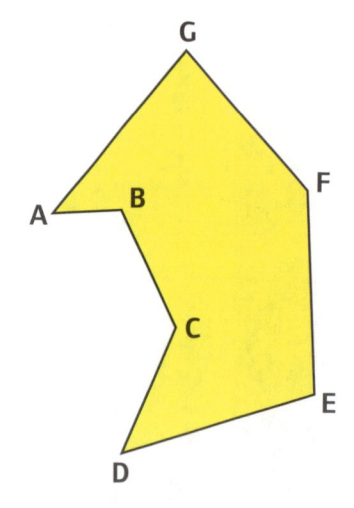

Heptágono regular
Polígono regular com 7 lados e ângulos congruentes.

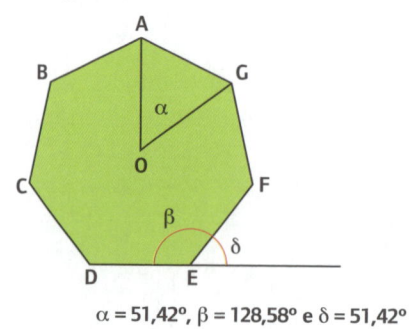

$\alpha = 51{,}42°$, $\beta = 128{,}58°$ e $\delta = 51{,}42°$

Hexágono
Hexágono é o polígono que tem seis lados e seis vértices.

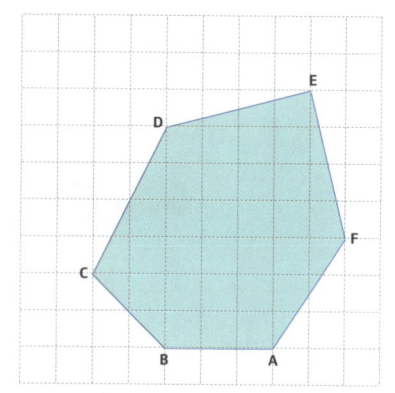

O desenho na malha quadriculada facilita cópias, ampliações e reduções.

Hexágono regular
É o hexágono cujos lados e ângulos são congruentes.

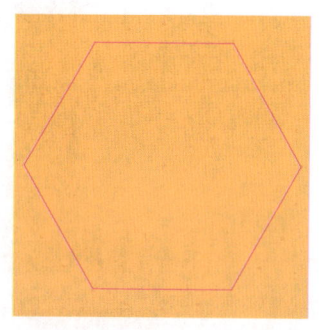

Dividimos os pinos do geoplano em seis espaços iguais de modo que as seis cordas obtidas formam os lados do hexágono.

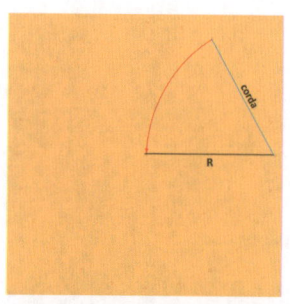

A corda do arco de 60° é igual ao raio da circunferência circunscrita.

Elementos de um hexágono regular

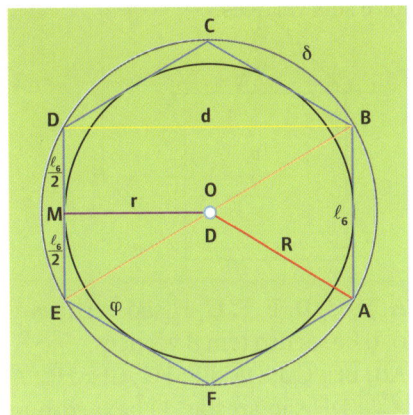

A, B, C, D, E, F → vértices do hexágono
$\overline{AB} = \overline{BC} = \overline{CD} = \overline{DE} = \overline{EF} = \overline{FG} = \ell_6$ → lados do hexágono

d → diagonal menor do hexágono;

D → diagonal maior do hexágono ou diâmetro;

O → centro das circunferências circunscritas e inscritas;

δ → circunferência circunscrita;
$\overline{OA} = \overline{OB} = \overline{OD} = \overline{OE} = \overline{OF} = \overline{OG} = R$ → raio do hexágono;

$\overline{OM} = r$ → apótema do hexágono;

φ → circunferência inscrita.

Tome nota
1. $R = \ell_6$;
2. $D = 2 \times R$;
3. $r = \dfrac{R\sqrt{3}}{2}$
4. $d = R\sqrt{3}$
5. $d = 2 \times r$

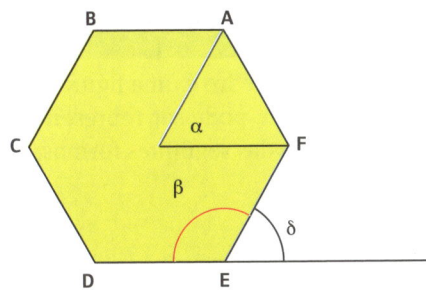

α → ângulo central; α = 60°
β → ângulo interno; β = 120°
δ → ângulo externo. δ = 60°

Hexaedro

Poliedro convexo formado por seis faces. Exemplos:

Hexaedros formados por cubos coloridos.

Embalagem comercial.

Nomenclatura

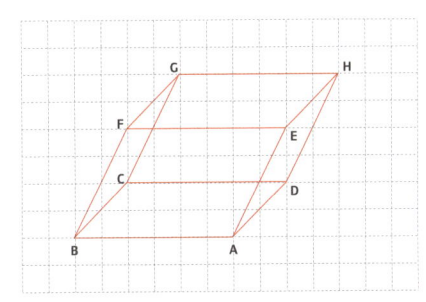

A, B, C, D, E, F, G, H → vértices do hexaedro;

▱ABCD; ▱AEHD; ▱ABFE; ▱BFGC; ▱EFGH; ▱DCGH → Paralelogramos que formam as faces do hexaedro.

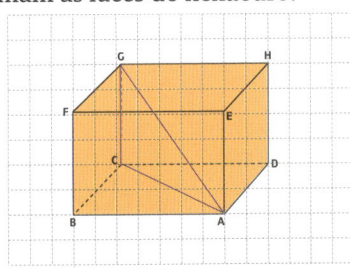

Se o hexaedro for formado por seis retângulos, será designado **paralelepípedo retângulo** ou **ortoedro**.

Nos paralelepípedos retângulos, estão presentes os **triângulos retângulos**:

1. nas faces do poliedro

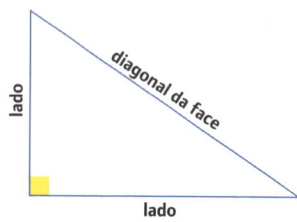

2. no interior do poliedro

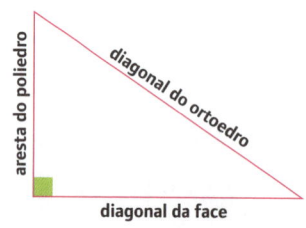

Esses triângulos retângulos facilitam a resolução de problemas nos ortoedros. Veja:

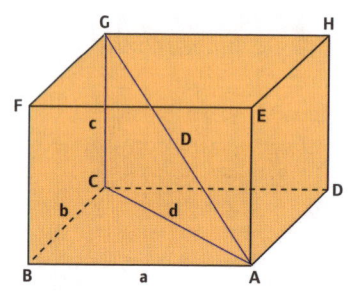

$d^2 = a^2 + b^2$

$D^2 = a^2 + b^2 + c^2 \to$ onde a, b e c são as dimensões do ortoedro.

Hexaedro regular

É o poliedro convexo com seis faces quadradas (polígono regular com 4 lados).

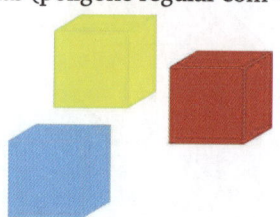

Nomenclatura

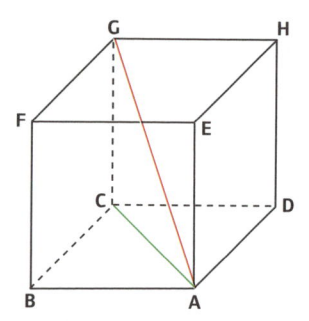

A, B, C, D, E, F, G, H são vértices. Ao todo, o hexaedro tem 8 vértices.

$\overline{AB}$; $\overline{BC}$; $\overline{CD}$; $\overline{DA}$; $\overline{EF}$; $\overline{FG}$; $\overline{GH}$; $\overline{HE}$; $\overline{AE}$; $\overline{BF}$; $\overline{CG}$; $\overline{DH}$ são arestas. O hexaedro tem 12 arestas.

▫ABCD; ▫AEHD; ▫ABFE; ▫BCGF; ▫EFGH; ▫GHDC são as faces quadradas do hexaedro. O hexaedro tem 6 faces; cada face tem 2 diagonais; o hexaedro tem 4 diagonais:

$\overline{AG}$; $\overline{BH}$; $\overline{CE}$; $\overline{DF}$

Tome nota

a) o hexaedro regular também é conhecido pelo nome **cubo**.

b) uma aplicação dos cubos é em jogos. Os dados têm a forma de um cubo e suas faces são numeradas de 1 a 6.

c) um hexaedro é uma figura tridimensional, pode ser representada no plano das seguintes formas:

- perspectiva

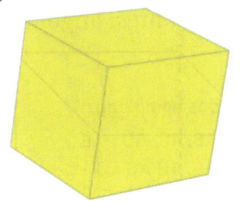

- planificação

As abas em azul são para colagem.

- projeções ortogonais

vista lateral

elevação

planta

as três vistas são iguais.

Hipotenusa

É o lado oposto ao ângulo reto no triângulo retângulo.

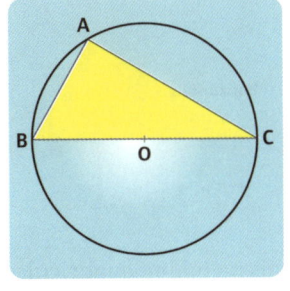

Observe:
- a hipotenusa está sobre o diâmetro da circunferência circunscrita ao triângulo;
- o ângulo com vértice em A é 90° em qualquer ponto sobre o arco CB.

Histograma

Variação de um gráfico de barras para representar uma distribuição de frequência, justapõe os retângulos de mesma base com alturas proporcionais às quantidades representadas.

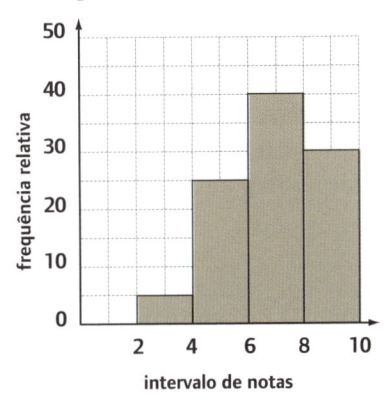

Hipótese

Proposição ou solução provisória que se dá a um problema antes de resolvê-lo.

Exemplo: Uma circunferência é dividida em $2n + 1$, $n \in N$, partes iguais. Proposição: Não é possível desenhar triângulos retângulos com vértice nesses pontos.

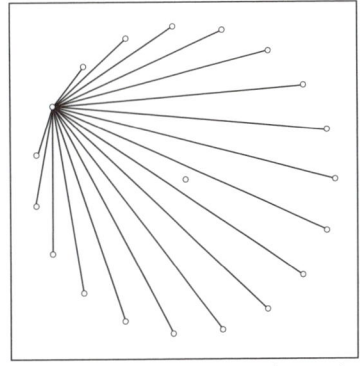

Veja um estudo no geoplano circular com 19 divisões. O ensaio justifica mas não demonstra, uma vez que, para termos um triângulo retângulo, deveríamos ter um dos lados contendo o centro.

Homólogo

Diz-se das partes correspondentes de duas figuras semelhantes: ângulos ou lados.

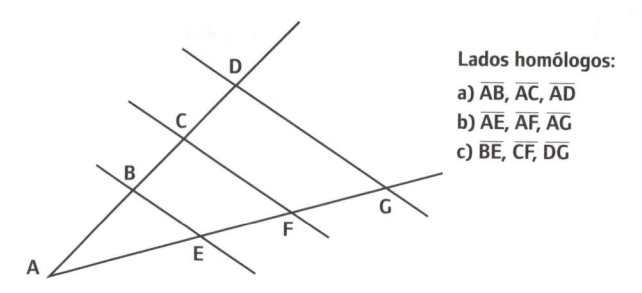

Lados homólogos:
a) $\overline{AB}, \overline{AC}, \overline{AD}$
b) $\overline{AE}, \overline{AF}, \overline{AG}$
c) $\overline{BE}, \overline{CF}, \overline{DG}$

Homotetia

Transformação em que dado um ponto fixo **O**, uma razão **r**, a qualquer ponto **P** corresponde outro ponto **P'** situado sobre a reta **OP** de modo que:

$$\frac{\overline{OP'}}{\overline{OP}} = r$$

O ponto **O** é o centro de homotetia e **r** é a razão de homotetia.

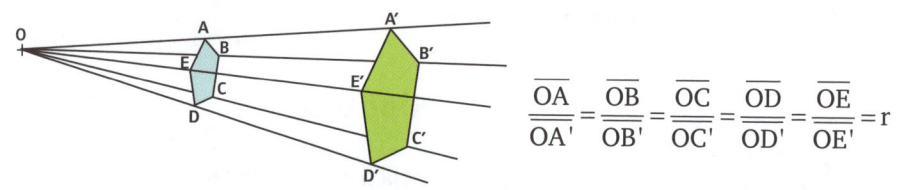

$$\frac{\overline{OA}}{\overline{OA'}} = \frac{\overline{OB}}{\overline{OB'}} = \frac{\overline{OC}}{\overline{OC'}} = \frac{\overline{OD}}{\overline{OD'}} = \frac{\overline{OE}}{\overline{OE'}} = r$$

Como aplicação prática, utilizamos a homotetia para ampliar ou reduzir figuras. Neste caso, as duas figuras, os pentágonos ABCDE e A´B´C´D´E´ são semelhantes.

Horizontal

Direção paralela à linha do horizonte. Na prática, a linha horizontal é determinada pelo nível de bolha.

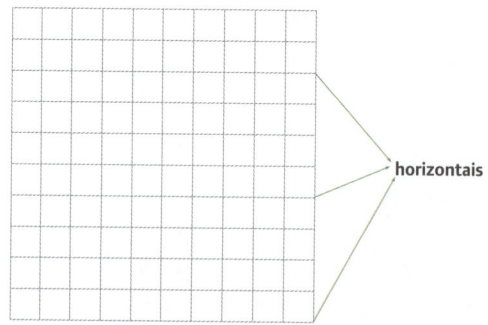

Veja a facilidade para identificar as linhas horizontais na malha quadriculada.

i

i

Unidade imaginária. $i = \sqrt{-1} \Leftrightarrow i^2 = -1$

Icosaedro

Poliedro com 20 faces.
Icosaedro regular é poliedro que tem 20 faces – triângulos equiláteros congruentes.

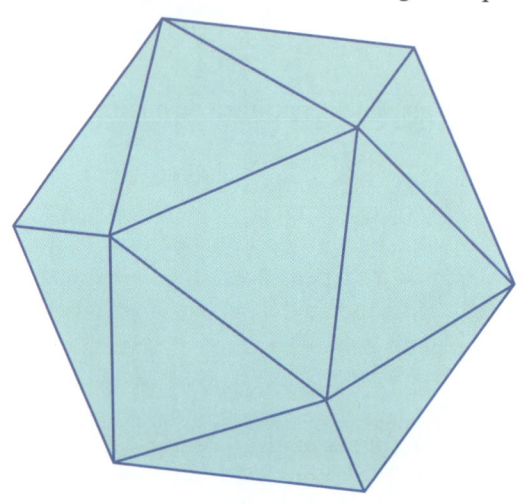

Icoságono

Polígono com vinte lados.

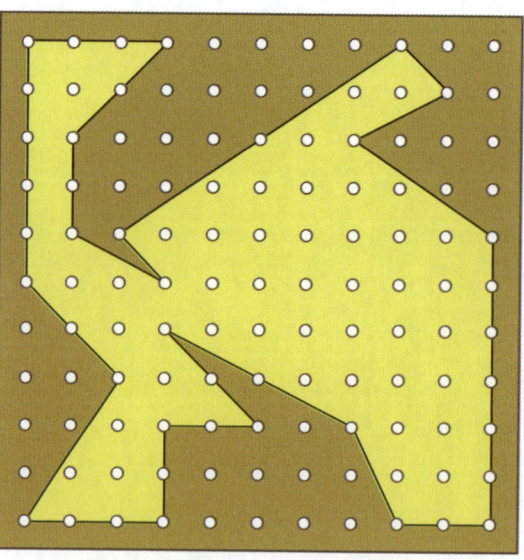

Icoságono representado no geoplano retangular.

Icoságono regular

É um polígono que tem vinte lados e ângulos iguais.

Ideia
Conhecimento, informação, noção. O termo ideia é empregado para caracterizar situações de ensino nas quais o assunto é apresentado como novidade e pretende-se desenvolvê-lo.

Identidade
Característica pela qual dois ou mais objetos de pensamento apresentam as mesmas propriedades, embora representados de forma distinta.

Igual
Aquilo que tem a mesma aparência, natureza ou quantidade.

Igualdade
Expressão que determina correspondência de igualdade, em valor numérico, entre seus termos A e B, na forma A = B:
a) **a + b = b + a**, para todo **a** e **b** pertencente ao conjunto dos números naturais.
b) **2(a + b) = 2a + 2b**, para todo **a** e **b** pertencente ao conjunto dos números naturais.

Imagem da função
São os valores atribuídos a **y** numa função. Exemplo:
Dada a função de A em B definida por $y = x^3$.
A = {−2, −1, 0, 1, 2} e B = {−8, −6, −1, 0, 1, 4, 8}

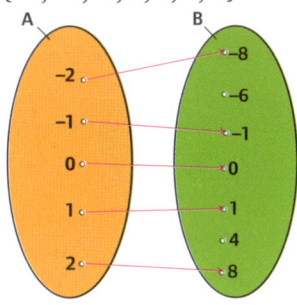

Assim, a imagem da função é o conjunto I_m = {−8, −1, 0, 1, 8}

Incentro
Centro da circunferência inscrita num polígono.

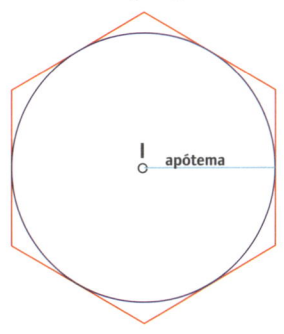

apótema

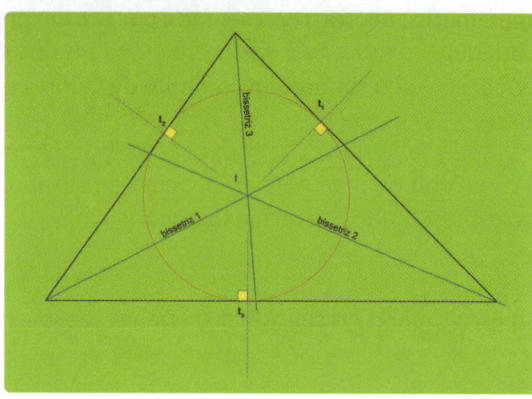

Nos triângulos, o incentro é o ponto de interseção das bissetrizes dos ângulos internos.

A circunferência inscrita é tangente aos lados dos triângulos.

Incógnita

É um valor desconhecido numa expressão. Costuma-se representar um valor desconhecido com a letra "x", entretanto, outras letras ou símbolos podem ser empregados com esse objetivo. Exemplos:
a) x + 3 = 5
b) t – 30 = 45
c) 5 * + 6 = 12

Incomensurável

Relação entre duas grandezas que não pode ser expressa por um número racional. Exemplo:
A relação entre a medida da diagonal e o lado do quadrado.

$$R = \frac{d}{1} = \sqrt{2}$$

Indeterminado

Quantidade não fixada ou definida. Tipo de solução de equações que podem ter uma infinidade de valores. Exemplo:
x + y = 10 o valor de **x** depende do valor **y**.

Índice da raiz

É o número que indica a raiz deve ser extraída na operação.
Exemplo:
Extrair a raiz: $\sqrt[3]{64} = \sqrt[3]{2^6} = 2^{\frac{6}{3}} = 2^2 = 4$ ou $4^3 = 64$

Inequação

É uma sentença matemática aberta, representada por uma expressão algébrica que envolve uma desigualdade.

Resolver uma inequação é determinar um conjunto de valores que satisfazem a desigualdade. Exemplos:

a) $2x - 5 > 9 \rightarrow 2x > 14 \rightarrow x > \dfrac{14}{7} \rightarrow x > 2 \rightarrow S = \{x \in R \,/\, x > 2\}$

b) $3 - 5x \leq 8 \rightarrow -5x \leq 5 \rightarrow x \geq -1 \rightarrow S = \{x \in R \,/\, x \geq -1\}$

Inscrito

Um polígono está inscrito se todos seus vértices estiverem sobre uma curva.

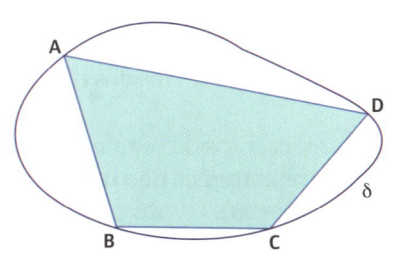

Todo polígono regular pode ser inscrito numa circunferência.

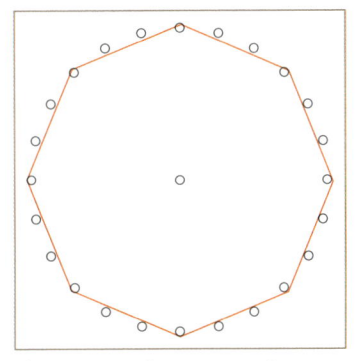

Representação de um octógono regular no geoplano.

Interpolação

Consiste em inserir termos intermediários entre outros termos de uma série.
Exemplo:
Na tabela de um restaurante, podemos constatar o seguinte:
500g → R$ 6,00
1 kg → R$ 12,00
Vamos interpolar, na tabela, os valores para 600, 700, 800 e 900 gramas:
500 → 6,00
600 → 7,20
700 → 8,40
800 → 9,60
900 → 10,80
1000 → 12,00

Interseção

É a operação entre conjuntos que consiste em formar um novo conjunto com os elementos comuns nos conjuntos dados. Exemplo:

A = {a ,b, c, d, e}   B = {c, d, e, f, g}   A ∩ B = {c, d, e}

Intervalo numérico

É o conjunto de todos os números compreendidos entre dois números dados. Exemplos:

Dados dois números –3 e 8, podemos formar, com extremos nestes dois valores, os seguintes intervalos:

–3 < x < 8   –3 ≤ x ≤ 8

–3 < x ≤ 8   –3 ≤ x < 8

Os intervalos acima podem ser escritos da seguinte forma:
a) intervalo aberto – quando os extremos não pertencem ao intervalo:
   ]–3, 8[$I_1 = \{x \in R \,/\, –3 < x < 8\}$
b) intervalo fechado – quando os extremos pertencem ao intervalo:
   [–3, 8] $I_2 = \{x \in R \,/\, –3 \leq x \leq 8\}$
c) intervalo aberto à esquerda – quando o extremo inferior não pertence ao intervalo:
   ]–3, 8] $I_3 = \{x \in R \,/\, –3 < x \leq 8\}$
d) intervalo aberto à direita – quando o extremo superior não pertence ao intervalo:
   [–3, 8[$I_4 = \{x \in R \,/\, –3 \leq x < 8\}$

Inverso

Inverso de um número **a** é o número $\frac{1}{a}$ de modo que:

$a \times \frac{1}{a} = 1$ → onde 1 é o elemento neutro da multiplicação.

O inverso de um número pode ser representado também com a^{-1}.

Isomorfismo

Dizemos que existe um isomorfismo quando dois ou mais fatos ou fenômenos seguem o mesmo modelo matemático.

Exemplo:

O preço a pagar nas chamadas telefônicas em função do tempo de duração, e a deformação de uma mola em função de um força aplicada sobre ela: o modelo matemático em ambos os casos é **y = ax + b**.

O coeficiente **a** no primeiro caso é o preço de minuto; no segundo caso, é a constante da mola.

O coeficiente **b** no primeiro caso é a taxa de chamada; no segundo caso, o comprimento inicial da mola.

j

Jarda

Unidade de medida de comprimento nos países que utilizam o sistema inglês de medidas.

Uma jarda equivale a 910 milímetros, aproximadamente.

Recorrendo à história das medidas, a palavra **jardas** tem origem na palavra inglesa *yard* (vara – recurso muito utilizado em medições), faz parte das medidas que utiliza o ser humano como unidade de medida: polegada, pés, jardas e milhas. Uma jarda é a distância da ponta do nariz do rei até a ponta de seu dedo.

1 pé = 12 polegadas
1 jarda = 3 pés
1 milha terrestre = 1760 jardas

Jogo

Recurso didático que pode ser utilizado em sala de aula para desenvolver conceitos matemáticos e facilitar o desenvolvimento do vocabulário fundamental da matemática.

Os conceitos matemáticos devem ser explorados com a participação ativa dos atores envolvidos, propondo regras para os jogos e arbitrando o desenvolvimento das atividades.

Jogo com regras

Normalmente, as regras de um jogo estão associadas a um conceito matemático.

Exemplo 1

Doze ou mais crianças brincam de roda. A "regra" do jogo é que cada uma delas deve passar uma fita para um colega que não esteja ao seu lado na roda.

Esta "regra" corresponde ao conceito de diagonal de um polígono.

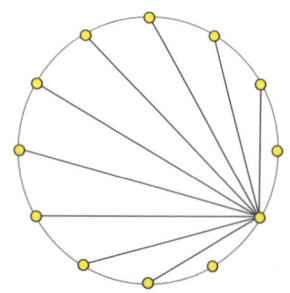

Reduzindo o número de participantes até chegarmos a três crianças na roda, quando a regra não pode ser aplicada – os triângulos não têm diagonais. Apesar de o conceito ser "diagonais", podemos usá-lo em problemas de contagem.

Exemplo 2

Mantendo o número de crianças na roda e mudando a regra, mudamos o conceito. Veja, se a nova "regra" é passar a fita para qualquer outra criança que esteja na roda, o conceito agora é o de **segmento de reta**. Também é um problema de contagem.

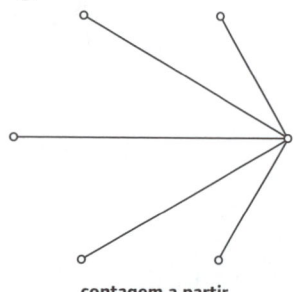

contagem a partir de um ponto

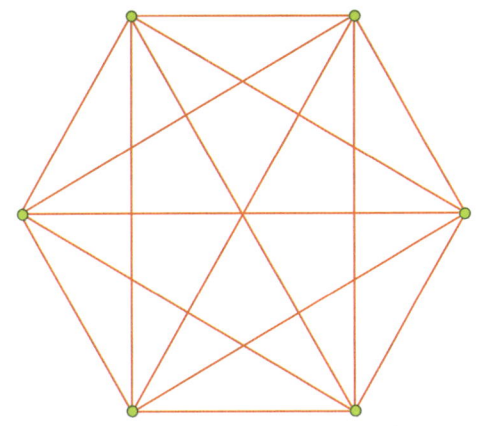

Aqui, podemos comparar os dois esquemas e propor reflexões para as crianças sobre problemas com contagem:
a) a contagem a partir de um ponto indica 5 fitas (segmentos de retas);
b) enquanto a contagem a partir dos 6 pontos indica 15 fitas e não 30 (6 × 5), por quê? A criança tem que perceber a dupla contagem.

Outra consideração em jogo diz respeito à disposição dos pontos:

Se eles estiverem alinhados, vamos obter apenas um segmento de reta.

Outros aspectos interessantes a serem desenvolvidos no jogo com regras são:
- propiciar condições para que as crianças reformular estas regras;
- as explorações de situações matemáticas que emergem na construção dos jogos e dos campos de jogos.

Jogos sem regras
Sinônimo: jogo livre.

Objetivo
1. Facilitar a apreensão física do material, permitir uma familiarização mais rápida do aluno com o material.
2. Dar liberdade para que os alunos inventem jogos e criem regras para jogar.

Sugestões
1. Permitir a interação do educando com o material sem interferência externa – deixar brincar livremente.
2. O jogo livre deve preceder qualquer outra atividade com um material.

> **Apreensão**
> substantivo feminino
> ato ou efeito de apreender
> assimilação ou compreensão do que é cognoscível; percepção
> Ex.: *o sentido desse texto é de difícil assimilação.*

Jogo da velha
O jogo da velha permite desenvolver diversos conceitos matemáticos, dentre os quais podemos citar:
- linhas horizontais, verticais e inclinadas;
- posição absoluta de um objeto no plano;
- posição relativa de um objeto no plano;
- formas de representações e interação entre elas.

Além desses conceitos, podemos criar situações para estudar a movimentação de um objeto e estabelecer suas posições relativas: à frente, atrás, à direita e à esquerda.

O jogo da velha desenvolve estratégias e a habilidade de planejar estabelecendo relações entre causa e efeito.

Aplicações
- Desenvolvimento das noções de posições absolutas e relativas no espaço.
- Desenvolvimento das noções de movimentação no plano.

Outros conteúdos associados
- Sequências.
- Linha reta: posições absolutas e posições relativas.

- Localização de um objeto no plano.
- Representações.
- Movimentação de objetos no plano.
- Leitura de informações expressa num gráfico ou num diagrama.

O jogo pode ser praticado em:
1. tabuleiro convencional – tabuleiro comum ou desenhado numa folha de papel;
2. tabuleiro mural – com peças magnéticas para ser visualizado pela classe toda;
3. tabuleiro de piso – pode ser desenhado no próprio piso, ou usar um tapete com as marcações. As crianças podem funcionar como peças do jogo.

As regras do jogo

a) A versão original é para dois participantes, entretanto, podemos estimular o jogo entre equipes.
b) Sorteio da cor da ficha e para ver quem começa o jogo.
c) Cada jogador, na sua vez, tem direito de colocar uma ficha no tabuleiro, numa casa desocupada.
d) O jogo termina quando não existe mais a possibilidade de colocar mais fichas ou um dos jogadores consegue colocar três fichas alinhadas.

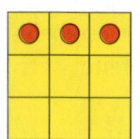

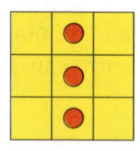

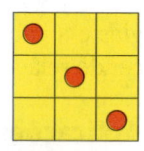

Vale a trinca na horizontal, na vertical ou na diagonal (inclinada).

e) Cada partida ganha vale um ponto. O registro pode ser feito empilhando blocos de cubos.

Promova a participação de todos e verifique se já assimilaram o jogo. A próxima etapa é desenhar o tabuleiro no piso da sala. Você pode utilizar fita-crepe para delimitar a quadra.

As dimensões das casas devem ser ajustadas ao tamanho das crianças. A cor da camiseta ou de um colete deve identificar os jogadores de cada equipe. O grau de dificuldade agora para visualização é maior. Os objetivos do jogo da velha com a criança como peça do jogo são:

- posicionar-se num tabuleiro de amarelinha ou de jogo da velha em relação a um colega ou objeto;
- reconhecer a posição de um objeto ou de uma pessoa num tabuleiro de jogo da velha;
- representar uma situação de jogo realizado no piso com um jogador num tabuleiro mural ou normal;
- representar a trajetória de um jogador ou de uma peça sobre o tabuleiro;
- reconhecer a organização das casas do jogo em linhas ou colunas.

Jogo de tic

Jogo infantil que pode ser praticado em ambientes internos ou externos. É jogado com discos de E.V.A. Consiste em jogar o disco contra a parede de modo que ricocheteie e caia no piso. O campo de jogo é definido conforme a seguinte ilustração:

Os discos devem cair a uma distância maior que um palmo da parede, desta forma, o disco amarelo está fora de jogo. O jogador que conseguir jogar seu disco a uma distância menor ou igual a um palmo de outro disco efetua uma "captura".

Número de participantes: de 2 a 5.
Materiais: um disco de E.V.A. para cada participante.
Local: uma parede ou um poste.
Objetivo do jogo: conseguir que o disco fique a uma distância menor que um palmo do disco do oponente; cada feito vale 1 ponto. O primeiro a jogar ganha um ponto se ninguém chegar próximo dele quando terminar a rodada.

Procedimentos:
1. Antes de iniciar o jogo, proponha que os participantes elaborem as regras:
   - Quem começa o jogo.
   - Como será medida a distância.
   - O que acontece se um disco atingir outro anteriormente jogado. O jogador atingido pode ser excluído do jogo ou perder um ponto, por exemplo.
   - Qual é o campo de jogo?
   Veja uma ideia:

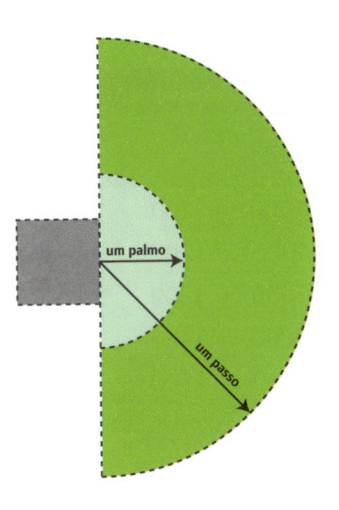

Desta forma, o campo de jogo é delimitado entre um palmo e a um passo da parede. Podem existir regras que penalizem as jogadas fora desse limite.

2. O desenvolvimento do jogo pode ser acompanhado com os pontos registrados com o empilhamento de blocos de cubos.
3. Deixe as crianças jogarem e arbitrarem o desenvolvimento do jogo. Periodicamente, questione quem está à frente, quem está em segundo lugar, etc. As pilhas de blocos de cubo são a referência.

Fundamentado neste jogo podemos desenvolver atividades de medidas utilizando o palmo e o passo das crianças como unidades. As atividades lúdicas envolvendo medições com partes do corpo da criança possibilitam reviver os aspectos históricos das medidas e provocam a discussão sobre a necessidade de padronização. Desenvolva diversas atividades de medição utilizando objetos de uso comum das crianças; a ideia é que diversas crianças meçam o mesmo objeto e questionem a diversidade de medidas provocada pela variação dos palmos das crianças. Vencida essa parte, o próximo passo é representar as medições.

Juros

Juro é o valor da remuneração calculada sobre o capital submetido a uma operação financeira.

Ver **capital**.

Juros simples

É o valor da remuneração calculada somente sobre o capital.

Juros compostos

Juro composto é o valor da remuneração calculada sobre o total acumulado ao final de cada intervalo de tempo estabelecido.

Simulação de cálculo para um capital de R$ 1000,00		
Número de meses	juros simples	juros compostos
1	1000 + 0,10(1000) = 1100	1000 + 0,10(1000) = 1100
2	1100 + 0,10(1000) = 1200	1100 + 0,10(1100) = 1210
3	1200 + 0,10(1000) = 1300	1210 + 0,10(1210) = 1331
4	1300 + 0,10(1000) = 1400	1331 + 0,10(1331) = 1464,10
5	1400 + 0,10(1000) = 1500	1464,10 + 0,10(1464,10) = 1610,51

1

Laboratório

1. Local provido de instalações, aparelhagem e produtos necessários a manipulações, exames e experiências efetuados no contexto de pesquisas científicas, de análises médicas, análises de materiais, de testes técnicos ou de ensino científico e técnico.
2. Condição ou ambiente que propicia observação, experimentação ou prática sistemática.
3. Atividade que envolve observação, experimentação ou produção num campo de estudo (p.ex., o comportamento animal) ou a prática de determinada arte ou habilidade (p.ex., a leitura, a prestidigitação) ou estudo; oficina, *workshop*.

Laboratório de ensino de matemática

Na Universidade Federal do Paraná, o Laboratório de Ensino e Aprendizagem de Matemática e Ciências Físicas e Biológicas foi colocado como instrumento auxiliar na formação de professores e na pesquisa da formação continuada.

Laboratório de matemática

Metodologia de ensino que envolve observação, experimentação ou produção num campo de estudo ou a prática de determinada arte ou habilidade ou estudo.

A metodologia de laboratório de matemática visa que o indivíduo busque respostas a situações-problema.

Os Parâmetros Curriculares Nacionais (PCN) sugerem que o "fazer matemática em sala de aula" é alcançado quando o indivíduo vivencia:

- a **história** do conceito na matemática: por exemplo, o relógio de Sol, é, provavelmente, o primeiro instrumento de observação científica criado pelo homem, com ele nasceram as medidas de ângulo, de área e os números.

Para o professor D'Ambrosio, os calendários foram a primeira manifestação matemática do homem (etnomatemática: elo entre as tradições e a modernidade).

- as **atividades lúdicas**, pois propiciam a compreensão dos conceitos matemáticos de um modo prazeroso;
- a **resolução de problemas**, pois respeitando a idade do indivíduo, ele pode apresentar soluções aos problemas oralmente, por meio de um desenho ou por escrito. O método de resolução é mais importante, do que a própria solução, de acordo com Luis Roberto Dante (em "Didática da Resolução de Problemas"). A montagem do Plano de Resolução é o Laboratório de Matemática; os planos de resolução: geométrico, das tentativas e algébrico são interligados. Problemas e objetos de estudo devem ser elaborados de modo inusitado, despertando a curiosidade e provocando desafios. Não têm série específica e podem ter soluções propostas por indivíduos de qualquer grau de escolaridade.
- a **tecnologia** da informação, pois o uso dos recursos da informática, da eletrônica digital e das calculadoras eletrônicas deve fazer parte do cotidiano do aluno.

Metáfora do lançamento do ovo

Lançamento do ovo é um desafio aos alunos. A proposta é a de que o ovo deve ser solto de uma altura de 2,10 (altura normal de uma porta) contra o piso. Para evitar que o ovo quebre, o professor fornece, para cada equipe, um metro de fita adesiva, 17 canudos plásticos e um ovo fresco.

Cada equipe planeja como evitar que o ovo quebre. Aqui, entra a ideia do laboratório: o aluno deve saber o que fazer e experimentar para obter um resultado sem que alguém precise dizer se acertou ou não; eles constatam se o ovo quebra ou não. Se quebrou, conhecendo as propostas das outras equipes, podem reformular o projeto. Este é o espírito do laboratório.

Lado

As linhas poligonais são compostas de segmento de retas, cada um destes segmentos de reta é denominado **lado**.

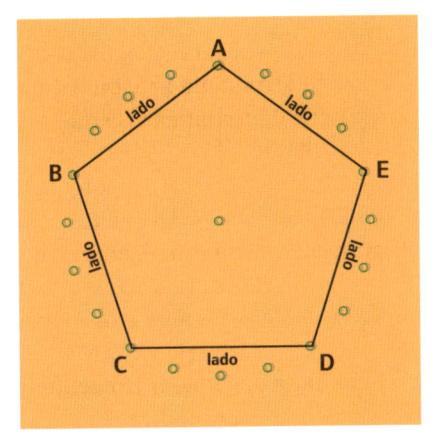

Largura

Uma das dimensões das figuras planas: comprimento e **largura**.

Uma das dimensões das figuras tridimensionais: comprimento, **largura** e altura.

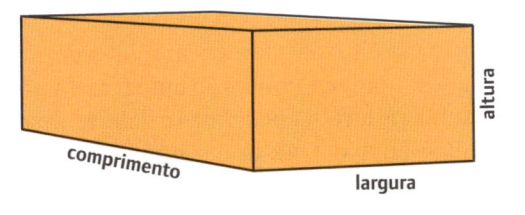

Latitude

Com a longitude, formam as coordenadas para localizar um ponto sobre a superfície da Terra. Ver *Coordenadas geográficas*.

Lei dos cossenos

A lei dos cossenos é aplicada no cálculo da medida de um do lado de um triângulo em função dos outros dois lados e o ângulo formado por eles.

Observe as expressões:

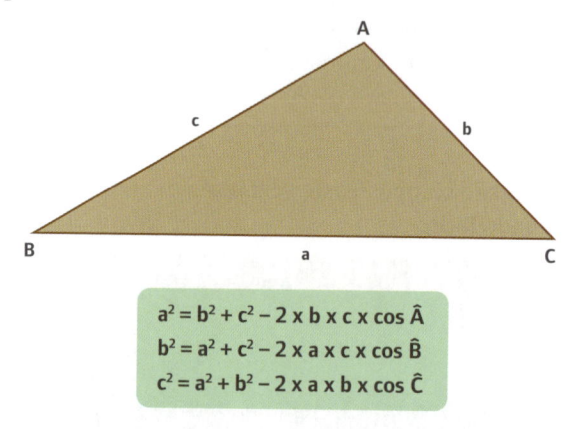

$$a^2 = b^2 + c^2 - 2 \times b \times c \times \cos \hat{A}$$
$$b^2 = a^2 + c^2 - 2 \times a \times c \times \cos \hat{B}$$
$$c^2 = a^2 + b^2 - 2 \times a \times b \times \cos \hat{C}$$

Caso particular:
Se $A = 90° \rightarrow a^2 = b^2 + c^2$ pois:
$\cos 90° = 0$

Lei dos senos

A lei dos senos mostra a igualdade das razões existentes entre os lados e o seno do ângulo oposto:

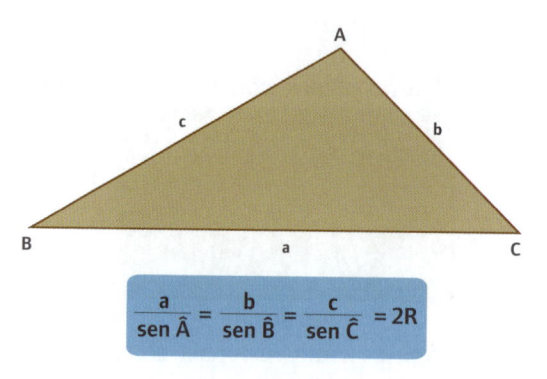

$$\frac{a}{\operatorname{sen} \hat{A}} = \frac{b}{\operatorname{sen} \hat{B}} = \frac{c}{\operatorname{sen} \hat{C}} = 2R$$

Letra

As letras têm diferentes papéis na Matemática: representar elementos de um conjunto; representar conjuntos; nominar pontos de uma reta e a própria reta e os vértices de um polígono, representar variáveis, constantes e valores desconhecidos.

1. $A = \{a, b, c, d, e\}$ e $B = \{c, d, e, f, g\}$ as letras maiúsculas indicam os conjuntos e as letras minúsculas indicam os elementos do conjunto.

2.

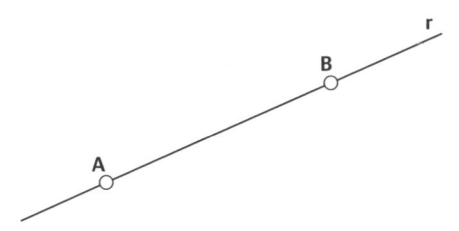

As letras maiúsculas indicam pontos da reta e a letra minúscula indica a reta.

3.

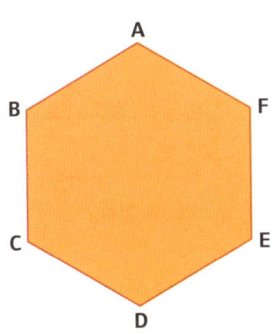

As letras indicam os vértices do polígono.

4. y = ax + b

As letras **a** e **b** representam números reais.

A letra **x** representa uma variável independente, e a variável **y**, uma variável dependente de **x**.

5. x – 8 = 3

A letra **x** indica um valor desconhecido ou uma incógnita.

Linear

Expressão formada somente por termos do primeiro grau.

Linha

Traço feito sobre uma superfície, ou imaginário, que demarca uma área, região e seu limite. Exemplos:

Linha sinuosa – é um exemplo de linha aberta.

Linha poligonal fechada.

Exemplo de linhas imaginárias: linha do equador e meridianos terrestres.

Linha aberta
É uma linha cujas extremidades não coincidem. Exemplos:

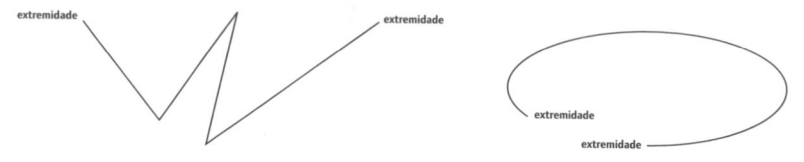

Linha fechada
É uma linha cujas extremidades coincidem. Exemplos:

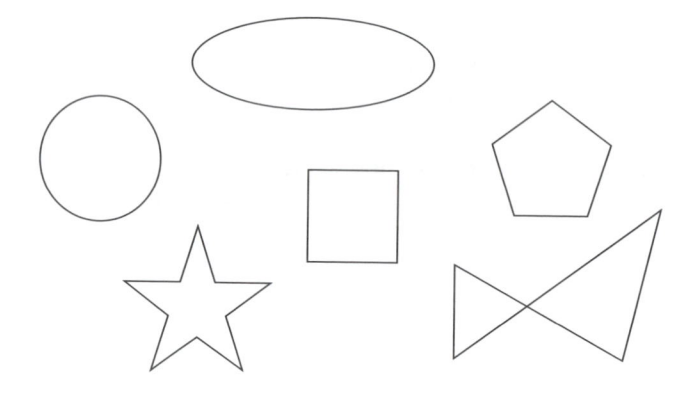

Linha poligonal
É uma linha formada por partes retilíneas. Exemplos:

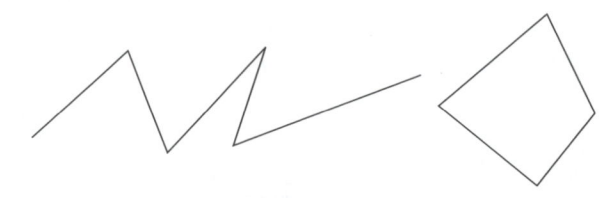

Litro
Unidade de medida de capacidade.
Equivale à capacidade de um recipiente cúbico com medidas internas de 10 cm.
A capacidade do recipiente é 1 litro: 1ℓ.

Logaritmos
É um expoente **x** ao qual devemos elevar uma base positiva, diferente de 1, para obtermos um número positivo N.
$\log_b N = x \Leftrightarrow b^x = N \quad 0 < b \neq 1 \text{ e } N > 0$.
Veja um exemplo: $\log_2 16 = 4 \Leftrightarrow 2^4 = 16$
Propriedades dos logaritmos $0 < a \neq 0 \quad M, N > 0$
1. $\log_a M \times N = \log_a M + \log_a N$
2. $\log_a = \log_a M - \log_a N$
3. $\log_a M^N = N \times \log_a M$

Logaritmo decimal
Sistema de logaritmos que utiliza a base 10. Abrevia-se $\log 2 = 0{,}3019$. (omite-se o valor da base).

Logaritmo natural
Também chamado logaritmo neperiano, em homenagem a Neper (escocês, 1550-1617).
A base do sistema de logaritmos naturais é $e = 2{,}7182...$ Escreve-se Ln
O cálculo antes das calculadoras dependia muito dos logaritmos e de suas tabelas, pois, aplicando as propriedades operatórias, permitia transformar multiplicações em adições, divisões em subtrações, potenciação em multiplicações e radiciação em divisões. Veja um exemplo:

$\sqrt[5]{32} = x \xrightarrow{\text{tomando logaritmo}} \log \sqrt[5]{32} = \log x$

$\dfrac{1}{5}\log 32 = \log x \rightarrow \dfrac{1}{5} \times 1{,}5051 = \log x \rightarrow 0{,}3010 = \log x$

Aplicando a definição: $x = 2$.

Lógico
Aquilo que apresenta coerência interna, forma de raciocinar coerentemente, em que se estabelecem relações de causa e efeito.
Lógica é a ciência do raciocínio exato e do pensamento formal.

Longitude
Com a latitude, formam as coordenadas para localizar um ponto sobre a superfície da Terra. Ver **Coordenadas geográficas**.

Losango
1. Polígono com quatro lados iguais e quatro ângulos iguais dois a dois.
2. Paralelogramo que tem os quatro lados iguais e ângulos iguais dois a dois.

Elementos do losango

A, B, C, D → vértices do losango
$\overline{AB} = \overline{BC} = \overline{CD} = \overline{DA}$ → lados do losango
$\hat{A} = \hat{C}$ e $\hat{B} = \hat{D}$
$\overline{AC}$ → diagonal maior
$\overline{DB}$ → diagonal menor
$\overline{AC} \perp \overline{DB}$
M → ponto médio de $\overline{AC}$
    ponto médio de $\overline{DB}$

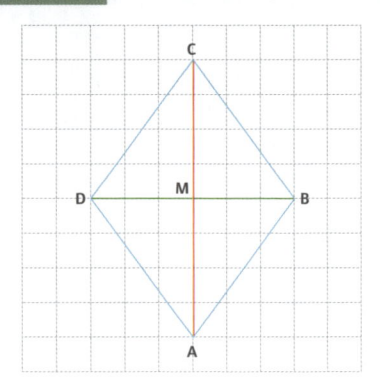

Lugar geométrico

Conjunto de pontos que gozam de uma mesma propriedade. Ver *mediatriz*, por exemplo.

RAFAEL Sanzio. **Escola de Atenas** (1506-1510) Afresco, 500 cm x 700 cm. Palácio Apostólico, Vaticano (Itália)

m

Malha quadriculada

Recurso matemático constituído por quadrados colocados lado a lado, formando linhas e colunas, que permite explorar e organizar o espaço para escrever, desenhar figuras, efetuar medidas, calcular perímetro e áreas. Pode ser utilizado dos anos iniciais ao final do Ensino Médio, abrangendo conteúdos que envolvem contagem, operações e propriedades dos números racionais, localização no plano, matrizes e traçado de gráfico das funções reais.

Exemplo de redução de figura.

Construção de gráficos

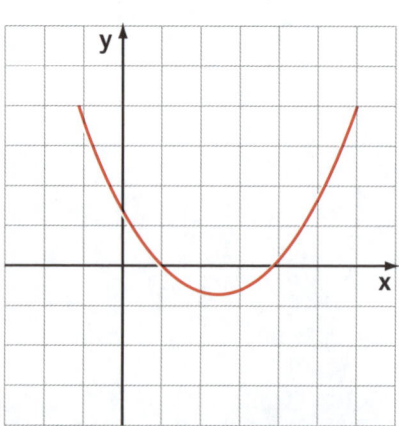

Gráfico de uma função quadrática na malha com quadrados de 1mm.

Brasília vista da Estação Espacial Internacional.

O jogo batalha naval pode ser utilizado para iniciar a localização de um ponto no plano.

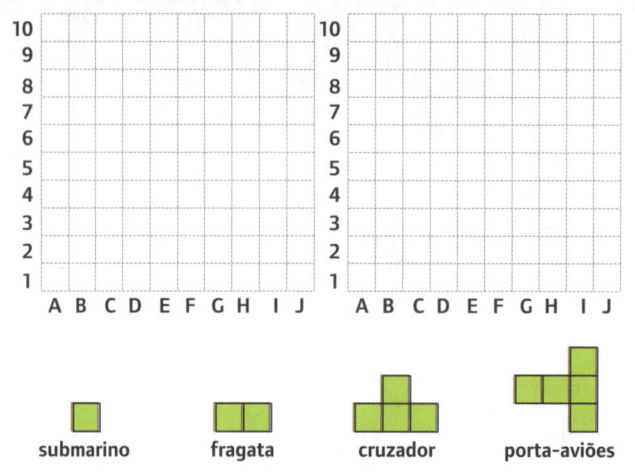

submarino fragata cruzador porta-aviões

Malha triangular

Recurso matemático construído por triângulos equiláteros colocados lado a lado.

Permite explorar e organizar o espaço, compondo ou decompondo figuras que utilizam o triângulo equilátero como base. Pode ser utilizada do primeiro ano do Ensino Fundamental até o final do Ensino Médio, desenvolvendo as sequências dos números triangulares e quadrados, o estudo de áreas até o desenho em perspectiva.

Malha triangular em linhas.

Malha triangular em pontos.
Exemplos de aplicações:

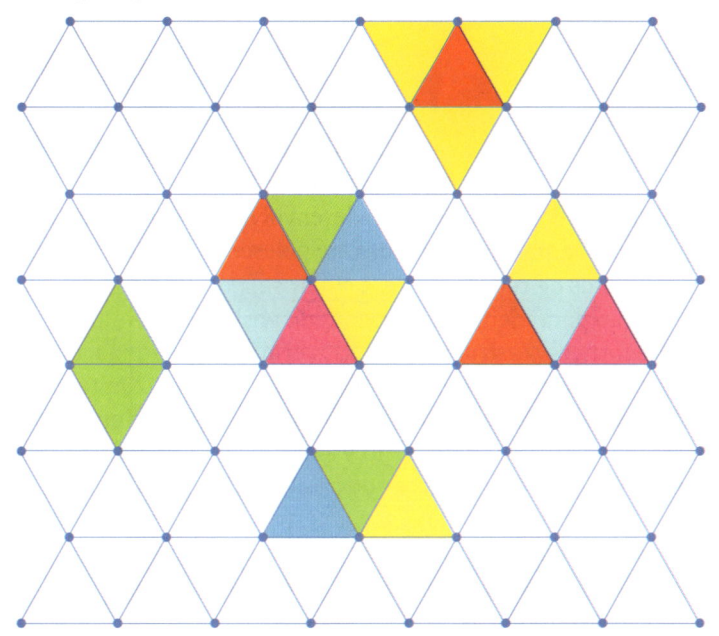

Figuras geométricas desenhadas a partir de triângulos equiláteros.

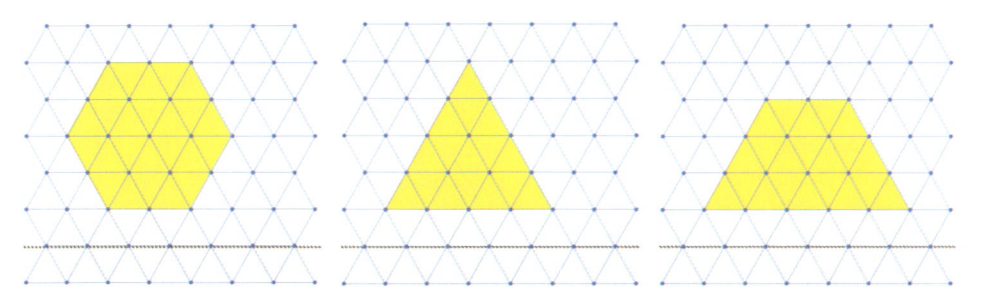

Hexágono regular, triângulo equilátero e trapézios isósceles desenhados em uma malha triangular.

Mapa

Representação bidimensional da superfície da Terra, ou de uma parte dela, ou dos astros no céu.

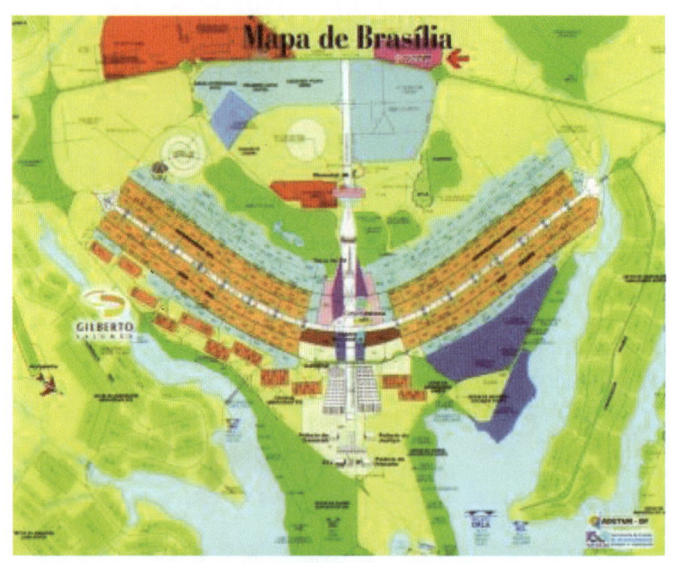

Mapa de Brasília exibindo o Plano Piloto.

O uso de mapas e a construção de maquetes é uma atividade importante para o desenvolvimento das seguintes habilidades:
- estabelecer pontos de referência para situar-se, posicionar-se e deslocar-se no espaço, bem como para identificar relações de posição entre objetos no espaço;
- interpretar e fornecer instruções, usando terminologia adequada;
- utilizar instrumentos de medida, usuais ou não, estimar resultados e expressá-los por meio de representações não necessariamente convencionais;
- localização de pessoas ou objetos no espaço, com base em diferentes pontos de referência e em algumas indicações de posição;
- movimentação de pessoas ou objetos no espaço, com base em diferentes pontos de referência e em algumas indicações de direção e sentido;
- descrição da localização e movimentação de pessoas ou objetos no espaço, usando sua própria terminologia;
- dimensionamento de espaços, percebendo relações de tamanho e forma;
- interpretação e representação de posição e de movimentação no espaço a partir da análise de maquetes, esboços, croquis e itinerários;
- observação de formas geométricas presentes em elementos naturais e nos objetos criados pelo homem e de suas características: arredondadas ou não, simétricas ou não, etc;
- estabelecimento de comparações entre objetos do espaço físico e objetos geométricos – esféricos, cilíndricos, cônicos, cúbicos, piramidais, prismáticos – sem uso obrigatório de nomenclatura;
- percepção de semelhanças e diferenças entre cubos e quadrados, paralelepípedos e retângulos, pirâmides e triângulos, esferas e círculos;
- construção e representação de formas geométricas.

Massa
Grandeza física que indica a quantidade de matéria presente num corpo.
A unidade de medida de massa é o quilograma.

Quilograma
Unidade de base do Sistema Internacional de Unidades (SI) para a massa, por definição, igual a massa do protótipo internacional do quilograma, que é um cilindro de uma liga de platina e irídio com 39 mm de diâmetro e 39 mm de altura, depositado no Bereau Internacional de Poids et Mesures, em Paris. Também se diz apenas quilo.

Matemática
É a arte de perceber as semelhanças nas diferenças e as diferenças nas semelhanças.

Máximo
Maior valor de uma sequência, de um intervalo ou de uma função.
Exemplo: O valor máximo da função é y = senx é 1.

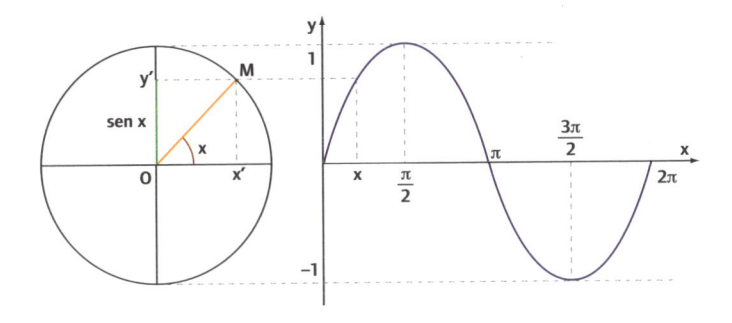

Máximo divisor comum
Dados dois ou mais números, M.D.C entre eles é o maior número que divide todos os números dados. Exemplo:
Determinar o M.D.C. entre 900 e 675.
Veja o dispositivo prático:

	1	3
900	675	225
225	000	

Observe que o quociente é colocado acima do divisor. O resto da divisão torna-se o próximo divisor. Quando obtemos o resto zero, o último divisor torna-se o M.D.C. Assim: MDC(900, 675) = 225.

Média
Elemento que, segundo uma regra estabelecida, representa os demais elementos de uma sequência.

Média aritmética
É o quociente entre o somatório dos **n** valores da sequência e **n**.

$$M_a = \frac{\sum \text{valores}}{n} \text{ onde} \begin{cases} M_a \to \text{é a média aritmética} \\ \sum \text{valores} \to \text{é o somatório dos valores dados} \\ n \to \text{é o número de valores dados} \end{cases}$$

Média aritmética ponderada

Variação da média aritmética em que elementos da sequência têm pesos de acordo com algum critério preestabelecido.

$$M_p = \frac{ax_1 + bx_2 + cx_3 + \ldots + kx_n}{\sum \text{pesos}} \to a, b, c, \ldots, k \in \mathbb{N} \text{ são os pesos.}$$

Exemplo: As notas bimestrais de um aluno têm peso 1, 2, 3 e 4, respectivamente, no primeiro, segundo, terceiro e quarto bimestres.

$$M_p = \frac{1 \times 6,5 + 2 \times 7 + 3 \times 8 + 4 \times 5}{1+2+3+4} = \frac{64,5}{10} = 6,45$$

Observe que este tipo de média privilegia mais a nota do quarto bimestre, neste caso.

Mediana

Elemento ou elementos equidistantes dos extremos de uma sequência. Dada uma sequência:

– 2, 2, 2, 3, 3, 3, 3, 4, 4, 5, 5, **5**, 5, 6, 6, 6, 6, 6, 7, 7, 8, 8, 9 – o elemento assinalado é a mediana.

– 1, 1, 1, 2, 2, 2, 2, 2, 3, 3, **3**, **4**, 4, 4, 5, 5, 6, 6, 7, 7, 8, 9 – a mediana é $\frac{3+4}{2} = 3,5$

Mediana de um triângulo

Segmento de reta que liga o ponto médio de um lado ao vértice do ângulo oposto.

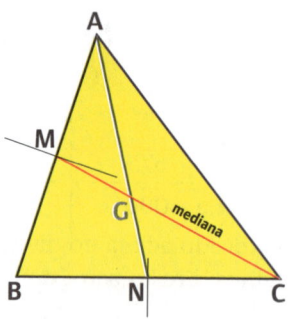

A intersecção das medianas determina o **baricentro**.

Mediatriz de um segmento de reta

Dado um segmento de reta $\overline{AB}$, mediatriz é o lugar geométrico dos pontos do plano que são equidistantes dos pontos A e B.

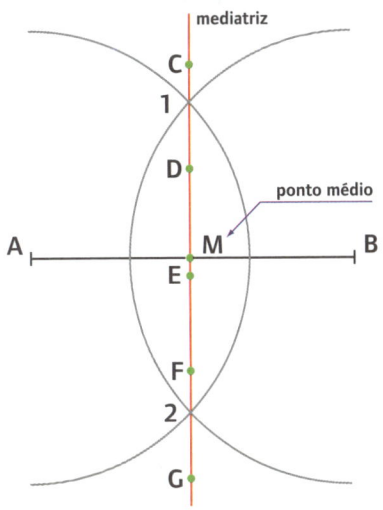

Observe que os pontos C, 1, D, M, E, F, 2, G são equidistantes de A e B. Nas construções geométricas, utilizamos números para indicar a sequência da construção:
a) ponta seca do compasso com uma abertura maior que a metade do segmento $\overline{AB}$ traçamos um arco;
b) com a mesma abertura do compasso, ponta seca em B, traçamos o segundo arco;
c) a intersecção dos dois arcos nos dá os pontos 1 e 2;
d) os pontos 1 e 2 determinam a mediatriz.

Medida linear

É aquela que é realizada segundo uma linha reta: comprimento, largura, espessura e altura.

No Brasil, a unidade de medida linear é o **metro**.

Medir

Comparar um evento ou objeto com um padrão preestabelecido.

Na montagem do laboratório de matemática o professor pode reunir os seguintes instrumentos de medidas:
a) trena metálica (2 metros);
b) fita métrica;
c) metro de carpinteiro;
d) metro de lojas de tecidos;
e) balança de cozinha;
f) balança de banheiro;
g) copo medida;
h) transferidor;
i) relógio didático;
j) relógio comum;
k) relógio de sol;
l) cronômetro;
m) relógio digital;
n) cronômetro de areia.

O professor pode utilizar esses materiais e outros para desenvolver as seguintes habilidades:
- Comparar grandezas de mesma natureza, por meio de estratégias pessoais e uso de instrumentos de medida conhecidos – fita métrica, balança, recipientes de um litro, etc.
- Identificação de unidades de tempo – dia, semana, mês, bimestre, semestre, ano – e utilização de calendários.
- Relação entre unidades de tempo – dia, semana, mês, bimestre, semestre, ano.
- Identificação dos elementos necessários para comunicar o resultado de uma medição e produção de escritas que representem essa medição.
- Leitura de horas, comparando relógios digitais e de ponteiros.

Meios e extremos

Dada a proporção:
$$\frac{a}{b} = \frac{c}{d}$$

Os termos **a** e **d** são os extremos; os termos **b** e **c** são os meios. A propriedade fundamental das proporções é:
$$a \times d = b \times c.$$

Meridiano

Cada uma das semicircunferências que passam pelos polos de uma esfera.

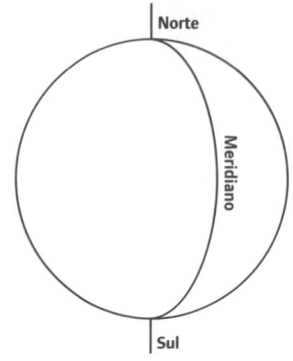

No caso dos meridianos terrestres, o mais importante é o Greenwich, tomado como longitude 0°, no lado oposto, a 180° temos a **linha internacional de mudança de data**.

Metro

Unidade de medida de comprimento padrão no Brasil. É a mais utilizada no comércio e na indústria.

Atualmente, o metro é definido como sendo "o comprimento do trajeto percorrido pela **luz** no **vácuo**, durante um intervalo de **tempo** de 1/299 792 458 de **segundo**" (unidade de base **ratificada pela 17.ª Conferência Geral de Pesos e Medidas em 1983**). O trajeto total percorrido pela luz no vácuo em um segundo se chama **segundo luz**. A adoção desta definição corresponde a fixar a velocidade da luz no **vácuo** em 299 792 458 m/s.

Metro cúbico

Unidade de medida de volume. Equivale a volume de um cubo com um metro de lado.

Em sala de aula, o professor pode montar com papelão um cubo com essa medida. O objetivo é avaliar as dimensões para poder avaliar a quantidade de areia em um metro cúbico por exemplo.

Metro quadrado

Unidade de medida de área. É a área de um quadrado com 1 metro de lado.

Atividades práticas também são bem-vindas. Medições em sala de aula, por exemplo, ajudam a fixar o conceito e facilitam a conversão de unidades.

Milésimo

Ordinal que, numa sequência, corresponde ao número 1000.

Diz-se de parte que é mil vezes menor que a unidade ou um todo.

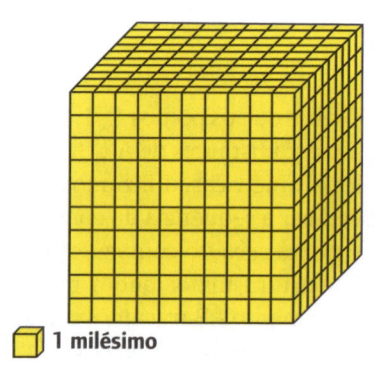

1 milésimo

O pequeno cubo equivale a um milésimo do cubo maior.

O material dourado pode ser utilizado no desenvolvimento de atividades com frações decimais.

Milha

Unidade de distância terrestre utilizada nos países de língua inglesa que equivale a 1609 m.

Milhar

Ordem com mil unidades. No ábaco, por exemplo, ocupa a 4.ª haste da direita para a esquerda.

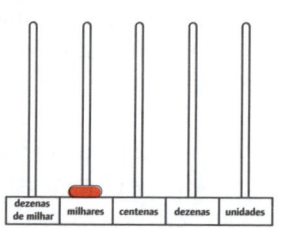

Miligrama
Milésima parte do grama:
$$1\,mg = \frac{1}{1000}g$$

Mililitro
Milésima parte do litro:
$$1\,m\ell = \frac{1}{1000}\ell$$

Mínimo múltiplo comum
É menor múltiplo comum a dois ou mais números. Exemplo: MMC(4, 8, 20)

```
4   –8   –20 | 2
2    4    10 | 2
1    2     5 | 2
1    1     5 | 5
1    1     1 | 2x2x2x5=40
```

Decompomos simultaneamente os números em seus fatores primos. Em seguida multiplicamos. MMC(4,8,20) = 40

Minuendo
Elemento de uma subtração.
$$a-b=c \begin{cases} a \to minuendo \\ b \to subtraendo \\ c \to diferença\ ou\ resto \end{cases}$$

Módulo
Módulo ou valor absoluto de um número é a medida de sua distância até a origem.

O módulo de –4 e de 4 é 4. A representação do módulo de um número é:

$|-4| = 4 \to$ lemos: módulo de menos quatro é quatro;

$|+4| = 4 \to$ lemos: módulo de quatro é quatro.

Generalizando:
$|-x| = |x| = x$

Equações modulares
São equações que o valor desconhecido está submetido a um módulo.

$$|x|=6 \to \begin{cases} x_1=-6 \\ x_2=6 \end{cases}$$

$$|x-3|=8 \to$$

$$\begin{cases} se\ x-3 \geq 0 \to x-3=8 \to x_1=11 \\ se\ x-3<0 \to -x+3=8 \to x_2=-5 \end{cases}$$

Funções modulares
É uma função real definida por duas sentenças:

$$y=|x| \to \begin{cases} x \to se\ x \geq 0 \\ -x \to se\ x < 0 \end{cases}$$

Exemplo:

$$y=|x+3| \to \begin{cases} x+3 & se\ x \geq -3 \\ -x-3 & se\ x < -3 \end{cases}$$

Veja o gráfico:

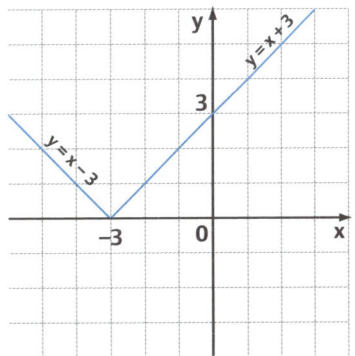

Moda
Elemento ou elementos de maior frequência numa sequência.

Modelagem matemática
"A modelagem matemática consiste na arte de transformar problemas da realidade em problemas matemáticos, e resolvê-los interpretando suas soluções na linguagem do mundo real."

Modelo

1. Conjunto de hipóteses sobre a estrutura ou o comportamento de um sistema físico pelo qual se procuram explicar ou prever, dentro de uma teoria científica, as propriedades do sistema.

2. Representação simplificada e abstrata de um fenômeno ou situação concreta, e que serve de referência para a observação, estudo ou análise.

3. Modelo baseado numa descrição formal de objetos, relações e processos, e que permite, variando parâmetros, simular efeitos de mudança do fenômeno que representa.

Montante

É o valor financeiro obtido somando capital e juros. Ver **capital**.

Monômio

Expressão algébrica que envolve números e letras multiplicados entre si. Exemplos:

a) $-5\,max$

b) $\dfrac{2}{3}x^2$

c) aby^3

Mosaico

Figura formada por figuras geométricas de mesma espécie ou de espécies diferentes, de modo que seus lados fiquem justapostos. Exemplos:

a) as malhas quadriculadas e triangulares são mosaicos.

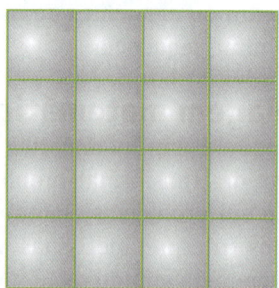

b) na natureza, os favos de mel são formados por hexágonos.

Mosaico geométrico

Material didático composto por peças nas quais predominam faces com formas geométricas. As peças têm em comum o formato de prismas retos, todos com a mesma altura. O objetivo deste material é explorar a composição de formas geométricas a partir de mosaicos.

Exemplos:

Mosaico formado por octógonos regulares e quadrados.

Mosaico formado por hexágonos regulares.

Multiplicação

A multiplicação equivale a uma adição com parcelas repetidas. Observe o exemplo:

$\underset{1}{5} + \underset{2}{5} + \underset{3}{5} + \underset{4}{5} + \underset{5}{5} + \underset{6}{5} + \underset{7}{5} = 5 \times 7$

Um fator é a parcela repetida e o outro fator é o número de vezes que ele se repete. Outro exemplo:

$8 \times 10 =$

Nas atividades de ensino da multiplicação, podemos utilizar os seguintes materiais:

a) Blocos quadrados

Para jogos livres e com regras.

Um exemplo de atividades: regra do jogo: formar um retângulo com um determinado número de blocos.

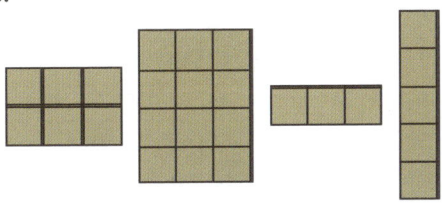

O objetivo desta atividade é desenvolver o conceito da multiplicação. O número de blocos em cada figura é igual ao produto do número de blocos de uma linha pelo número de blocos de uma coluna.

1. Verificações:

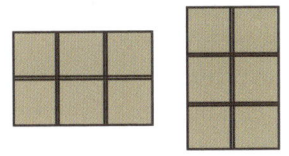

A posição da figura não altera o número de blocos.

2. Constatações: com 2, 3, 5, 7, 11, 13, 17, ... blocos só podemos formar retângulos com uma linha ou uma coluna.

b) Blocos lógicos

Para explorar a multiplicação a partir de contagens. Exemplo: Se tivermos 3 formas (triângulo, quadrado, círculo) e duas cores (amarela e azul), quantos blocos diferentes podemos formar?

Seis blocos.

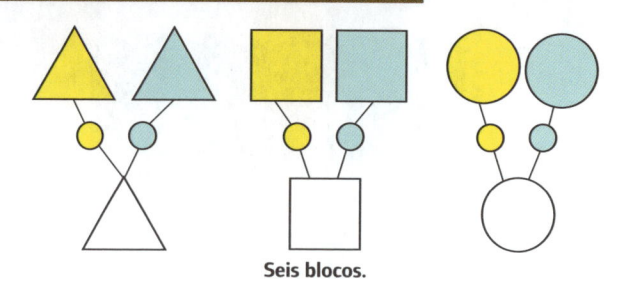

Múltiplos de um número

Múltiplo de um número **n** é qualquer número que pode ser obtido multiplicando-se **n** por um número natural. Observe a tabela:

Tábua da multiplicação

X	0	1	2	3	4	5	6	7	8	9	10
0	0	0	0	0	0	0	0	0	0	0	0
1	0	1	2	3	4	5	6	7	8	9	10
2	0	2	4	6	8	10	12	14	16	18	20
3	0	3	6	9	12	15	18	21	24	27	30
4	0	4	8	12	16	20	24	28	32	36	40
5	0	5	10	15	20	25	30	35	40	45	50
6	0	6	12	18	24	30	36	42	48	54	60
7	0	7	14	21	28	35	42	49	56	63	70
8	0	8	16	24	32	40	48	56	64	72	80
9	0	9	18	27	36	45	54	63	72	81	90
10	0	10	20	30	40	50	60	70	80	90	100

Múltiplos de 4

Os múltiplos de 4 também estão na 6.ª coluna.

Tome nota

a) os múltiplos de um número da primeira coluna estão na mesma linha que ele;
b) os múltiplos de um número da primeira linha estão na mesma coluna que ele;
c) o **zero** é múltiplo de qualquer número;
d) qualquer número é múltiplo do **um**;
e) os múltiplos de **dois** são denominados **números pares**.

n

Nível com escala

O nível tradicional indica apenas se uma superfície está nivelada ou não. O nível com escala, por outro lado, indica se a superfície está nivelada ou não e também o grau de desnivelamento.

A indicação do grau de desnível é útil na confecção de pisos, pois o desnível é importante para o escoamento da água e para a construção de encanamento de esgoto.

Mas não é apenas na construção civil que o nível com escala é aplicado. Na indústria mecânica, ele pode ser aplicado na medição da inclinação de chassi de automóveis e na inclinação das rodas.

Em sala de aula, o **nível com escala** possibilita explorar:
- atividades de medições de inclinação de pisos e coberturas;
- resolução de problemas que envolvem escoamento de água;
- desenvolver os seguintes conceitos:
- ângulos e medida de ângulos.
- declividade:
  - na forma de uma razão entre dois números racionais;
  - em percentual.
- funções trigonométricas: seno, cosseno e tangente.
- relações métricas nos triângulos.
- relações trigonométricas nos triângulos.
- gráficos e tabelas.

Nível de bolha

Instrumento utilizado na construção civil, nas marcenarias, nas oficinas mecânicas com o objetivo de definir a direção horizontal.

Notação científica

Notação na qual se escreve um número em dois fatores: $m \times 10^k$, tal que $1 < m < 10$.

Veja exemplos:
a) $160\ 000\ 000\ 000 = 1,6 \times 10^{11}$
b) $1\ 568 = 1,568 \times 10^3$
c) $0,000\ 000\ 000\ 000\ 345 = 3,45 \times 10^{-13}$

As operações com números na notação científica são facilitadas.
Compare:
a) $8410 + 97100 = 105510 \rightarrow$
$8,41 \cdot 10^3 + 9,71 \cdot 10^4 = 1,0551 \cdot 10^5$
b) $0,000004 \times 0,0004 = 0,0000000016 \rightarrow$
$4 \cdot 10^{-6} \times 4 \cdot 10^{-4} = 4 \times 4 \times 10^{-6} \times 10^{-4} = 16 \times 10^{-10} = 1,6 \cdot 10^{-9}$

Numerador

Elemento de uma fração que indica quantas partes do todo foi tomada. Ver **frações: elementos**.

Número

Palavra ou símbolo adotado para representar uma quantidade ou uma posição dentro de uma sequência ordenada.

Números de Fibonaci

A sequência de Fibonaci é $\{1, 1, 2, 3, 5, 8, 13, 21, 34, 55, 89, 144, 233, 377, ...\}$

Um termo da sequência é obtido pela soma de dois termos antecessores. Essa sequência tem aplicações na natureza e está relacionada com outros conceitos matemáticos.

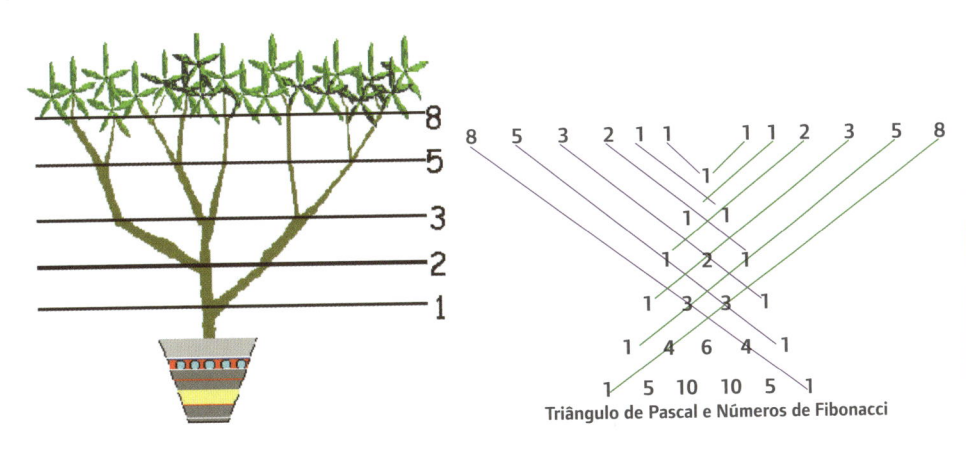

Triângulo de Pascal e Números de Fibonacci

Retângulo áureo nas artes

Números quadrados

Números quadrados formam a sequência 1, 2, 4, 9, 16, 25...

Tábua da multiplicação

X	0	1	2	3	4	5	6	7	8	9	10
0	0	0	0	0	0	0	0	0	0	0	0
1	0	1	2	3	4	5	6	7	8	9	10
2	0	2	4	6	8	10	12	14	16	18	20
3	0	3	6	9	12	15	18	21	24	27	30
4	0	4	8	12	16	20	24	28	32	36	40
5	0	5	10	15	20	25	30	35	40	45	50
6	0	6	12	18	24	30	36	42	48	54	60
7	0	7	14	21	28	35	42	49	56	63	70
8	0	8	16	24	32	40	48	56	64	72	80
9	0	9	18	27	36	45	54	63	72	81	90
10	0	10	20	30	40	50	60	70	80	90	100

números quadrados

Os números quadrados estão sobre a diagonal na tábua da multiplicação.

Números triangulares

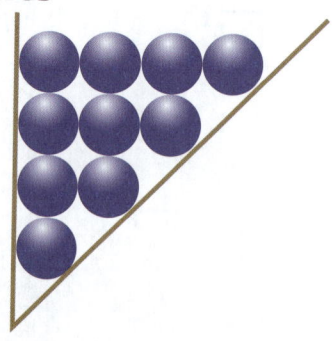

A sequência dos números triangulares é: 1, 3, 6, 10, 15, ...

Os números triangulares também têm presença garantida em diversos fatos cotidianos. Um exemplo é o arranjo feito com as 15 bolas do jogo de sinuca colocadas na moldura de madeira:

Carl Friedrich Gauss (1777-1855)

Conta a história que Gauss, quando aluno na escola primária, com 9 anos, era bastante irrequieto. Um dia, o professor propôs calcular a soma: 1 + 2 + 3 + ... + 100, na esperança de manter-se sossegado por algum tempo. Não surtiu efeito, pois o menino calculou rapidamente: 50 x 101 = 5050. Provavelmente, o mestre deve ter feito o cálculo para verificar a resposta.

Contando as argolas colocadas nas hastes do ábaco para seriação, obtemos os números triangulares: 1, 3, 6, 10, 15, 21, 28, 36 e 45.

Números naturais

Os números naturais são: 0, 1, 2, 3, 4, 5, 6, 7, ...
O conjunto dos números naturais é: N = {0, 1, 2, 3, 4, 5, 6, 7, 8,...}

Reta numerada dos números naturais:

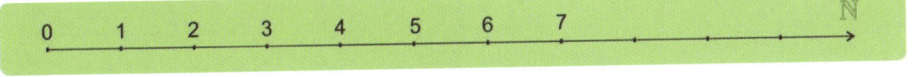

Observe que:
a) como todo número natural tem um sucessor, o conjunto é ilimitado à direita;
b) N*1, 2, 3, 4, 5, 6,... observe a exclusão do 0 (zero) no conjunto.

Números inteiros

Os números inteiros são: {..., –4, –3, –2, –1, 0, 1, 2, 3, 4, 5,...}
O conjunto dos números inteiros é: Z = {..., –4,–3,–2,–1, 0, 1, 2, 3, 4, 5,...}

Reta numerada dos números inteiros:

Observe:
a) O conjunto dos números inteiros é ilimitado à esquerda e à direita;
b) $Z^* = Z - 0$;
c) $Z_- = \{..., -4, -3, -2, -1, 0\} \rightarrow$ Conjunto dos números inteiros não positivos;

d) $Z^*_- = \{..., -4, -3, -2, -1,\} \rightarrow$ Conjunto dos números inteiros negativos;
e) $Z_+ = \{0, 1, 2, 3, 4, 5,...\} \rightarrow$ Conjunto dos números inteiros não negativos;
f) $Z^*_+ = \{1, 2, 3, 4, 5,...\} \rightarrow$ Conjunto dos números inteiros positivos.

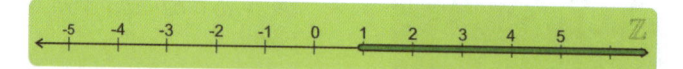

Números racionais

Número racional é o número obtido pelo quociente exato entre dois números inteiros **a** e **b**, onde $b \neq 0$. Exemplos:

a) $-2 = \dfrac{-6}{3}$ b) $\dfrac{1}{2} = \dfrac{-5}{-10}$ c) $0 = \dfrac{0}{5}$ d) $0{,}3333... = \dfrac{1}{3}$

O conjunto dos números racionais é:

$$\mathbb{Q} = \left\{..., -5, ..., -2, ..., -1{,}5, ..., -\dfrac{3}{4}, ..., -\dfrac{1}{2}, ..., -\dfrac{1}{10}, ..., 0, ..., \dfrac{1}{10}, ..., \dfrac{1}{2}, ..., \dfrac{3}{4}, ..., 1\dfrac{1}{2}, ..., 2, ..., 5, ...\right\}$$

Entre dois números racionais existe sempre um terceiro número racional.

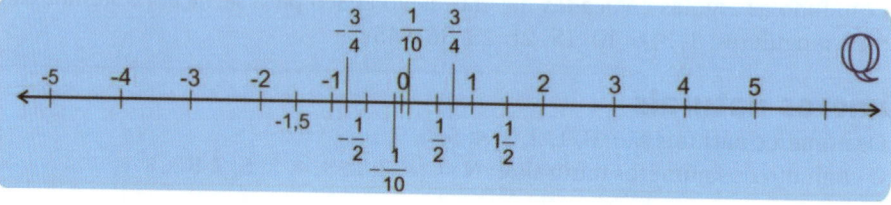

Aplicações práticas
Escala para mecânicos:

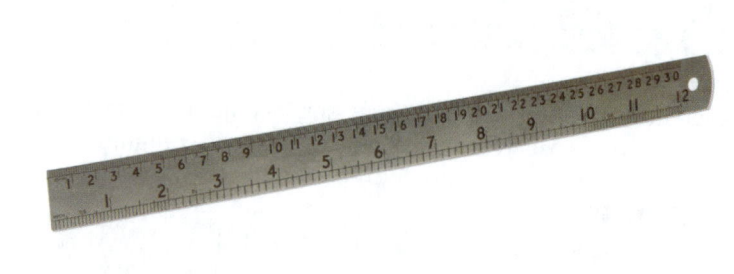

O sistema de medida em polegadas utiliza frações para indicar as medidas:

Números irracionais

Número irracional é o número que não pode ser representado pelo quociente exato entre dois números inteiros **a** e **b**, onde **b** é diferente de zero. Exemplos:

a) $\sqrt{3} \rightarrow$ lemos: raiz quadrada de três $\sqrt{3} \cong 1{,}73205080....$

b) $\pi \rightarrow$ lemos: pi constante matemática resultante do quociente entre o comprimento da circunferência e o diâmetro.

$\pi \cong 3{,}14159265358...$

c) e $\rightarrow$ lemos: número e (constante de Euler), é obtido pelo somatório infinito:

$$e = \frac{1}{0!} + \frac{1}{1!} + \frac{1}{2!} + \frac{1}{3!} + \frac{1}{4!} + ... \cong 2{,}718281828459.... \ .$$

O conjunto dos números irracionais é representado por:

$$\mathbb{Q}' = \left\{ ..., -\sqrt{10}, ..., -\sqrt{5}, ..., -\pi, ..., -e, ..., -\sqrt{2}, ..., \frac{\sqrt{3}}{2}, ..., \sqrt{3}, ..., e, ..., \pi, ... \right\}$$

Números irracionais no geoplano retangular:

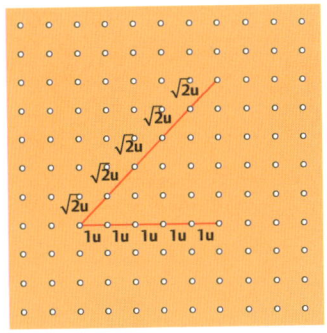

As medidas sobre a diagonal são valores múltiplos da raiz quadrada de dois.
Números irracionais no geoplano circular:

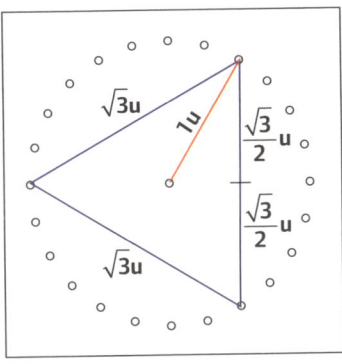

Considerando o raio do geoplano como unidade, a medida do lado do triângulo equilátero inscrito é $\sqrt{3}$ unidades. É usual utilizarmos também $\dfrac{\sqrt{3}}{2}$ u, é o caso do seno de 60º.

Para trabalhar com valores com radicais, o professor pode utilizar o tangram números irracionais:

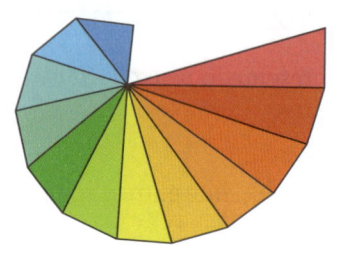

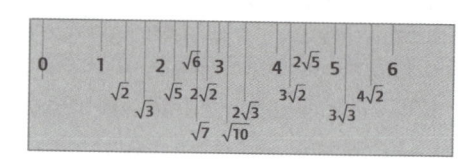

Veja um exemplo:

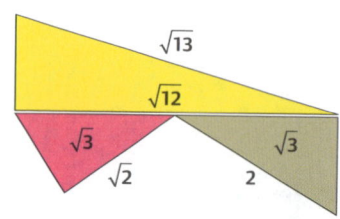

Estrutura mostrando que

$\sqrt{3}+\sqrt{3}=2\sqrt{3}=\sqrt{12}$

Sugestão de atividades para o Ensino Médio:
a) Pesquisa sobre a constante de Euler, também conhecido como **número de Napier** (logaritmos neperianos).*
b) Obter aproximações do número **e** utilizando o **somatório**:

$$\sum_{n=0}^{\infty}\dfrac{1}{n!}=\dfrac{1}{0!}+\dfrac{1}{1!}+\dfrac{1}{2!}+\ldots+\dfrac{1}{n!}$$

Números reais

Considerando que $Q \cap Q' = \{\ \}$ então $Q \cup Q' = R$, ou seja: o conjunto dos números reais é a união dos números racionais com os números irracionais.

Observe o diagrama:

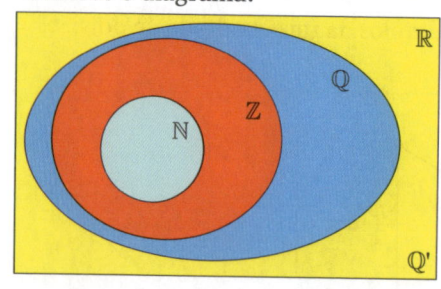

Assim:
a) todo número natural é um número inteiro, racional e real;
b) $N = Z_+$;
c) $Q \cap Q' = \emptyset$, quer dizer que não existe número que seja racional e irracional ao mesmo tempo.

Os números reais começam a ser trabalhados a partir dos anos finais do Ensino Fundamental prolongando-se até o final do Ensino Médio. É o conjunto mais amplo estudado no Ensino Fundamental. Os aspectos mais importantes a serem abordados são:

*John Napier (1550-1617). Nepler foi outro nome que ele ficou conhecido.

a) Representação gráfica dos números reais (a cada ponto da reta corresponde um e somente um número real).

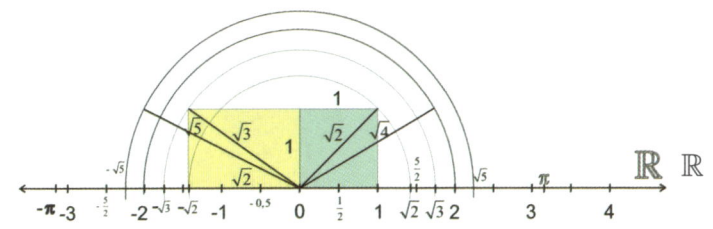

b) Conceito e representação de intervalos lineares:

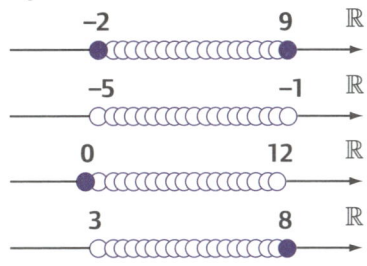

c) Gráfico das funções reais:

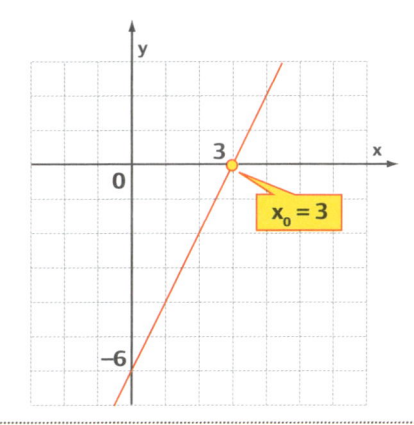

Números complexos

Os números vêm para ampliar o conjunto dos números reais apresentando solução para situações como $x^2 = -1$. A solução apresentada é a **unidade imaginária**: o número **i** ou **j** de modo que $i = \sqrt{-1}$ ou $i^2 = -1$.

Assim, um número complexo **z** tem a forma $z = a + bi$; em que **a** e **b** são números reais.

a e b ∈ R

$\begin{cases} i \rightarrow \text{unidade imaginária} \\ |z| \rightarrow \text{módulo do n.º complexo} \\ \theta \rightarrow \text{argumento do n.º complexo} \end{cases}$

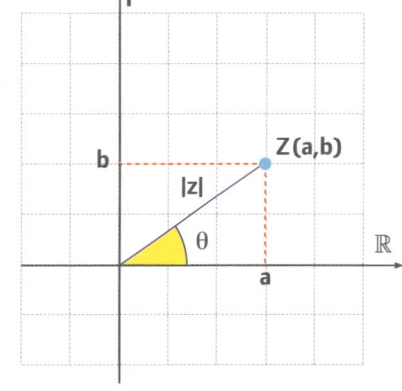

O ponto Z é chamado **afixo**

$$|z| = \left|\sqrt{a^2+b^2}\right|$$

se z = a + bi → $\bar{z}$ = a – bi onde $\bar{z}$ é o conjugado de z.

Representação de um número complexo

Algébrica – a + bi → **a** é o coeficiente da parte real e **b** é o coeficiente da parte imaginária.

Retangular ou cartesiana – (a, b) → no par ordenado **a** é a parte real e **b** é a parte imaginária.

Polar – Z = **r** cosθ + isenθ, em que **r** é a distância do afixo à origem, equivale ao módulo do número complexo.

Números primos

São números que têm apenas dois divisores: o próprio número e a unidade. Exemplos: 2, 3, 5, 7, 11, ...

O termo "primo" quer dizer "primeiro". Número primo quer dizer: o primeiro número de uma sequência que dá origem a números compostos. Veja:

a) 2, 4, 6, 8, 10, 12, 14, 16, 18, ... é a chamada sequência dos números pares.
b) 3, 6, 9, 12, 15, 18, 21, 24,.......
c) 5, 10, 15, 20, 25, 30, 35, ...
d) 7, 14, 21, 28, 35, 42, 49, ...

Crivo de Eratóstenes

É um dispositivo prático que permite determinar os números primos. Consiste em construir uma tabela, onde determinamos os números primos por eliminação.

1	2	3	4	5	6	7	8	9	10
11	12	13	14	15	16	17	18	19	20
21	22	23	24	25	26	27	28	29	30
31	32	33	34	35	36	37	38	39	40
41	42	43	44	45	46	47	48	49	50
51	52	53	54	55	56	57	58	59	60
61	62	63	64	65	66	67	68	69	70
71	72	73	74	75	76	77	78	79	80
81	82	83	84	85	86	87	88	89	90
91	92	93	94	95	96	97	98	99	100

Riscamos o número 1 e os múltiplos de 2, 3, 5, 7, ...

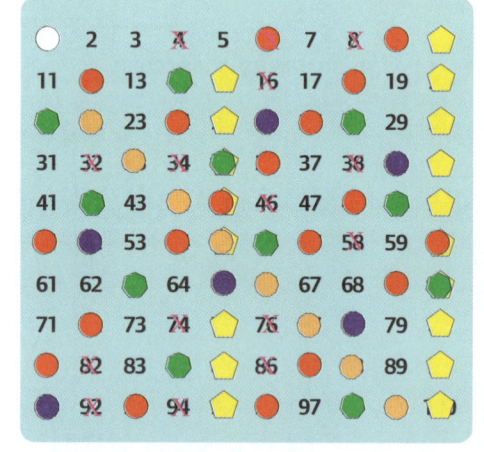

Os números que não foram riscados são números primos compreendidos entre 0 e 100.

Eratóstenes

Matemático grego (285 -194 a.C.), foi bibliotecário e astrônomo. Nasceu em Cirene, Grécia, e morreu em Alexandria. Estudou em Cirene, em Atenas e em **Alexandria**.

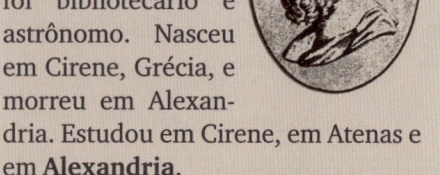

Oblíquo

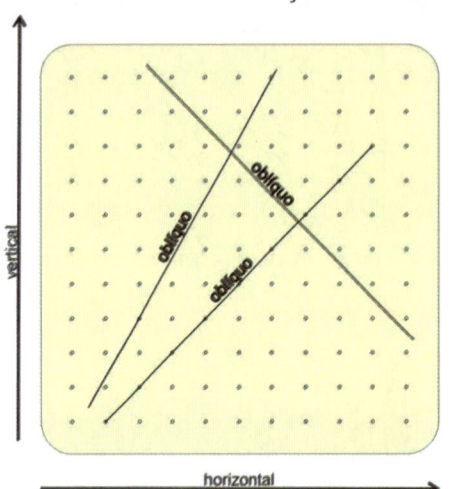

1. Posição da linha reta que não é vertical ou horizontal. Posição inclinada.

2. Posição relativa entre duas retas que não paralela ou perpendicular.

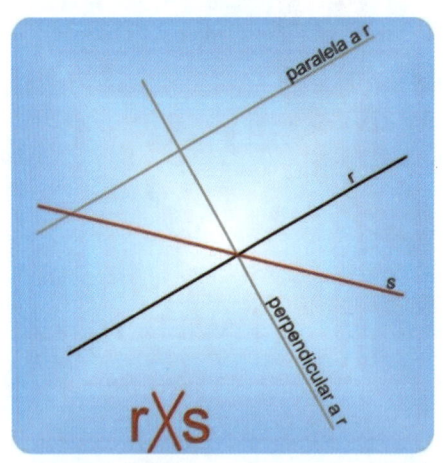

3. Prisma **oblíquo** tem arestas laterais não perpendiculares às bases.

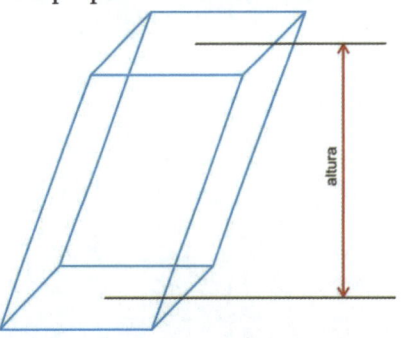

4. Pirâmides cujo pé da altura não coincide com o centro da base.

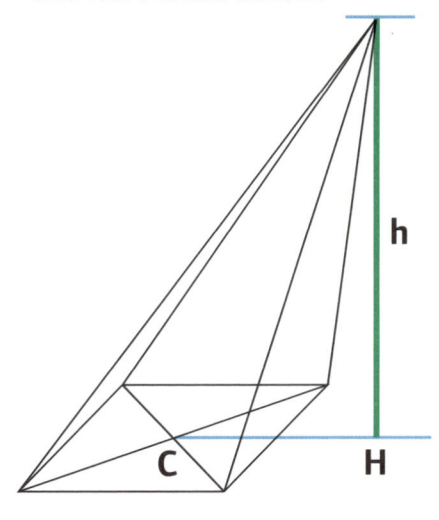

Octaedro

Poliedro que tem 8 faces, 6 vértices e 12 arestas.

Octaedro regular – poliedro regular que tem 8 triângulos equiláteros congruentes como faces.

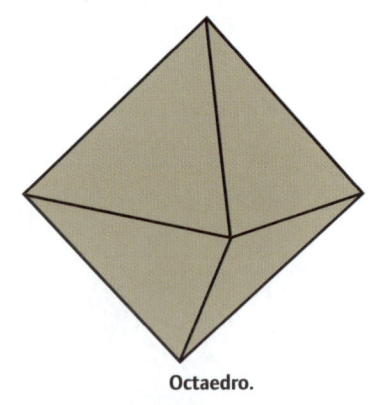

Octaedro.

Planificação do octaedro regular.

O octaedro regular é o poliedro **conjugado** do hexaedro regular.

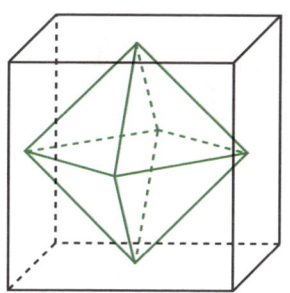

Observe que os vértices do octaedro regular coincidem com o centro das faces do hexaedro regular.

Tome nota
a) O número de vértice do octaedro é igual ao número de faces do hexaedro.
b) O número de faces do octaedro é igual ao número de vértices do hexaedro.

Octógono

Octógono é o polígono que tem 8 lados e 8 vértices.
Octógono regular é o polígono que tem lados e vértices congruentes.

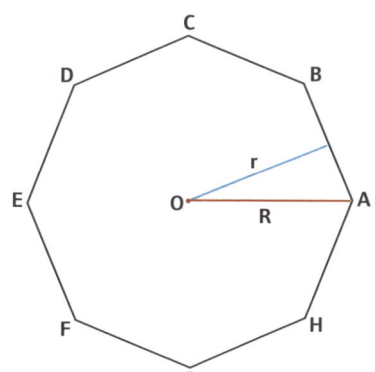

O – circuncentro e incentro do octógono

A, B, C, D, E, F, G, H – vértices

$\overline{AB} = \overline{BC} = ... = \overline{HA}$ → lados do polígono

r – apótema

R – raio

Operação

Ação ou ato que modifica ou não o estado de uma coleção de objetos. Exemplos:
a) dadas duas coleções de botões:
   Estado inicial:

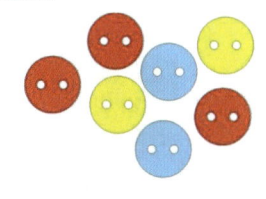

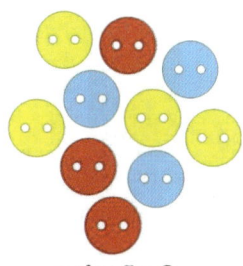

coleção 1   coleção 2

Operação: reunir as duas coleções em uma só:

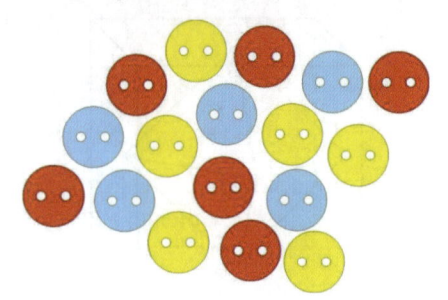

É o estado final.
b) Espelhar uma figura:
Operação: espelhar

estado inicial → espelhado

estado inicial → espelhado

Observe que a segunda figura não se alterou com a operação.

Operação inversa

É a operação que, executada após outra operação, restabelece o estado inicial. Exemplos:

a) uma porta está "aberta", executamos a operação **fechar** e a porta fica "fechada". Em seguida, aplicamos a operação **abrir** e a porta retorna ao estado inicial: "aberta". As operações **abrir** e **fechar** são operações inversas.

b) Veja a figura:

estado inicial — "reduzir" 50% — estado final — "ampliar" 200% — estado inicial

As operações reduzir 50% e ampliar 200% são operações inversas.

Observe que a operação "ampliar" 100% é uma operação que não altera o estado inicial.

"ampliar" 100%

estado inicial   estado finall

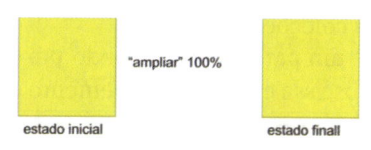

Operações aritméticas

As operações fundamentais são: adição, subtração, multiplicação e divisão. A estas operações podemos acrescer: potenciação, radiciação e logaritmação.

Operações lógicas

As operações lógicas são: não, e, ou, ou. Em inglês, respectivamente: Nor, and, or, Xor.

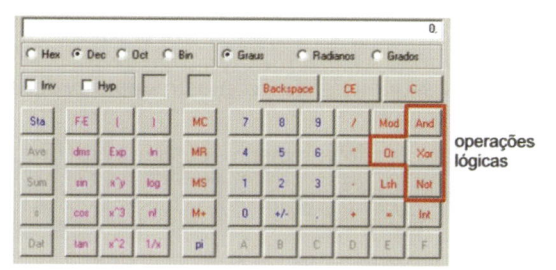

Calculadora do *Windows*.

Oposto

Oposto ou simétrico de um número **z** é o número **–z** de modo que Z + –z = 0
Exemplos:
a) o oposto ou simétrico de –4 é 4 pois –4 +4 = 4 + (–4) = 0
b) o oposto ou simétrico de 8 é –8 pois 8 + (–8) = –8 + 8 = 0
c) o oposto ou simétrico de

$$-\frac{1}{2} \text{ é } \frac{1}{2} \text{ pois} -\frac{1}{2}+\frac{1}{2}=0$$

Observe que:
a) o oposto simétrico de zero é o próprio zero. O zero é o único número igual ao próprio oposto;
b) nas calculadoras, a tecla "+ –" troca o número presente no visor pelo seu oposto.

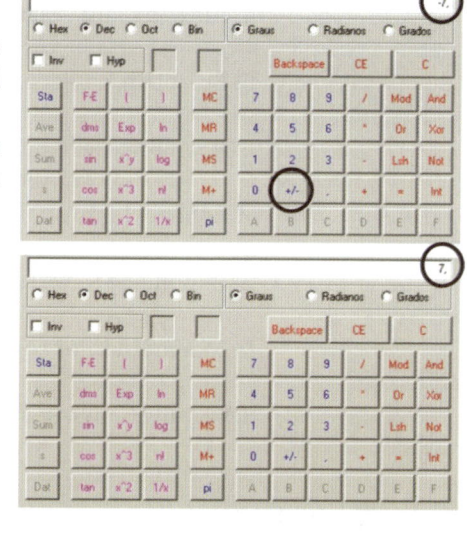

Ordenada

Segundo componente de um par ordenado. Dado um par ordenado P(a, b), o primeiro elemento do par é a abscissa e o segundo elemento é a **ordenada**.

Exemplo: Os pares ordenados (–3, 4); (6, 4); (0, 4) os três pares ordenados têm a mesma ordenada.

Ordenado

Aquilo que foi posto em ordem segundo algum critério:
a) ordem alfabética – no livro de chamada, os nomes dos alunos estão em ordem alfabética;
b) ordem crescente – sequência numérica cujos números estão ordenados do menor para o maior;
c) ordem decrescente – sequência numérica cujos números estão ordenados do maior para o menor;
d) ordem cronológica – sequência de acontecimentos ordenados em relação ao tempo de ocorrência;
e) par ordenado – conjunto com dois elementos em que a ordem entre eles é importante:
1. $(a, b) \neq (b, a)$ se $a, b = b, a \rightarrow a = b$
2. se $(a, b) = (c, d) \rightarrow a = c$ e $b = d$

Ordinal

Número que indica a posição de alguém ou de algo numa sequência ordenada.
Exemplo:
As posições de chegada no Grande Prêmio de Mid-Ohio:

1º Dario Franchitti (Ganassi) – 85 voltas
2º Will Power (Penske) + 0.523
3º Helio Castroneves (Penske) + 4.088
4º Alex Tagliani (Fazzt) + 5.642
5º Scott Dixon (Ganassi) + 5.915
6º Ryan Briscoe + 6.510
7º Raphael Matos (De Ferran Dragon) + 6.751
8º Simona de Silvestro (HVM) + 10.145
9º Marco Andretti (Andretti) + 10.955
10º Ryan Hunter-Reay (Andretti) + 13.234

Organizador

Para efetuar contagem e facilitar o registro, podemos recorrer a um organizador. Esses organizadores podem ser feitos de caixas vazias de ovos ou outra estrutura que comporte os objetos a serem contados.

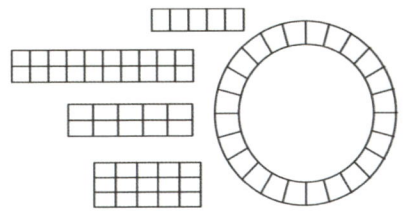

Veja possíveis formas de organizadores.

Organizador retangular

Organizador com a forma de retângulo cujo objetivo é o de trabalhar as operações fundamentais, os múltiplos e os divisores.

Utilizando pequenas peças ou pedrinhas podemos efetuar as operações fundamentais com o auxílio desses organizadores.

Origami

Arte oriental que consiste em construir figuras a partir da dobradura de papéis.

Origem

Ponto no espaço, no plano ou na reta que indica início ou ponto de partida de algo.

Exemplo:
Origem das coordenadas: O ponto (0,0)

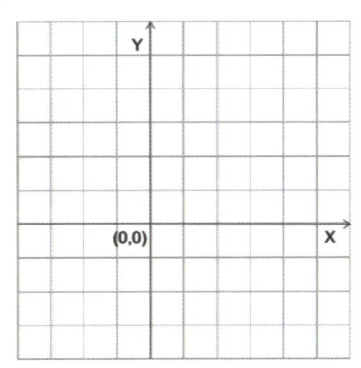

Ortocentro

Ortocentro de um triângulo é o ponto de intersecção das retas suportes das alturas.

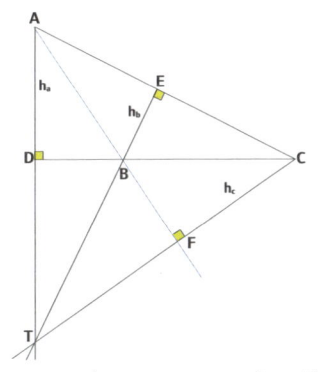

O ponto T é o ortocentro do triângulo ABC.
$\overline{AD} = h_a$; $\overline{BE} = h_b$; $\overline{FC} = h_c$

No triângulo retângulo, o ortocentro coincide com o vértice do ângulo reto:

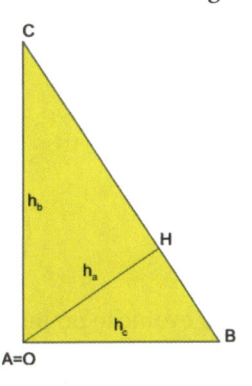

Ortogonal
Tem o mesmo significado que perpendicular.

Osciloscópio

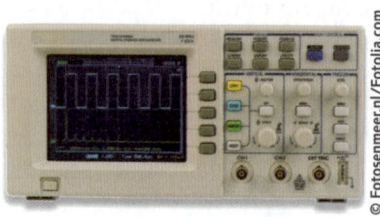

Osciloscópio exibindo ondas.

Equipamento eletrônico para analisar formato de ondas. Aplicado em sala de aula pode explorar o estudo de funções de um modo geral e as funções trigonométricas em particular, destacando:
a) variações dos parâmetros a, b, c e d na função

$$y = a + b\,\text{sen}\left(\frac{cx}{d}\right)$$

b) estudo do domínio, conjunto imagem e período de uma função trigonométrica.

Oval

Curvas fechadas, como a elipse, têm inúmeras aplicações práticas no cotidiano. Tratadas de um modo genérico como ovais, podem ser simétricas ou assimétricas.

As ovais assimétricas têm uso nos motores dos automóveis e nas chaves de comando elétrico.

A ilustração mostra o funcionamento das válvulas em um motor flex. A válvula na posição central controla a taxa de compressão dos motores sob diversas condições de uso e de combustível.

Em sala de aula, o desenho da oval assimétrica é um excelente exercício de tangência e concordância. O kit de réguas perfuradas apresenta sugestões com ensaios com dois tipos de ovais:

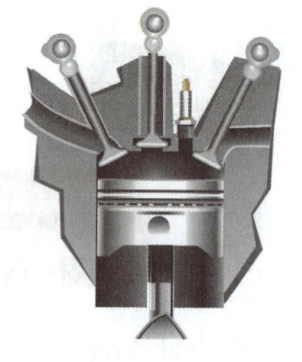

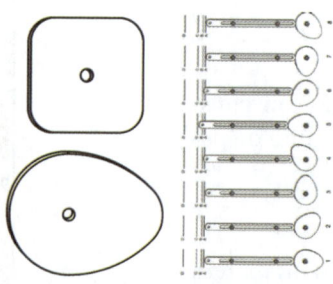

Observe a evolução do movimento da haste retilínea em função das diferentes posições da oval.

p

Palmo

Unidade de medida de comprimento antiga que equivale a aproximadamente 22 cm.

É a medida do comprimento de uma mão aberta entre as extremidades dos dedos polegar e mínimo.

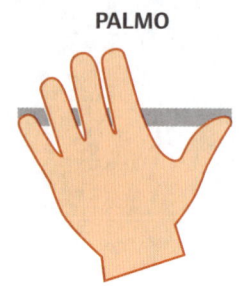

PALMO

Pantógrafo

Instrumento de desenho utilizado em arte e nas indústrias. Seu princípio de funcionamento está ligado ao paralelogramo e às proporções.

Observe o uso artístico. Em sala de aula, pode ser uma ferramenta para explorar homotetia. Com o kit das réguas perfuradas, podemos simular um pantógrafo:

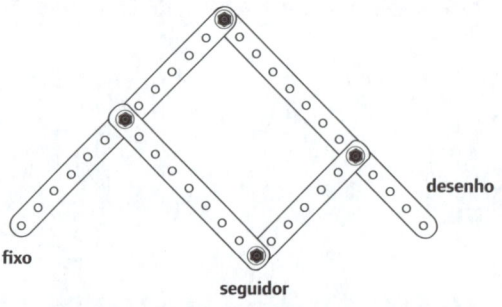

fixo   seguidor   desenho

O uso do pantógrafo na indústria está ligado às gravações.

Papagaio

Papagaio, pandorga ou pipa pode ser classificado como brinquedo educativo. Além da dinâmica que proporciona o voo, o interesse pedagógico está em sua construção. Para começar, proporciona uma exploração das formas geométricas:

As pipas são confeccionadas com varetas de madeira leve e papel de seda. Observe as diferentes construções do ponto de vista dos ângulos entre as varetas, as simetrias, etc.

Paquímetro

Instrumento de medida de precisão destinado a medir espessura, largura e profundidade.

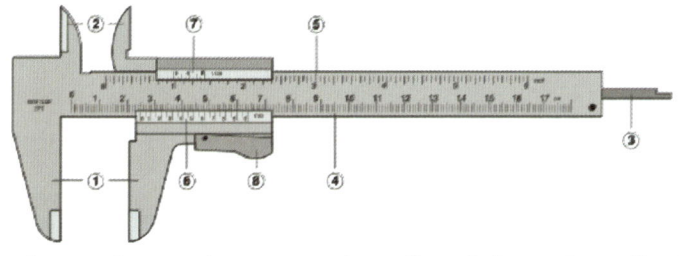

Elementos do paquímetro. 1: encostos, 2: orelhas, 3: haste de profundidade, 4: escala inferior (graduada em centímetros), 5: escala superior (graduada em polegadas), 6: nônio ou vernier inferior (cm), 7: nônio ou vernier superior (polegada), 8: trava.

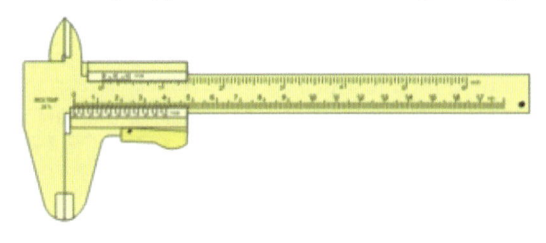

Par ordenado

Conjunto com dois elementos em que a ordem entre eles é importante.

Os pares ordenados são utilizados na identificação e na localização dos pontos no plano, nas seguintes condições:

a) Se a, b = b, a $\Leftrightarrow$ a = b

b) Se a, b = c, d $\Rightarrow \begin{cases} a=c \\ b=d \end{cases}$

O primeiro elemento do par indica a abscissa do ponto e o segundo elemento indica a ordenada do ponto.

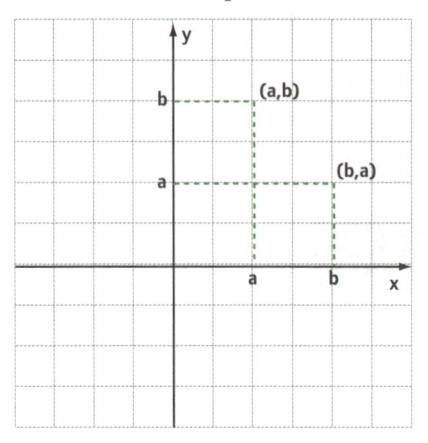

Parábola

Parábola é uma linha plana cujos pontos são equidistantes de um ponto denominado **foco** e de uma reta denominada **diretriz**.

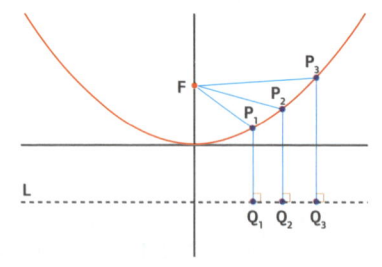

A propriedade das parábolas de que qualquer reta paralela ao eixo que atinge a curva desvia e passa pelo foco justifica a adoção das parábolas em antenas para emissão e recepção de sinais.

Radio telescópios vasculham o céu em busca de informações.

Paralela

Duas retas são paralelas se a distância entre elas é constante.

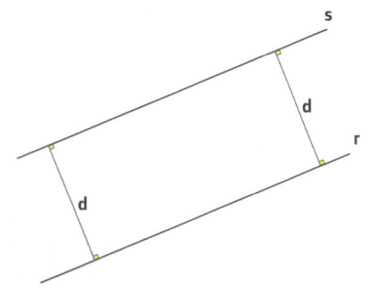

As retas r e s são paralelas $r//s$.

Condição de paralelismo

Duas retas são paralelas se formarem o mesmo ângulo com o eixo dos **x**; em outras palavras, têm o mesmo coeficiente angular e coeficiente linear diferente (para não serem coincidentes). Assim, a condição de paralelismo entre as duas retas é:

(r) $Ax + By + C = 0$ e

(s) $A'x + B'y + C' = 0 \Leftrightarrow \dfrac{A}{A'} = \dfrac{B}{B'} \neq \dfrac{C}{C'}$

Paralelepípedo retângulo

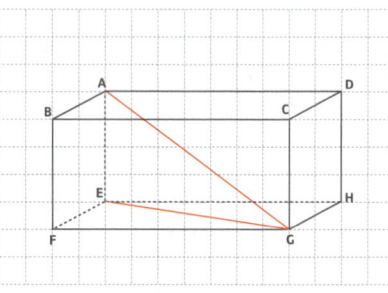

1. Prisma de seis lados cujas faces são paralelogramos; hexaedro cujas faces opostas são paralelogramos paralelos.
2. Uso: informal. Qualquer paralelepípedo reto ou retângulo.
3. Qualquer pedra paralelepipedal us. no calçamento de ruas (Houaiss).

Observe que o paralelepípedo retângulo pode ser chamado também por **ortoedro**.

Paralelo
É a circunferência obtida pela intersecção de um plano perpendicular ao eixo com a superfície esférica.

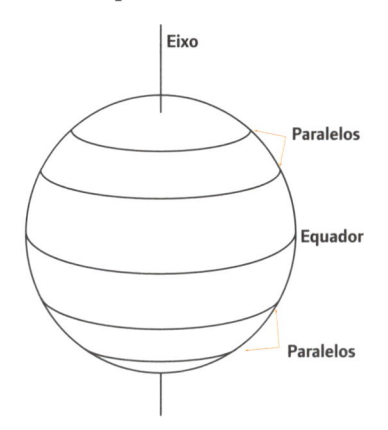

A linha do equador é o paralelo que determina o círculo de área máxima. Nas coordenadas geográficas, os paralelos correspondem às **latitudes**.

Paralelogramo
1. **Acepções**
   Substantivo masculino
   Rubrica: geometria.
   Quadrilátero cujos lados opostos são paralelos.
2. Quadrilátero que tem lados paralelos iguais e ângulos opostos iguais.

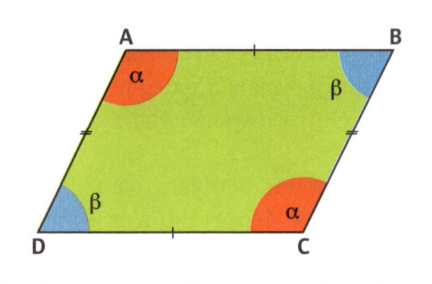

Parâmetro
Na escrita de uma expressão algébrica, algumas letras representam valores fixos, são os parâmetros. Veja um exemplo:
Dada a função real, discutir em função do parâmetro **a**:
$y = ax^2 - 5x + 6$ parâmetro **a**

1. se $a = 0$, a função é do primeiro grau.
2. se $a > 0$, a função é do segundo grau e a parábola tem concavidade para cima e:

   a) se $a = \dfrac{25}{24} \rightarrow x_1 = x_2$

   b) se $0 \neq a < \dfrac{25}{24} \rightarrow x_1 \neq x_2 \in \mathbb{R}$

3. se $a < 0$, a função é do segundo grau e a parábola tem concavidade para baixo e x_1 e $x_2 \notin \mathbb{R}$.

Parcelas
São os componentes de uma adição.

$$\underbrace{45 + 21 + 79}_{\text{parcelas}} = \underbrace{145}_{\text{soma ou total}}$$

Parêntese
Sinal gráfico empregado em expressões numéricas ou algébricas. São utilizados aos pares organizando ou hierarquizando as operações.
Exemplo: $3x - (x + 3) \times 5 + 9 \div (5 - x)$

Pé
Unidade de medida de comprimento. No sistema de medida inglês, equivale a 30,48 cm.
Durante os voos, o comandante informa o tempo de voo e a altitude da aeronave em pés por ser uma convenção internacional.

Pé da altura
Nas construções geométricas, denomina o ponto de intersecção da altura com a base.

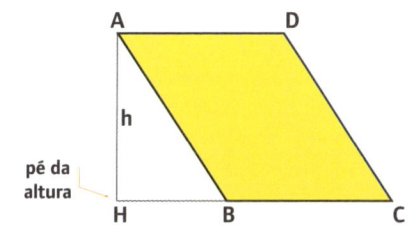

Pentadecágono
Polígono com quinze lados.

Pentágono
Polígono com cinco lados.

Pentágono regular
Polígono regular com cinco lados e cinco ângulos congruentes.

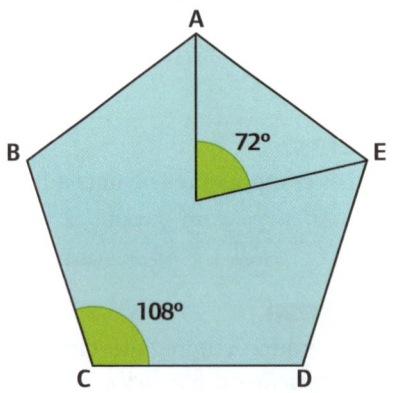

Um material interessante para explorar os pentágonos são os polígonos construtores.

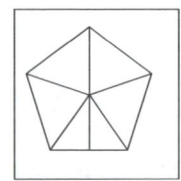

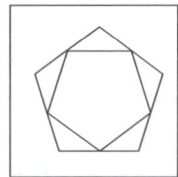

Observe que, com a primeira lâmina, é possível explorar os ângulos do pentágono e seus elementos lineares. Com a segunda lâmina, podemos explorar o pentágono regular inscrito e o polígono estrelado associado ao pentágono:

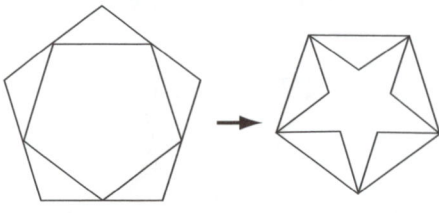

O número de ouro é obtido pela razão:

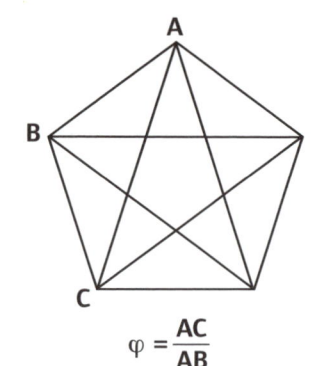

$$\varphi = \frac{AC}{AB}$$

$$\varphi = \frac{\overline{AC}}{\overline{AB}} \rightarrow \varphi = \frac{1+\sqrt{5}}{2} \cong 1{,}618\ldots$$

Perímetro
1. Linha que contorna e limita uma figura ou superfície geométrica.
2. A medida da linha que contorna uma figura.
3. Linha que delimita uma área, uma região, etc. (perímetro urbano, por exemplo).

Um exemplo de atividade prática que podemos desenvolver em sala de aula é, rolar um bloco geométrico sobre uma régua:

A prática é mais importante que o resultado. Outros experimentos podem ser realizados:
a) circundar o objeto com um barbante e depois retificar e medir o comprimento.
b) usar uma fita métrica para acompanhar o contorno.

Perpendicular
Duas retas **r** e **s** são perpendiculares se formarem entre si um ângulo de 90°.
Pegue uma folha de papel:

Dobre ao meio

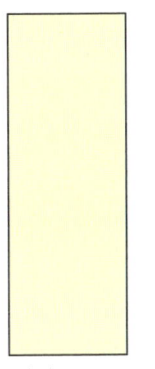

Novamente, dobre ao meio

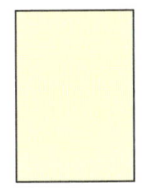

Desdobre

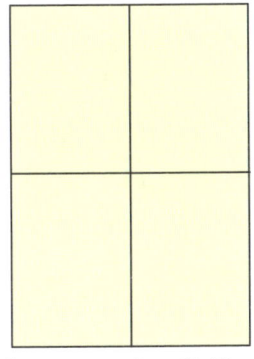

As linhas marcadas dividem a folha em quatro partes iguais, assim, os quatro ângulos definidos são iguais.

$$\left(\frac{360°}{4}=90°\right)$$

Podemos afirmar que as duas retas demarcadas são perpendiculares entre si.

Nas malhas quadriculadas, as linhas são perpendiculares entre si.

Um experimento que pode ser feito é o seguinte:

Sobre um folha de cartolina marque 2 pontos:

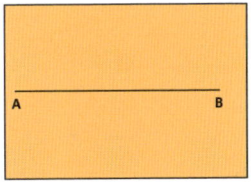

Identifique esses pontos com as letras A e B e trace o segmento de reta.

Em seguida, coloque um lápis de cor, com a ponta para cima, em pé em algum lugar na folha.

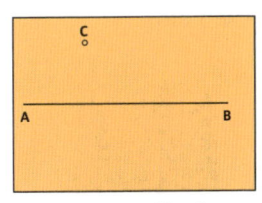

Obter uma perpendicular ao segmento $\overline{AB}$ que passe pelo ponto C.

Solução: Colocamos uma lâmina de plástico transparente sobre o segmento $\overline{AB}$.

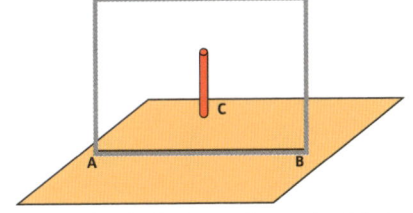

Olhando do lado onde está o lápis no ponto C, colocamos um segundo lápis sobre a imagem do lápis C no espelho.

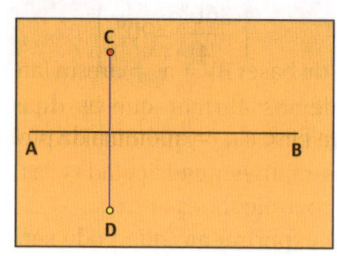

O segmento de reta que liga o ponto C com o ponto D é perpendicular ao segmento $\overline{AB}$.

Perspectiva

Forma de representação de uma figura geométrica tridimensional em duas dimensões, entretanto, dando a ideia de profundidade.

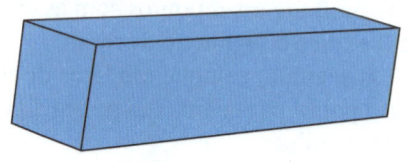

Outro exemplo:

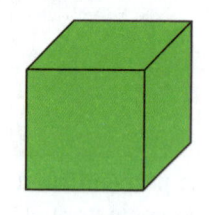

Pertence

A relação de pertinência estabelece que um elemento em relação a um conjunto tem duas opções: pertence ou não pertence.

Exemplos:
A = {a, e, i, o, u} → a ∈ A a pertence ao conjunto A; b ∉ A b não pertence ao conjunto A.

Peso

Força exercida sobre um corpo pela atração gravitacional da Terra, cujo valor é o produto da massa do corpo pela magnitude da aceleração da gravidade e o sentido é o desta aceleração.

A unidade de medida de peso é o quilograma-força.

Quilograma-força → unidade de força equivalente a 9,80665 newtons e definida como o peso de um quilograma sujeito à força da gravidade. Símbolo **kgf** também se diz apenas "quilo".

Pesquisa

Procedimento sistemático a fim de ampliar o conhecimento sobre determinada área do saber.

A estatística é uma ferramenta que auxilia e dá suporte à realização de uma pesquisa e na comunicação dos resultados.

PI

Forma de representação da constante π. O valor de π é a razão entre o comprimento da circunferência e o seu diâmetro.
Observe:
a) o valor de π com quatro casas decimais é 3,1415.
b) πrad = 180° ou 3,1415rad = 180°.

Pirâmide

Poliedro que tem como base um polígono qualquer e faces laterais triangulares convergindo para um único ponto.

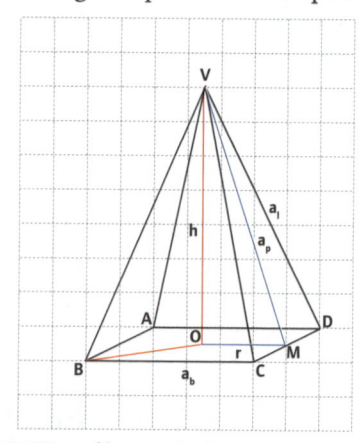

ABCD polígono da base;
△ABV, △BCV, △CDV, △DAV → faces laterais

A, B, C, D vértices da base;
V vértice da pirâmide;
△ret.BÔV: h = altura da pirâmide; OB = R = raio da base; BV= a_1 = aresta lateral da pirâmide;
△ret.MÔV: h = altura da pirâmide; r = apótema da base e a_p = apótema da pirâmide.

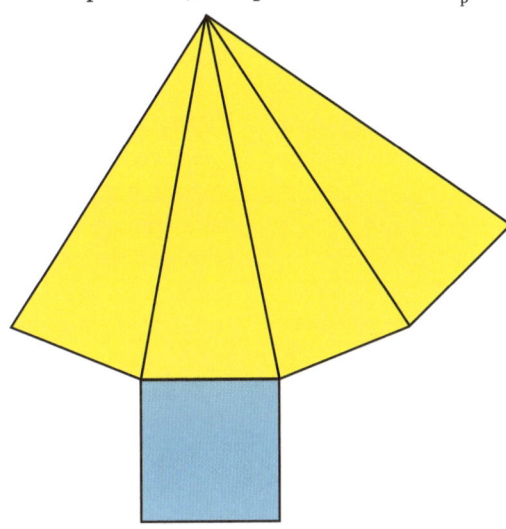

Planificação da pirâmide sem as abas para colagem.
2p → perímetro → p → semiperímetro;
B → área da base;
S_l → área lateral da pirâmide: $S_l = p \times a_p$

S_t → área total da pirâmide: $S_t = B + S_l$

V → volume da pirâmide: $V = \dfrac{B \times h}{3}$

As pirâmides são classificadas de acordo com o polígono da base.
Exemplo: pirâmide pentagonal regular; pirâmide octogonal regular, etc.
As pirâmides podem ser "retas" ou "oblíquas":

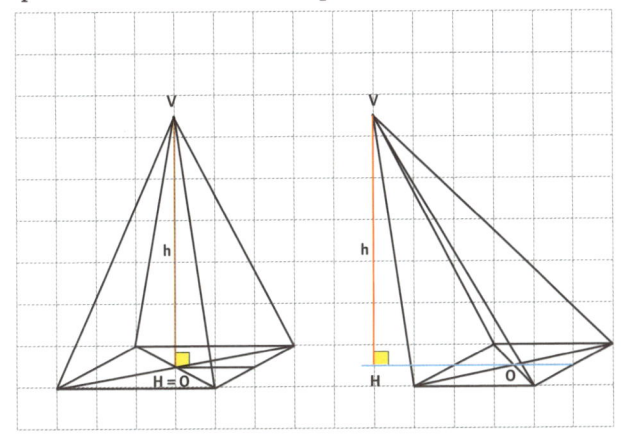

Nas pirâmides retas, o pé da altura coincide com o centro da base.

Planificação

Representação bidimensional de corpos geométricos. Veja alguns exemplos de planificações e a vista em perspectiva dos poliedros:

Plano

Conjunto integrado de métodos e medidas estratégicas para a solução de problemas.

Segundo George Polya, o **primeiro passo** é a compressão do problema. O estabelecimento de um plano é o **segundo passo**. Esses planos podem ser:
 a) **tentativas** – resolver um problema por tentativas é explorar formas livres que propiciam o uso da imaginação e estimular a criatividade. A evolução desse plano é estimular os atores do processo a organizar formas de registro, a usar tabelas e gráficos que facilitam a visualização de regularidades.
 b) **geométrico** – representar a situação proposta utilizando um esboço ou uma construção geométrica em escala.
 c) **algébrica** – codificar as condições do problema para resolvê-la utilizando fórmulas ou processos algébricos.
 d) **modelo** – construir um modelo que simule o funcionamento da situação objeto de estudo.

Esses planos podem ser explorados em conjunto, de modo que se complementem.

Plano cartesiano

Um plano é mapeado de modo que todos seus pontos possam ser identificados e localizados por um par ordenado de números reais. É representado pelo símbolo R^2.

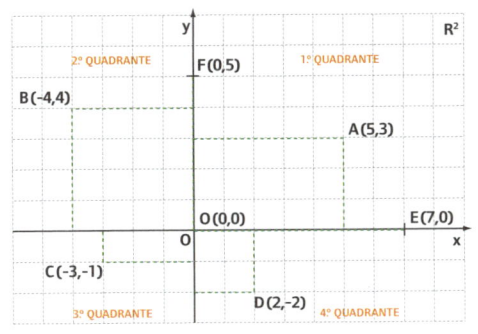

O plano cartesiano é o produto cartesiano de R × R.

Planta

É uma das três vistas de um desenho projetivo, as outras duas são vista lateral e elevação:

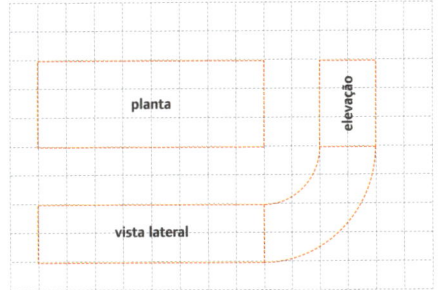

O material didático para estudar desenho projetivo é o triedro, confeccionado em plástico transparente.

Coloca-se um corpo sob o triedro e, em seguida, desenhamos as três vistas. Abrindo o triedro, observam-se as três vistas no plano.

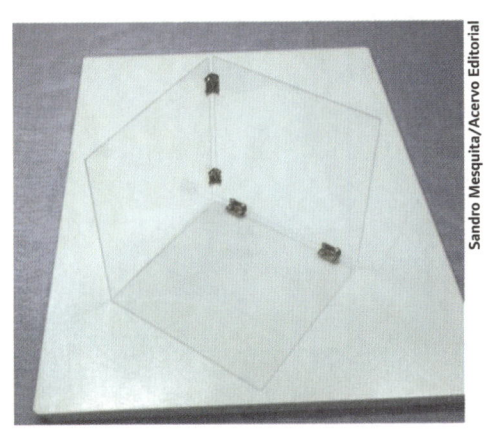

Polegada

Unidade de medida no chamado sistema inglês. Uma polegada equivale a 25,4 mm.

$$0 \quad \frac{1}{8} \quad \frac{1}{4} \quad \frac{3}{8} \quad \frac{1}{2} \quad \frac{5}{8} \quad \frac{3}{4} \quad \frac{7}{8} \quad 1$$

$$\frac{1}{16} \quad \frac{2}{16} \quad \frac{3}{16} \quad \frac{4}{16} \quad \frac{5}{16} \quad \frac{6}{16} \quad \frac{7}{16} \quad \frac{8}{16} \quad \frac{9}{16} \quad \frac{10}{16} \quad \frac{11}{16} \quad \frac{12}{16} \quad \frac{13}{16} \quad \frac{14}{16} \quad \frac{15}{16} \quad \frac{16}{16}$$

Poliedro

Corpo geométrico delimitado por faces planas. Exemplo:

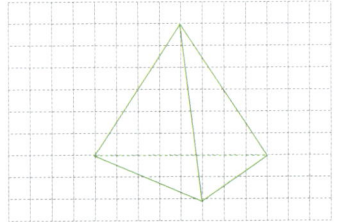

Pirâmide triangular reta.

- **Poliedro regular** – poliedro convexo cujas faces são polígonos regulares. Existem cinco poliedros regulares: tetraedro, hexaedro, octaedro, dodecaedro e icosaedro.

- **Tetraedro regular** – quatro faces triângulos equiláteros.
- **Hexaedro regular** – seis faces quadradas.
- **Octaedro regular** – oito faces triângulos equiláteros.
- **Dodecaedro regulares** – doze faces pentágonos regulares.
- **Icosaedro regular** – vinte faces triângulos equiláteros.

Polígono

Linha poligonal fechada.

Polígono não convexo.

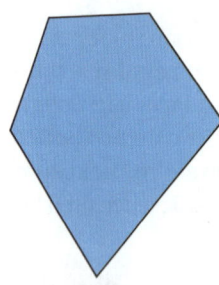

Polígono convexo.
Polígono regular – polígono cujos lados e ângulos são congruentes.

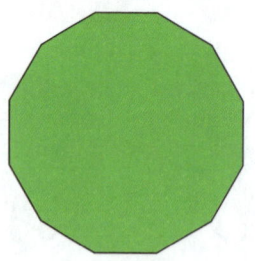

Dodecágono regular. Ver **polígono regular**.

Polígono circunscrito

Um polígono é circunscrito quando todos seus lados são tangentes a uma circunferência.

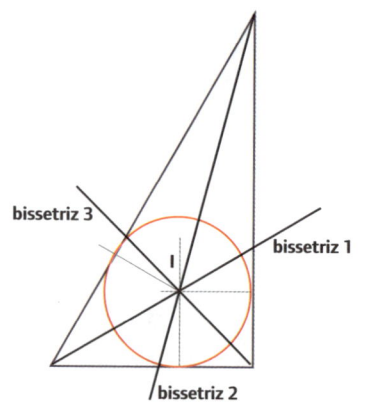

Triângulo circunscrito. O incentro | é o ponto de interseção das bissetrizes dos ângulos internos do triângulo.

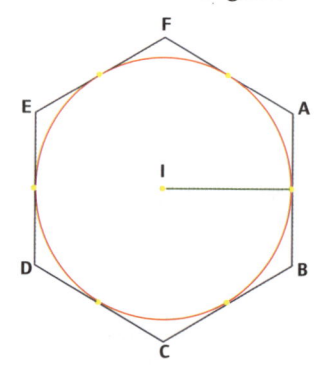

Hexágono regular circunscrito. O raio da circunferência inscrita é denominado apótema.

Geoplano circular II

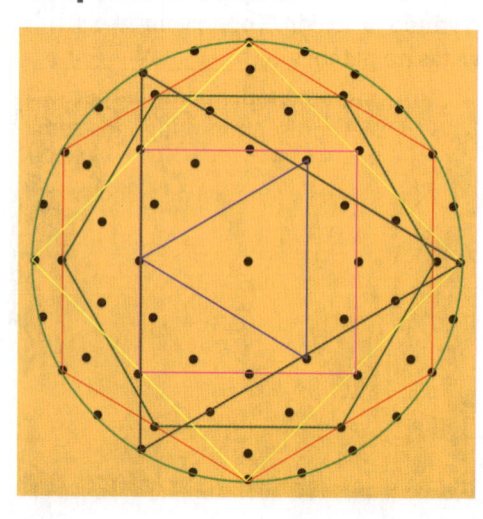

No geoplano circular II, podemos relacionar os polígonos inscritos e circunscritos. Os objetivos deste material são; mostrar a possibilidade de construção dos polígonos e possibilitar o estudo das relações métricas entre os elementos lineares dos polígonos.

Polígonos semelhantes

Dois ou mais polígonos são semelhantes se:
a) tiverem a mesma forma: mesmo número de lados e vértices;
b) há uma correspondência de congruência ou de proporcionalidade entre seus lados;
c) há uma correspondência de congruência entre os ângulos internos do polígono.

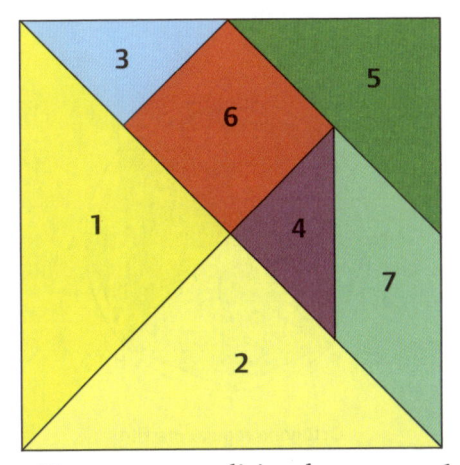

No tangram tradicional, as peças 1, 2, 3, 4 e 5 representam polígonos semelhantes.

Veja alguns exemplos de semelhança:

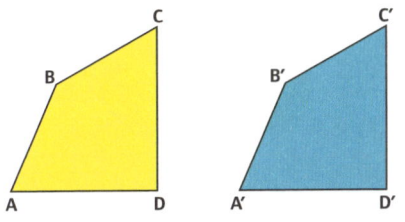

a) Neste caso de semelhança, temos a congruência dos dois polígonos.

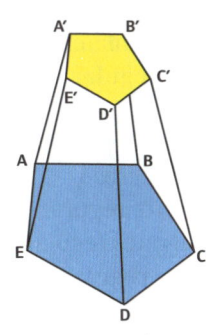

b) A base e a seção de um tronco de pirâmide são polígonos semelhantes.

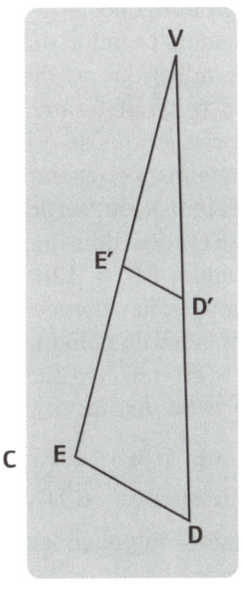

Observe que existe proporcionalidade entre os lados da base e os lados da seção. A proporcionalidade é justificada pelos triângulos semelhantes formados em cada face lateral da pirâmide.

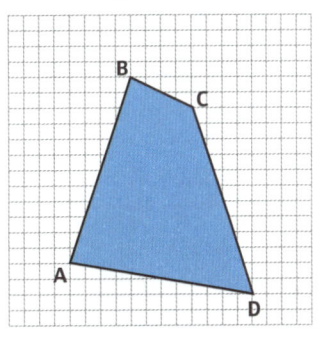

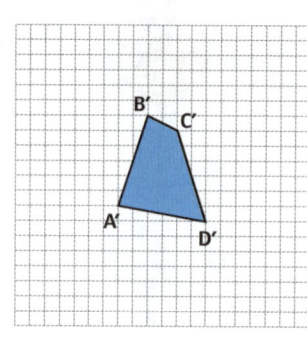

A malha quadriculada facilita a visualização e a constatação da semelhança entre os dois polígonos.

a) A malha permite uma avaliação que indica que as medidas da figura original foram reduzidas à metade. A análise é feita contando apenas, por exemplo, as linhas horizontais ou verticais entre os vértices dos dois polígonos, por exemplo: $\overline{AB}$ = 12u; $\overline{A'B'}$ = 6u. Esta relação se repete para os demais lados do polígono: $\overline{BC}$ = 4u e $\overline{B'C'}$ = 2u; $\overline{CD}$ = 12u e $\overline{C'D'}$ = 6u. Assim:

$$\frac{\overline{AB}}{\overline{A'B'}} = \frac{\overline{BC}}{\overline{B'C'}} = \frac{\overline{CD}}{\overline{C'D'}} = 2$$

os lados do polígonos são proporcionais.

b) O próximo fato a ser explorado são as declividades dos lados dos polígonos para garantir as congruências: $\hat{A}=\hat{A}'; \hat{B}=\hat{B}'; \hat{C}=\hat{C}'$ e $\hat{D}=\hat{D}'$.

A declividade de AB é: $m_1 = \frac{4}{12} = \frac{1}{3}$ e a declividade de A'B' é: $m'_1 = \frac{2}{6} = \frac{1}{3}$

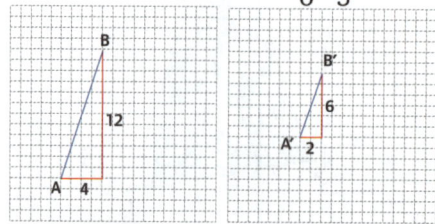

Calculamos e confrontamos as outras declividades:

$$m_2 = -\frac{4}{2} = -2 \text{ e } m_2 = -\frac{2}{1} = -2;$$

$$m_3 = -\frac{4}{12} = -\frac{1}{3} \text{ e } m_3 = -\frac{2}{6} = -\frac{1}{3};$$

$$m_4 = -\frac{12}{2} = -6 \text{ e } m_4 = -\frac{6}{1} = -6.$$

Assim, podemos afirmar que os ângulos correspondentes nas duas figuras são congruentes, confirmando a semelhança entre os dois polígonos.

Uma alternativa é medir diretamente os ângulos com o auxílio de um transferidor.

Polígono inscrito

Um polígono está inscrito numa circunferência se todos seus vértices estiverem sobre a curva.

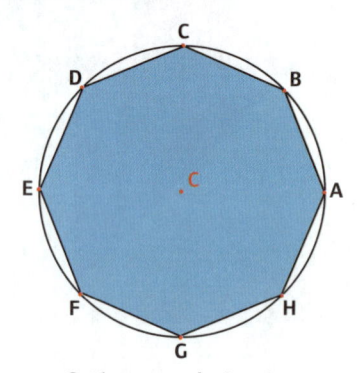

Octógono regular inscrito.

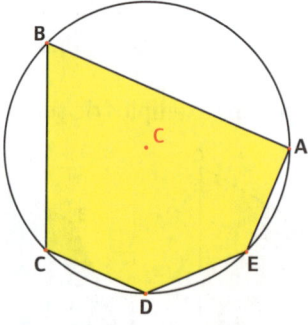

Pentágono inscrito

O ponto C é o circuncentro – centro da circunferência circunscrita.

Geoplano circular

Os polígonos construídos com vértices nos pinos do geoplano são considerados polígonos inscritos mesmo que a circunferência não esteja representada:

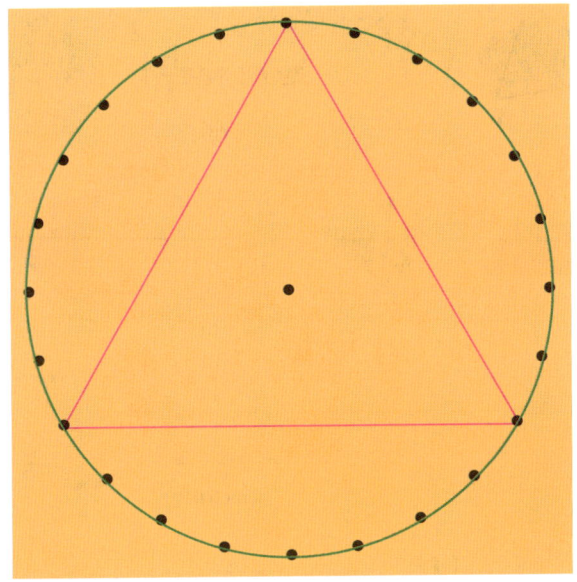

O uso do geoplano circular permite associar a construção dos polígonos regulares à divisão exata, aos múltiplos e aos divisores. Veja um exemplo: No geoplano com 24 divisões, podemos construir apenas polígonos com 24 lados, o dodecágono regular, o octógono regular, hexágono regular, quadrado e o triângulo equilátero; 24, 12, 8, 6, 4 e 3 são divisores de 24.

Polígono regular:

Polígono que goza das seguintes propriedades:
1. é inscritível e circunscritível a uma circunferência. O incentro e o circuncentro coincidem;
2. todos os seus lados e seus ângulos congruentes;
3. tem um eixo de simetria que passa pelo seu centro.

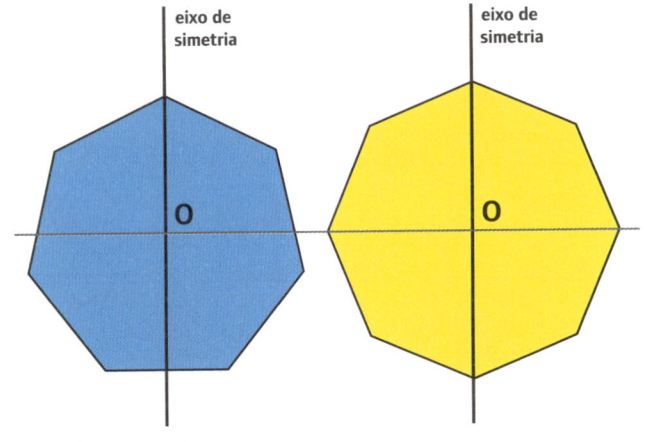

Polígonos congruentes

Dois polígonos são congruentes se seus lados e vértices sejam levados a coincidir se um deles ficar fixo e o outro seja submetido a rotação, translação ou simetria.

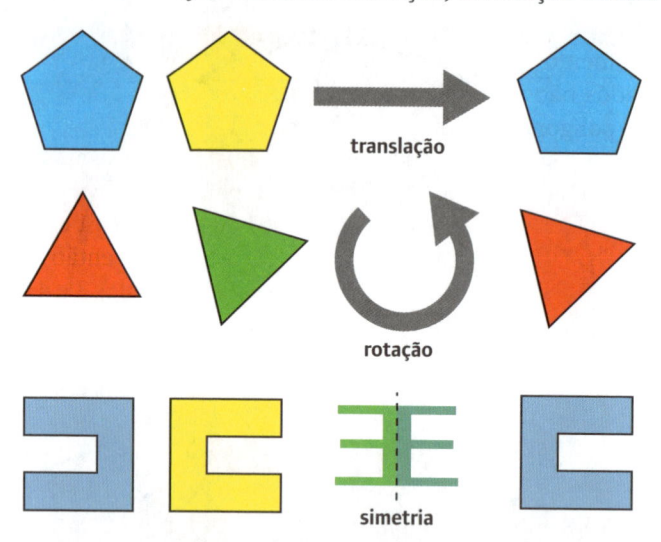

Polígonos construtores

Material concreto constituído por uma coleção de polígonos compostos por triângulos e outros polígonos que tem por objetivo estudar a nomenclatura dos polígonos, o cálculo do perímetro e das áreas, as relações métricas e as relações trigonométricas nos polígonos regulares, explorando a composição e a decomposição das formas geométricas.

Polígonos convexos e polígonos não convexos

Um polígono é convexo se:
a) o prolongamento de qualquer um de seus lados não atinge a região interna do polígono;

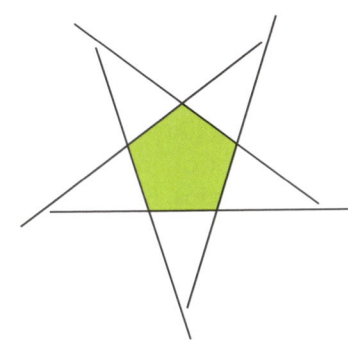

b) qualquer reta que intercepte o polígono o fará no máximo em dois pontos;

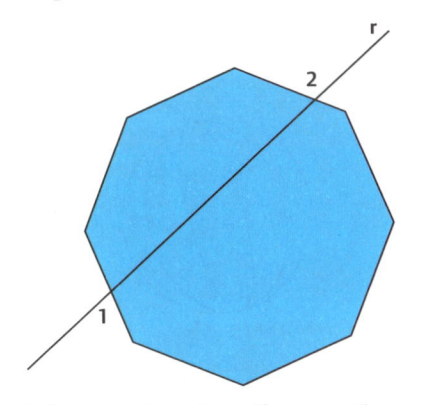

Veja exemplos de polígonos não convexos:

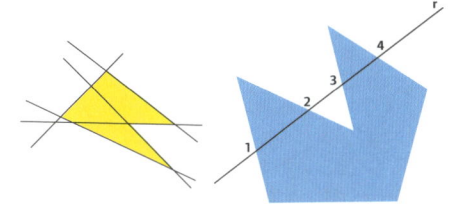

Polígonos equivalentes

Dois polígonos são equivalentes quando têm áreas iguais. Exemplos:

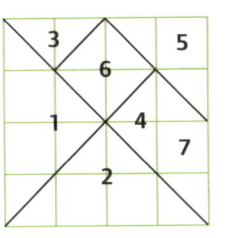

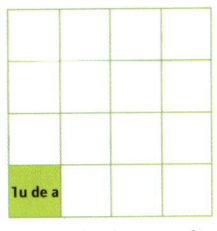

Considerando a unidade de área indicada, podemos afirmar:
a) Os polígonos 1 e 2 têm áreas iguais a 4 u de a, então são equivalentes.
b) Os polígonos 3 e 4 têm áreas iguais a 1 u de a, então são equivalentes.
c) Os polígonos 5, 6 e 7 têm áreas iguais a 2 u de a, então são equivalentes.

Observe:
- Os polígonos 1 e 2 são congruentes, semelhantes e equivalentes.
- Os polígonos 3 e 4 são congruentes, semelhantes e equivalentes.
- Os polígonos 5, 6 e 7 são apenas equivalentes.

Polígonos regulares

Triângulo equilátero
Polígono regular que tem 3 lados e 3 ângulos iguais.

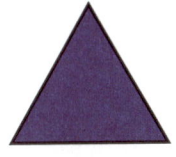

Quadrado
Polígono regular que tem 4 lados e 4 ângulos iguais.

Pentágono regular
Polígono regular que tem 5 lados e 5 ângulos iguais.

Hexágono regular
Polígono regular que tem 6 lados e 6 ângulos iguais.

Heptágono regular
Polígono regular que tem 7 lados e 7 ângulos iguais.

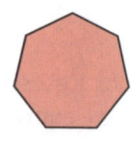

Octógono regular
Polígono regular que tem 8 lados e 8 ângulos iguais.

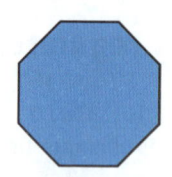

Eneágono regular
Polígono regular que tem 9 lados e 9 ângulos iguais.

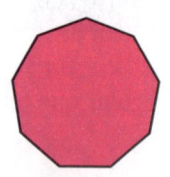

Decágono regular
Polígono regular que tem 10 lados e 10 ângulos iguais.

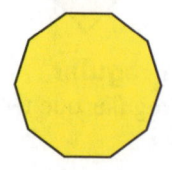

Dodecágono regular
Polígono regular que tem 12 lados e 12 ângulos iguais.

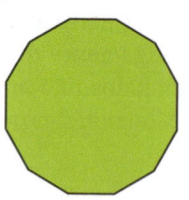

Polinômio
Termo empregado para designar uma expressão algébrica contendo monômios. Ver **monômios**. Exemplos:
a) $5x^2 - 4x + 7$
b) $3ax$
c) $\frac{1}{3} + y - 4y^3$

Polo
Pontos diametralmente opostos numa esfera. Ou pontos de interseção da esfera com o eixo.

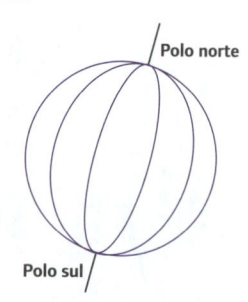

Ponto médio
Ponto sobre um segmento de reta que a divide em duas partes iguais.

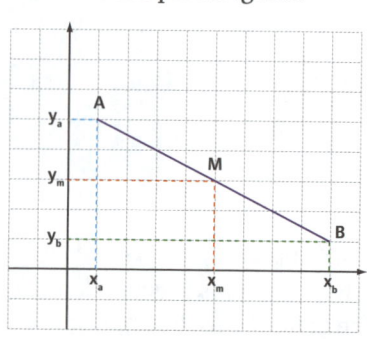

O ponto M divide o segmento em duas partes iguais.

As coordenadas do ponto divisor são:

$$M\left(\frac{x_a+x_b}{2}, \frac{y_a+y_b}{2}\right);$$

O ponto M divide o segmento de reta na razão:

$$r=\frac{\overline{AM}}{\overline{MB}}=1$$

Pontos cardeais

O sistema de orientação geográfica, fundamentado no movimento do Sol em relação à Terra, e a polaridade magnética do nosso planeta nos fornecem quatro pontos, chamados cardeais: norte, sul, leste, oeste.

Pontos simétricos

Dois números sobre a reta numérica que têm o mesmo módulo, determinam sobre a reta pontos simétricos. Exemplo:

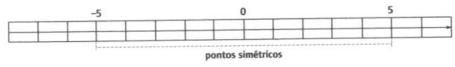

Observe que: $|-5| = |+5|$

Porcentagem

Parte de um todo dividido em cem partes. Exemplo:

$$\frac{70}{100}=70\%$$

Possibilidades

Resultados diferentes que podem ocorrer dentro de determinada situação. Exemplo:

De quantas maneiras diferentes podemos ligar os 4 pontos A, B, C, D um a um com os pontos 1, 2, 3, 4.

Solução:

O ponto A pode ser ligado com os pontos 1, 2, 3, 4 de 4 maneiras diferentes.

Ligado o ponto A, o ponto B pode ser ligado de 3 maneiras diferentes, o ponto C a partir daí pode ser ligado de 2 maneiras diferentes e, finalmente, o ponto D tem apenas uma maneira. Assim: de acordo com o *princípio multiplicativo* de contagem, o número de possibilidades é $4 \times 3 \times 2 \times 1 = 24$ maneiras diferentes.

Esse problema é oriundo de uma situação concreta: São as ligações possíveis dos cabos de vela de um motor de 4 cilindros. Só existe uma correta. De acordo com o fabricante, a ordem de ignição do fusca é $1 - 4 - 3 - 2$, ou seja, uma em 24.

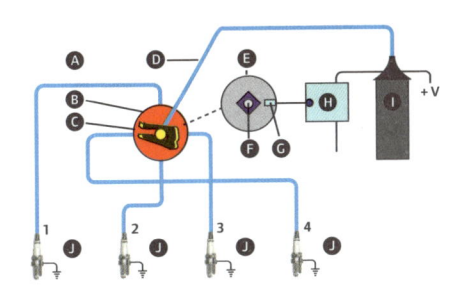

Na ilustração, a ordem de ignição é $1 - 4 - 2 - 3$.

Potência

É o resultado da potenciação.

Potenciação

É a operação oriunda de uma multiplicação com fatores repetidos.

$\overset{1}{7} \times \overset{2}{7} = 7^2$

$\overset{1}{5} \times \overset{2}{5} \times \overset{3}{5} \times \overset{4}{5} = 5^4$

Os elementos de uma potenciação são:

$3\overset{\text{expoente}}{^4} = 81 \leftarrow \text{potência}$
$\underset{\text{base}}{\nearrow}$

Princípio fundamental de contagem

O número total de possibilidades de um evento compostos por etapas independentes entre si é igual ao produto do número de possibilidades de cada etapa:
Exemplo:

Uma lanchonete vende sanduíches com 4 tipos de pães e 5 tipos de recheios: ao todo, vende **4 × 5 = 20** sanduíches diferentes.

Os blocos lógicos são compostos por peças que possuem: 4 formas diferentes; 2 tamanhos, 2 espessuras e 3 cores diferentes; ao todo, **4 × 2 × 2 × 3 = 48** peças diferentes.

Prisma

Poliedro delimitado por uma superfície prismática e dois polígonos. Em uma superfície, as arestas são todas paralelas. Os dois polígonos que delimitam o prisma são chamados bases.

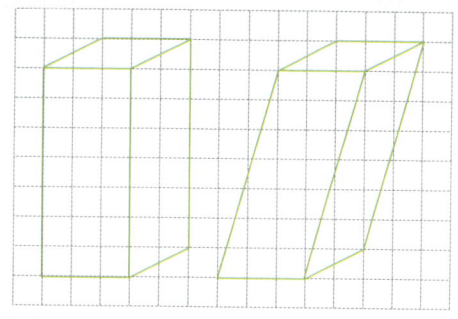

Prisma reto e prisma oblíquo

Os prismas são identificados pelo formato das bases.

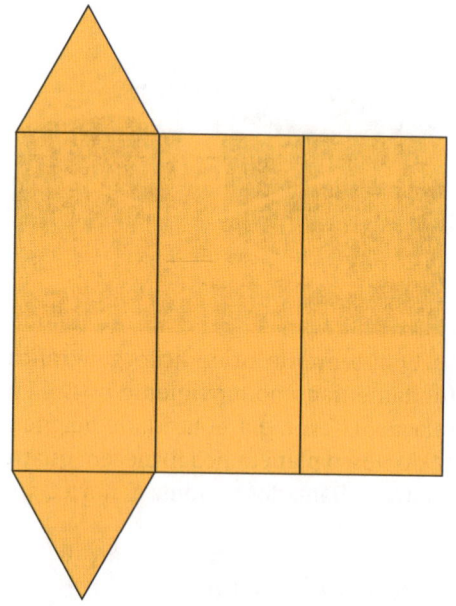

Planificação de um prisma reto triangular regular. Observe que não foram representadas as abas de colagem.

2p → perímetro → p → semiperímetro;
B → área da base;
Sℓ → área lateral do prisma:
Sℓ = 2 × p × a_p
S_t → área total do prisma:
S_t = 2 × B + Sℓ
V → volume do prisma:
V = B × h

Probabilidade

Ao jogar um dado temos 6 possibilidades de resultados diferentes. Se escolhermos um número de um a seis, vamos ter uma chance em seis de obter um resultado favorável.

$$p = \frac{1}{6} = 16,66...\%.$$

Assim, probabilidade é a chance de se obter um resultado favorável dentre os resultados possíveis. A probabilidade de um resultado favorável ocorrer é expressa por um número maior que zero e menor ou igual a 1. Probabilidade igual a 1 (ou 100%) significa certeza de ocorrência do resultado.

Produto

É o resultado da multiplicação.

Produto cartesiano

Dados dois conjuntos A e B, produto cartesiano de A por B: A X B é o conjunto de todos os pares (a,b) que podemos formar de modo que a pertença ao conjunto A e b pertença ao conjunto B.

A X B = a, b/a ∈ A e b ∈ B

Exemplo:
A = {1, 2, 3} e B = {0, 1}
A X B ={(1, 0); (1, 1); (2,0); (2, 1); (3,0); (3,1)}

Outros exemplos:
a) R X R = R^2 → o plano cartesiano
b) A = x/2 ≤ x ≤ 5 e B = y/1 ≤ x ≤ 4

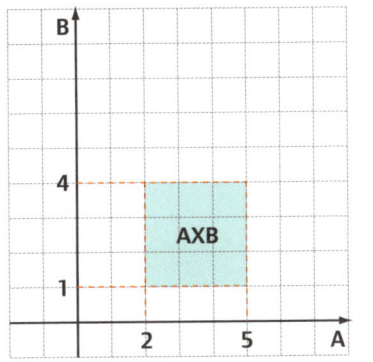

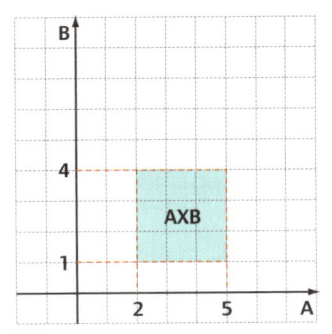

Observe que o contorno do quadrado não pertence ao produto cartesiano.

Produtos notáveis

Alguns produtos de expressões algébricas são utilizados como ferramentas para simplificar expressões ou fatorar: são os chamados produtos notáveis. Dentre eles, destacamos:

a) $a + b^2 = a^2 + 2ab + b^2$ → quadrado da soma;
b) $a – b^2 = a^2 – 2ab + b^2$ → quadrado da diferença;
c) $a –b \; a + b = a^2 – b^2$ → produto da soma pela diferença de dois números.

Progressões

Sequência de números que seguem uma lei de formação.

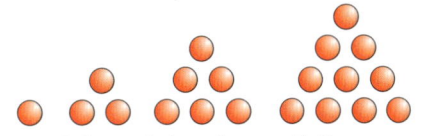

Qual é a próxima formação?
Observe que os números de bolinhas formam a progressão: 1, 3, 6, 10,... o próximo termo é 15, pois serão acrescidas mais 5 bolinhas, depois 21 (=15 + 6), e assim por diante.

Veja **Números triangulares**.

PA – Progressões aritméticas

Sequência de números na qual a diferença entre qualquer termo e seu antecessor é constante.

Exemplo:
: 3, 5, 7, 9, 11, 13, 15

$a_n = a_1 \times q^{n-1} \to \begin{cases} a_1 \text{ (a primo)} \to \text{primeiro termo} \\ a_n \to \text{termo geral da PA} \\ n \to \text{posição dos termos na PA} \\ r \to \text{razão da PA} \end{cases}$

$S_n = \dfrac{n \times a_1 + a_n}{2} \to S_n \to$ soma dos termos de uma PA

PG – Progressões geométricas

Sequência de números na qual o quociente entre qualquer termo e seu antecessor é constante. Exemplos:

a) ::2, 4, 8, 16, 32,...

b) ::$1, \dfrac{1}{3}, \dfrac{1}{9}, \dfrac{1}{27}$

$a_n = a_1 \times q^{n-1} \to \begin{cases} a_1 \to \text{primeiro termo} \\ a_n \to \text{termo geral da PG} \\ q \to \text{razão da PG} \to q \neq 0 \\ n \to \text{posição dos termos na PG} \end{cases}$

$S_n = \dfrac{a_1 \times q^n - 1}{q - 1} \to$ soma dos termos de uma PG finita;

$S = \dfrac{a_1}{1 - q} \to$ soma dos termos de uma PG infinita.

Projeção ortogonal

É um recurso utilizado no estudo das relações métricas dos triângulos, na trigonometria e no desenho. Consiste em obter uma projeção de um ponto, ou um conjunto de pontos, sobre uma reta, sobre um plano ou sobre uma superfície qualquer. Veja uma analogia:

Se considerarmos uma fonte de luz cujos raios são todos paralelos e perpendiculares ao anteparo, veja como ficariam as projeções ortogonais de:

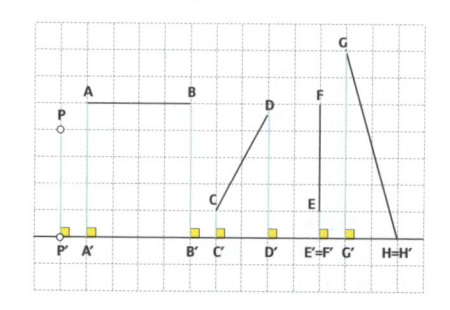

Uma fonte de luz projeta o braço e forma a sombra.

1. a projeção ortogonal de um ponto P é outro ponto P' sobre a reta de projeção;
2. a projeção de um segmento de reta é feita projetando suas extremidades;
3. a projeção de um segmento de reta paralelo à reta de projeção é um segmento de reta com a mesma medida que o segmento projetado;
4. a projeção de um segmento de reta oblíquo ao eixo de projeção tem suas dimensões reduzidas;
5. a projeção ortogonal de um segmento de reta perpendicular à reta de projeção é um ponto;
6. se um ponto de um segmento de reta estiver sobre a reta de projeção, ele coincide com sua projeção.
7. as medidas das projeções sobre a reta horizontal são determinadas pelo cosseno do ângulo que o segmento projetado forma com o eixo dos **x**:
   - 0° – medida real;
   - 60° – metade da medida;
   - 90° – zero.

Proporção

Quatro números **a**, **b**, **c** e **d**, nesta ordem, formam uma proporção $\frac{a}{b}=\frac{c}{d}$ se, e somente se, $a \times d = b \times c$

Os termos **a** e **d** são chamados extremos da proporção.
Os termos **b** e **c** são chamados meios da proporção.
Os termos **a** e **c** são chamados antecedentes.
Os termos **b** e **d** são chamados consequentes.

Proporcionalidade

$$\frac{a}{c}=\frac{b}{d}=\frac{e}{f}=k$$

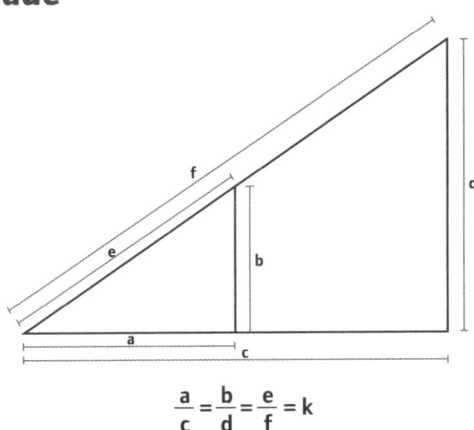

As razões entre as medidas de dois triângulos semelhantes são iguais. Então existe proporcionalidade entre as medidas dos lados desses triângulos.

Existem outros fatos ou fenômenos nos quais também existe proporcionalidade:
a) entre o tempo de viagem e a distância percorrida;
b) entre o tamanho de uma vela e o tempo que ela permanece acesa;
c) entre o preço pago e a quantidade de comida no restaurante por quilo;
d) entre a quantidade de combustível gasta e a quilometragem percorrida.

Direta

Quatro grandezas a – b – c – d, nesta ordem, são diretamente proporcionais se
$\frac{a}{c}=\frac{b}{d}=\frac{e}{f}=k$

Exemplo: Um prato com 250 g de comida custa R$ 4,87. Qual o preço de 600 g de comida no mesmo restaurante?

Resolução:

$\downarrow \begin{matrix} 250g \longrightarrow R\$\ 4{,}87 \\ 600g \longrightarrow x \end{matrix} \downarrow$

O esquema indica o crescimento na mesma direção das grandezas envolvidas – aumentando o peso o preço também aumenta. Assim:

$\frac{250}{600}=\frac{4{,}87}{x} \rightarrow 250x=600\times 4{,}87 \rightarrow x=\frac{600\times 4{,}87}{250}=11{,}69$

Resposta: O preço de 600 g de comida é R$ 11,69.

Este processo de resolução é conhecido como **Regra de Três Direta**.

Inversa

Quatro grandezas a – b – c – d, nesta ordem, são inversamente proporcionais se
a × c = k   e   b × d = k

Exemplo: Rodando a 60 km/h, no percurso entre minha casa e a escola são gastos 30 minutos. Qual o tempo que será gasto rodando a 40 km/h?

O esquema indica variações em sentido contrário entre as grandezas. Para resolver o problema, devemos inverter uma das razões para que elas variem no mesmo sentido:

$\frac{60}{40}=\frac{x}{30} \rightarrow x=\frac{60\times 30}{40}=45$

Resposta: O tempo gasto rodando a 40 km/h é de 45 minutos.

Veja uma sugestão de material para trabalhar esses assuntos:

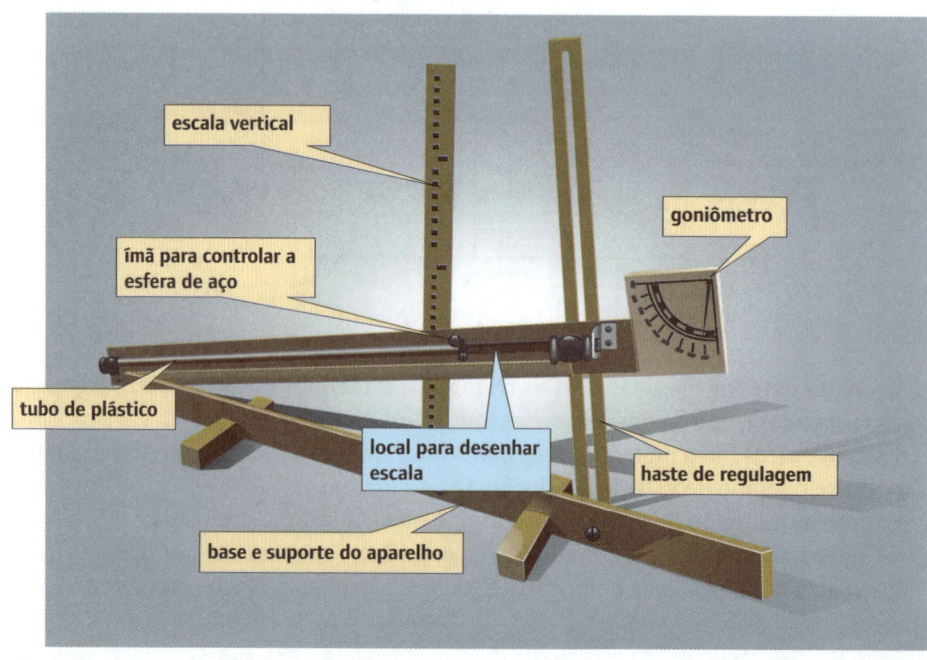

(Figura com legendas: escala vertical; goniômetro; ímã para controlar a esfera de aço; tubo de plástico; local para desenhar escala; haste de regulagem; base e suporte do aparelho)

Construção de tabelas de cronometragem:

distâncias	tempo de deslocamento	observações
5cm		
10cm		
15cm		
20cm		
....	....	....

Procedimentos

a) Nas primeiras atividades, a cronometragem pode ser realizada para marcas separadas por distâncias superiores a 20 cm.
b) Essa distância pode diminuir na sequência das atividades, passando por medições de distâncias iguais à metade, a um quarto e assim por diante.
c) Se o professor desejar trabalhar com frações um terço, dois terços, etc., deve escolher medidas convenientes (múltiplos de três) preferencialmente.
d) A tabela apresentada no início da atividade é apenas ilustrativa, os valores das distâncias devem ser previamente escolhidos pelo professor.
e) Na coluna **observações**, o professor pode flexibilizar a atividade colocando, eventualmente:
   • a velocidade – dividindo a medida da distância pelo tempo decorrido;

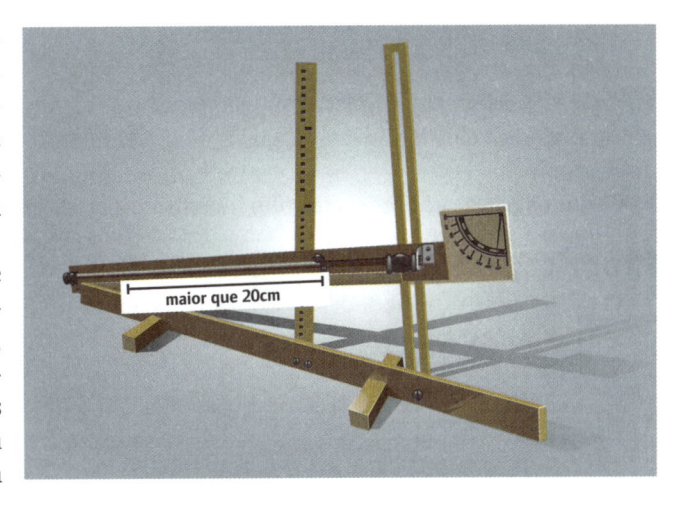

$$\frac{\text{distância}}{\text{tempo}}$$

   • a cronometragem com outro tipo de instrumento de medida para efeito de comparação e até mesmo de conversão de unidades, tudo depende dos objetivos do professor;
   • a medida do ângulo de inclinação, etc.
f) A partir do sétimo ano, esse tipo de atividade pode explorar a ideia de grandezas diretamente proporcionais e inversamente proporcionais.

Além desta atividade, o dispositivo pode ser utilizado para explorar a natureza do movimento da esfera. Este aparelho proporciona atividades que visam explorar a noção de tempo, a medição do tempo, formais e informais, proporcionalidade, função do primeiro grau e função quadrática.

Aplicações
- Explorar a medição de tempo.
- Cronometrar eventos.
- Emprego de medições não usuais de tempo.
- Proporcionalidade.
- Interpolação e extrapolação de dados.
- Função do primeiro grau.
- Medida de comprimento.
- Medida de ângulo.
- Medida de tempo.
- Coleta de dados.
- Tabelas e gráficos.

Propriedade

Atributos ou características próprias de um elemento ou de conjunto de elementos.
Exemplo:
Todos os polígonos regulares têm incentro e circuncentro coincidentes.

Propriedades operatórias

O estudo das propriedades operatórias propicia melhor entendimento das operações, facilita o cálculo mental e as estimativas. As principais propriedades operatórias são:

a) **fechamento** – se $a \in N$ e $b \in N \Rightarrow a + b \in N$ e $a \times b \in N$.
b) **comutativa** – $a + b = b + a$ e $a \times b = b \times a$ $\forall a, b \in N$.
c) **associativa** – $a + b + c = a + b + c$ e $a \times b \times c = a \times b \times c$ $\forall a, b, c \in N$
d) **existência do elemento neutro** – *zero* é o elemento neutro da adição:
$a + 0 = 0 + a = a$ $\forall a \in N$;
um é o elemento neutro da multiplicação: $1 \times a = a \times 1 = a$ $\forall a \in N$;
e) **distributiva** – $a + b \times m = a \times m + b \times m$ $\forall a, b, m \in N$

O material recomendado para trabalhar as propriedades operatórias é a balança algébrica.

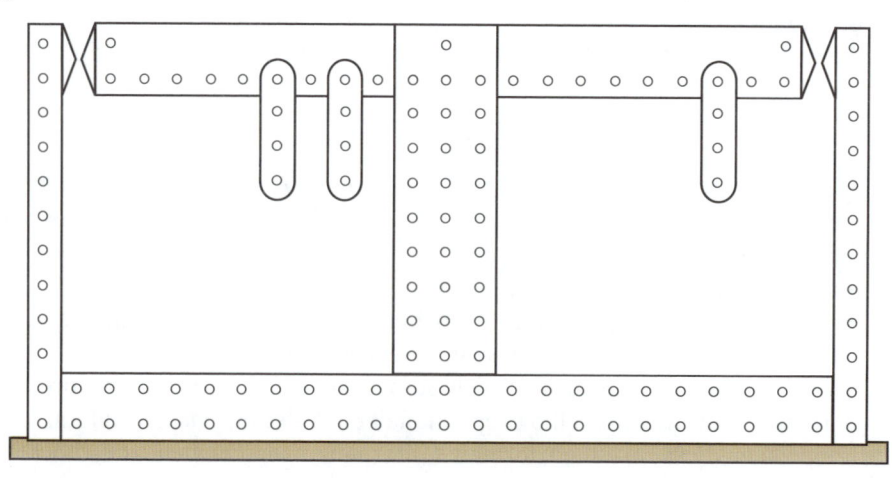

Propriedades topológicas – Simetria, rotação e translação

Simetria

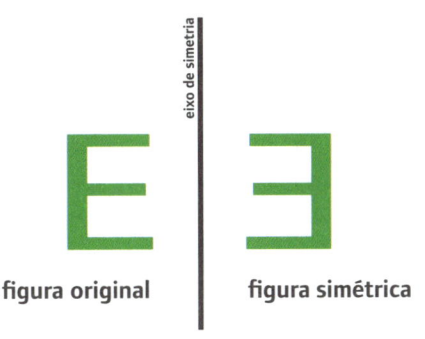

eixo de simetria

figura original | figura simétrica

Uma lâmina de plástico transparente pode funcionar como espelho. A imagem refletida num espelho plano é simétrica ao objeto. Este material pode ser utilizado para verificar simetrias no estudo dos polígonos.

Rotação

Rotação de um pentágono regular em torno do circuncentro.

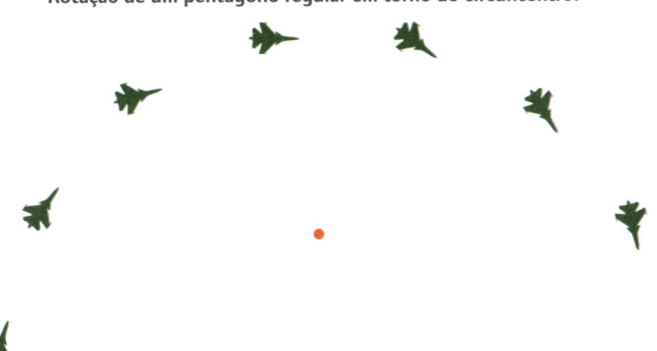

Rotação da figura de um avião em torno de um ponto.

Translação

Uso da translação para simular o movimento de uma ambulância.

Prova

Esta palavra é empregada no sentido de verificação ou de comprovação de resultado. É a última etapa na resolução de problemas.

Prova dos nove

Veja um exemplo:

$$\begin{array}{r} 23 \\ +\ 45 \\ 67 \\ \hline 135 \end{array} \quad \begin{array}{l} 2+3=5 \to 5 \\ 4+5=9 \to 0_+ \\ 6+7=13 \to 4 \\ \hline 9 \text{ noves fora } 0 \\ 1+3+5=9 \text{ noves fora } 0 \end{array}$$

Para verificar se a conta está certa, somamos os algarismos das parcelas e depois os algarismos da soma: as duas somas devem ser iguais.

Mas observe que:
a) cada vez que uma soma resulta nove ela é zerada (noves fora zero);
b) se a soma for maior que nove, somamos de novo seus algarismos, assim 13 noves fora 4.

Prova real

Utiliza a operação inversa para verificar o resultado de uma conta:
a) $25 + 18 = 43 \to 43 - 18 = 25$ verificado;
b) $56 - 39 = 17 \to 17 + 39 = 56$ verificado;
c) $15 \times 48 = 720 \to 720 \div 48 = 15$ verificado.

q

Quadrado

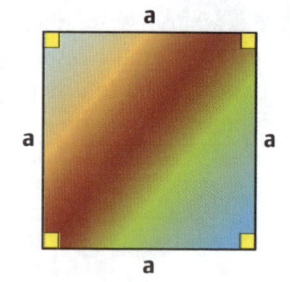

1. Polígono regular com quatro lados e quatro ângulos.
2. Figura formada por uma linha poligonal fechada composta por quatro segmentos de retas congruentes e que formam quatro ângulos, também, congruentes e a região contida.
3. Quadrilátero que tem lados e ângulos congruentes.
4. Retângulo com quatro lados iguais (dic. Hemus).
5. Quadrilátero que possui todos ângulos internos retos e todos lados iguais (Microdicionário de Matemática – Imenes & Lellis).
6. Forma de cada um dos elementos que compõe uma malha quadrangular;
7. Losango com quatro ângulos retos.

Nomenclatura

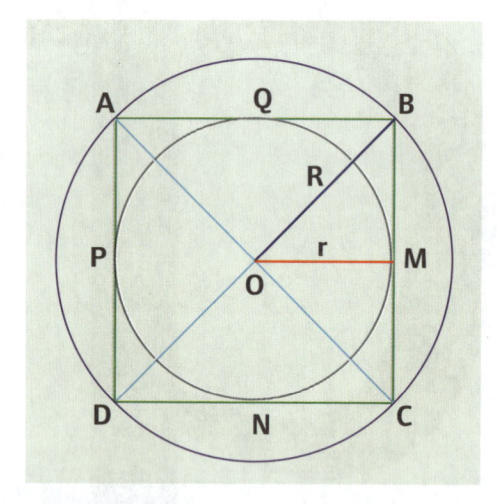

A, B, C e D são vértices do quadrado.
$\hat{A}=\hat{B}=\hat{C}=\hat{D}=90°$
$\overline{AB} = \overline{BC} = \overline{CD} = \overline{DA}$ são lados do quadrado
$\overline{AC} = \overline{BD} \rightarrow$ são as diagonais do quadrado
$\overline{OA} = \overline{OB} = \overline{OC} = \overline{OD} = R \rightarrow$ raio da circunferência circunscrita
$\overline{OM} = \overline{ON} = \overline{OP} = \overline{OQ} = r \rightarrow$ apótema do quadrado

Propriedade de um quadrado

Em todo quadrado, as duas diagonais são iguais, perpendiculares entre si e se interceptam em seus pontos médios.

Quadrado de um número

É o resultado obtido quando elevamos um número à segunda potência. Exemplos:
a) $3^2 = 9 \rightarrow$ nove é o quadrado de três;
b) $4{,}2^2 = 17{,}64$
c) $\left(\dfrac{2}{3}\right)^2 = \dfrac{2^2}{3^2} = \dfrac{4}{9}$

O termo quadrado é utilizado para segunda potência porque, quando elevamos um número à segunda potência, obtemos a área de um quadrado no qual o número é a medida do lado:

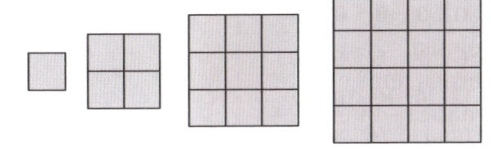

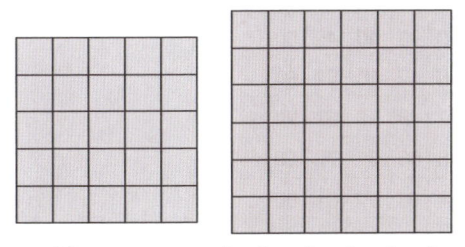

Observe os quadrados dos 6 primeiros números.

Com as frações, também podemos formar quadrados:

$$\frac{2}{3} \qquad \left(\frac{2}{3}\right)^2 = \frac{4}{9}$$

Quadrado mágico

Truque de adivinhação que consiste em adivinhar um número encoberto por uma moeda.

Na verdade, o adivinho não precisa saber os valores que estão sob a moeda, as tabelas são preparadas para um resultado predeterminado.

Veja um exemplo:

3	5	7	9
4	6	8	10
5	7	9	11
7	9	11	13

Cubra com um pedaço de papel um número qualquer, em seguida, cubra um segundo número que não esteja na mesma linha e nem na mesma coluna, e, assim, para um terceiro número e um quarto número.

	5	7	9
4	6		10
5		9	11
7	9	11	

A soma dos números encobertos é 31. Não existe mágica, a tabela é preparada para que a soma seja 31:

+	2	4	6	8
1	3	5	7	9
2	4	6	8	10
3	5	7	9	11
5	7	9	11	13

O quadrado é uma tábua de somar, cada elemento é obtido somando os números da primeira linha com os números da primeira coluna: por exemplo, o elemento 6 é a soma de 2 com 4.

Quadrado perfeito

Designação atribuída aos quadrados de números inteiros. Na tábua da multiplicação, são os elementos da diagonal principal.

x	0	1	2	3	4	5	6	7	8	9	10	...
0	0	0	0	0	0	0	0	0	0	0	0	
1	0	1	2	3	4	5	6	7	8	9	10	
2	0	2	4	6	8	10	12	14	16	18	20	
3	0	3	6	9	12	15	18	21	24	27	30	
4	0	4	8	12	16	20	24	28	32	36	40	
5	0	5	10	15	20	25	30	35	40	45	50	
6	0	6	12	18	24	30	36	42	48	54	60	
7	0	7	14	21	28	35	42	49	56	63	70	
8	0	8	16	24	32	40	48	56	64	72	80	
9	0	9	18	27	36	45	54	63	72	81	90	
10	0	10	20	30	40	50	60	70	80	90	100	
...												

Quadrante

Resultado da divisão do plano em quatro partes por duas retas perpendiculares entre si.

Segundo Quadrante — IIQ
Primeiro Quadrante — IQ
Terceiro Quadrante — IIIQ
Quarto Quadrante — IVQ

Associando o círculo trigonométrico:

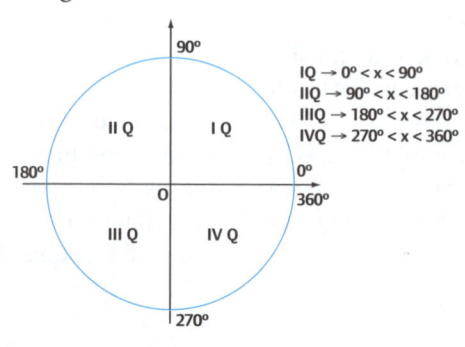

IQ → 0° < x < 90°
IIQ → 90° < x < 180°
IIIQ → 180° < x < 270°
IVQ → 270° < x < 360°

Quadrática
Nome dado às funções algébricas do segundo grau.

Quadriláteros
Polígono que tem quatro lados e quatro ângulos. Veja exemplos de quadriláteros:

Classificação dos quadriláteros
Paralelogramo
É o quadrilátero que tem lados iguais paralelos dois a dois.
A, B, C e D são os vértices do paralelogramo;
$\overline{AD} = \overline{BC}$ e $\overline{AB} = \overline{CD}$ são os lados do paralelogramo;
$\overline{AC}$ e $\overline{BD}$ → diagonais do paralelogramo.

$\overline{AD} \parallel \overline{BC}; \overline{AB} \parallel \overline{CD}$ e $\overline{AD} \parallel \overline{BC}; \overline{AB} \parallel \overline{CD}$

$\hat{A} = \hat{C}$ e $\hat{B} = \hat{D}$

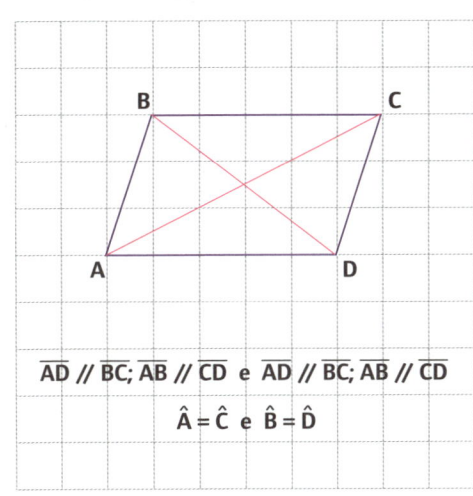

Observe que a malha quadriculada facilita o desenho das figuras geométricas.
A família dos paralelogramos compreende:
1. os paralelogramos propriamente dito;
2. os losangos – paralelogramo com todos lados iguais;
3. os retângulos – paralelogramos com os quatro ângulos iguais;
4. os quadrados – retângulo com os quatro lados iguais.

PARALELOGRAMO

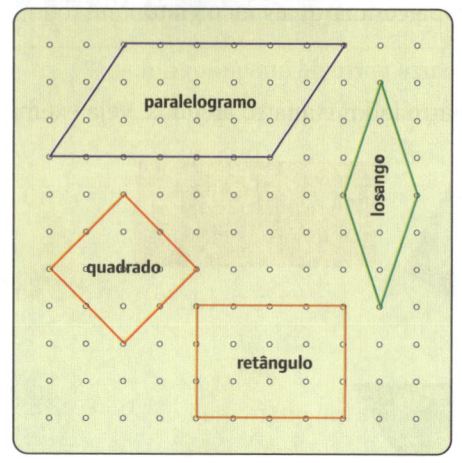

Observe os paralelogramos representados no geoplano retangular.
As tramas horizontais e verticais facilitam a construção das figuras.
a) em todas as figuras, os lados são paralelos dois a dois;
b) em todas as figuras, os lados opostos são iguais;
c) no losango e no paralelogramo propriamente dito, os ângulos opostos são iguais;
d) no quadrado e no retângulo, os quatro ângulos são iguais;
e) o losango e o quadrado têm os quatro lados iguais;
A partir dessas observações, podemos afirmar:
1. Todo quadrado é um retângulo, mas nem todo retângulo é um quadrado.
2. Todo retângulo é um paralelogramo, mas nem todo paralelogramo é um retângulo.
3. Todo quadrado é um losango, mas nem todo losango é um quadrado.
4. Todo losango é um paralelogramo, mas nem todo paralelogramo é um losango.

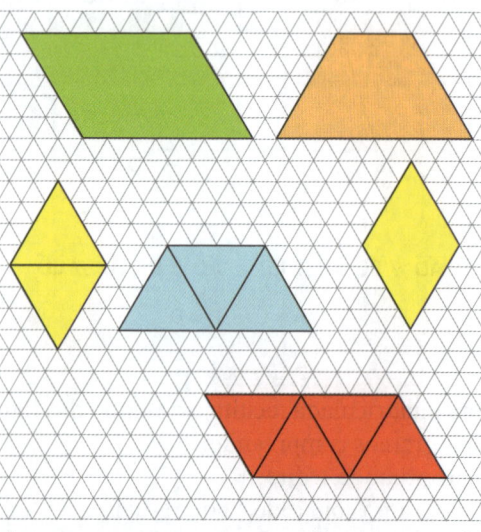

Em três dos exemplos, mostramos o uso de triângulos equiláteros no desenho de quadriláteros.

Quarta parte
Cada uma das quatro partes nas quais foi dividido um todo. Exemplos:
a) $\frac{1}{4}$ kg = 250 g → quarta parte de um quilograma;
b) 3 laranjas → quarta parte de uma dúzia;
c)

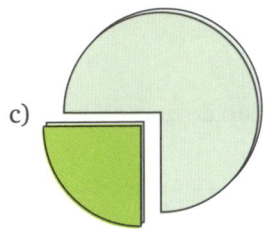

quarta parte de círculo;
d) 15 minutos corresponde a um quarto de hora.

Quilo
Prefixo que significa 1000 ou 10^3. É representado pela letra k.

Quilograma
Unidade de medida de massa utilizado no Brasil. É a massa de um litro de água destilada em temperatura normal.

Quilômetro
Unidade de medida de distância, múltiplo do metro. Equivale a 1000 m.

Quilômetro quadrado
Unidade de medida de área, múltiplo do metro quadrado. Equivale a 1 000 000 m^2.

Quilômetro por hora
Unidade de medida de velocidade.

O velocímetro indica a velocidade em km/h.

Quilowatt
Unidade de medida de potência elétrica.

Quilowatt hora
Unidade de medida de energia.

Quociente

Resultado de uma divisão.

Quociente exato

Resultado de uma divisão expresso por um número inteiro. O dividendo é múltiplo do divisor.

Quociente inteiro

Resultado de uma divisão expresso por um número seguido de uma ou mais casas decimais diferente de zero.

Veja o resultado da divisão 69 ÷ 25 =

Calculadora do Windows

subtraia 2 do quociente:

multiplique por 25:

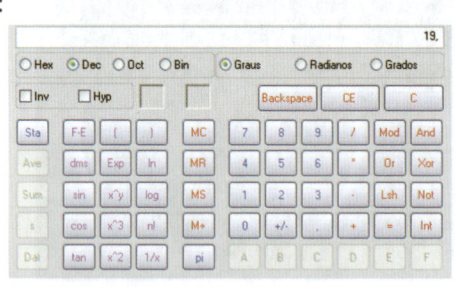

O valor no *display* é o resto da divisão.

Processo igual a esse é empregado para achar a menor determinação de um arco:
Determinar a menor determinação do arco de 1305°.

1305 ÷ 360 = 3,625
3,625 − 3 = 0,625
0,625 × 360 = 225
MD = 225°

r

Racionalizar

Termo normalmente aplicado à eliminação de um radical no denominador de uma fração. O procedimento é o seguinte:

Dada uma fração: $\dfrac{1}{\sqrt{2}}$ devemos multiplicar numerador e denominador pela mesma quantidade, diferente de zero, de modo eliminar o número irracional no denominador.

$$\dfrac{1}{\sqrt{2}} = \dfrac{1 \times \sqrt{2}}{\sqrt{2} \times \sqrt{2}} = \dfrac{\sqrt{2}}{2};$$

Outro exemplo:
Dada a fração:

$$\dfrac{2}{\sqrt{3-2}} \text{ racionalizando } \dfrac{\sqrt{2}}{\sqrt{3}-2} = \dfrac{2 \times \sqrt{3}+2}{(\sqrt{3}-2) \times (\sqrt{3}+2)} = \dfrac{2\sqrt{3}+4}{3-4} = -2\sqrt{3}-4$$

Em sala de aula, essa operação pode ser suprimida com o uso de uma calculadora ou o incentivo ao uso da calculadora para comparar os resultados.
Neste último caso: $-7{,}4641016151 = -7{,}4641016151$

Radiano

Unidade de medida de ângulo. O ângulo central de um radiano corresponde a um arco que tem o comprimento do raio da circunferência.

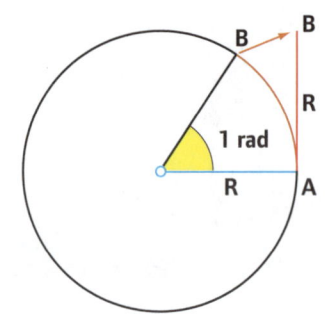

1 rad = 57,29º

Radical

Sinal que indica uma radiciação.

Radiciação

É uma das operações inversas da potenciação. Consiste em determinar um número (raiz) que, elevado ao valor indicado pelo índice do radical, tem como potência o número indicado pelo radicando.

$\sqrt[3]{64} = 4 \Leftrightarrow 4^3 = 64$

Um problema associado ao exemplo pode ser enunciado da seguinte forma:
Qual a medida da aresta de um cubo com volume igual a 64 cm³?
Resposta: $\sqrt[3]{64} = 4 \Leftrightarrow 4^3 = 64$ Aresta igual a 4 cm.

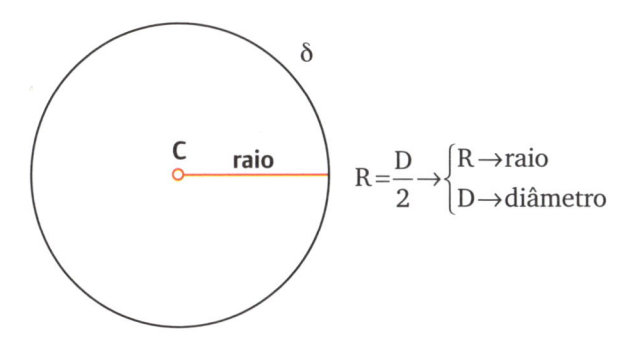

Raio
Elemento de uma circunferência que tem origem no centro e extremidade na curva.

$$R = \frac{D}{2} \rightarrow \begin{cases} R \rightarrow \text{raio} \\ D \rightarrow \text{diâmetro} \end{cases}$$

Raiz
Resultado de uma radiciação.

$\sqrt[4]{1296} = 6 \rightarrow 6^4 = 1296$

A raiz é 6.

Raiz quadrada
Número que, elevado ao quadrado, é igual ao radicando. Exemplo:

- $\sqrt{25} = 5 \rightarrow 5^2 = 25$

- $\sqrt{780} = 27,9284 \rightarrow 27,9284^2 = 779,999999 \cong 780$

- $\sqrt{0,952} \cong 0,976 \rightarrow 0,976^2 \cong 0,952$

Raiz cúbica
Número que, elevado ao cubo, é igual ao radicando.

- $\sqrt[3]{125} = 5 \leftrightarrow 5^3 = 125$

- $\sqrt[3]{15,625} = 2,5 \rightarrow 2,5^3 = 15,625$

Raiz de uma equação
É o valor que satisfaz a equação ou torna a sentença matemática verdadeira.
- $x + 5 = 9 \rightarrow x = 4$ 4 é a raiz da equação;
- $x^2 - 7x + 10 = 0 \rightarrow$ as raízes da equação são: $x_1 = 2$ e $x_2 = 5$.

Razão
Razão é o quociente exato entre dois números **a** e **b**, $b \neq 0$. O primeiro número é o **antecedente** e o segundo número é o **consequente**. Essa razão pode exprimir diversos significados:

Escala

Razão entre as dimensões da representação de um objeto e as dimensões do próprio objeto.

Exemplo:

$$E = \frac{1}{50} \text{ ou } E = 1:50$$

Razão de semelhança

Razão entre as medidas de duas figuras semelhantes.

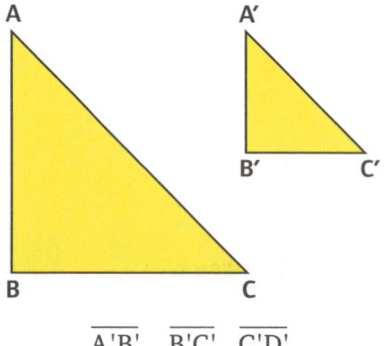

$$\frac{\overline{A'B'}}{\overline{AB}} = \frac{\overline{B'C'}}{\overline{BC}} = \frac{\overline{C'D'}}{\overline{CD}}$$

Razão de uma PA

É a diferença entre um termo e seu antecessor.

Exemplo:
Dada uma PA:
: 4, 7, 10, 13,... r = 10 − 7 = 3   ∴ r = 3

Razão de uma PG

É o quociente entre um termo e seu antecessor.

Exemplo:
Dada uma PG:
::25, 5, 1,...

$$q = \frac{5}{25} = \frac{1}{5} \quad \therefore q = \frac{1}{5}$$

Razões trigonométricas

São razões entre pares de lados de um triângulo retângulo.

a) $\text{seno} = \dfrac{\text{cateto oposto}}{\text{hipotenusa}}$

b) $\text{cosseno} = \dfrac{\text{cateto adjacente}}{\text{hipotenusa}}$

c) $\text{tangente} = \dfrac{\text{cateto oposto}}{\text{cateto adjacente}}$

Rebatimento

No desenho projetivo, tanto no diedro quanto no triedro, o rebatimento é um recurso utilizado para obter melhor visualização ou obter medidas em verdadeira grandeza.

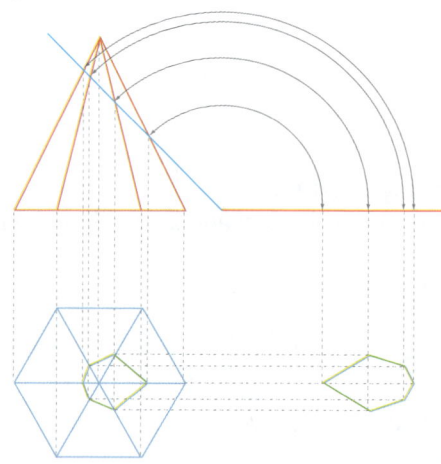

Observe a obtenção da seção em verdadeira grandeza feita por um plano oblíquo à base de uma pirâmide.

Recíproco

Tem o mesmo significado do que o inverso de um número.

Redução

Transformação que diminui proporcionalmente as medidas de uma figura geométrica ou de um objeto.

Redução a um denominador comum

Dadas duas ou mais frações heterogêneas, para compará-las ou operar com elas podemos substitui-las por outras equivalentes com o mesmo denominador. Esta ação é denominada *redução a um denominador comum*. Exemplo:

$$\frac{2}{3} \text{ e } \frac{3}{2} \rightarrow \begin{cases} \dfrac{2}{3}=\dfrac{4}{6}=\dfrac{6}{9}=.... \\ \dfrac{3}{2}=\dfrac{6}{4}=\dfrac{9}{6}=.... \end{cases} \rightarrow \frac{4}{6} \text{ e } \frac{9}{6}$$

Redução de termos semelhantes

Operação que consiste em adicionar algebricamente os coeficientes dos termos que têm a mesma parte literal. Exemplo:
$-3ax + 8ax + 4ax - 5ax - ax = -3 + 8 + 4 - 5 - 1\ ax = 3ax$

Redução ao primeiro quadrante

A partir do valor de uma função no primeiro quadrante, podemos obter o valor dessa função nos outros três quadrantes. Exemplos:

	seno	cosseno	tangente
0°	0	1	0
30°	$\dfrac{1}{2}$	$\dfrac{\sqrt{3}}{2}$	$\dfrac{\sqrt{3}}{3}$
45°	$\dfrac{\sqrt{2}}{2}$	$\dfrac{\sqrt{2}}{2}$	1
60°	$\dfrac{\sqrt{3}}{2}$	$\dfrac{1}{2}$	$\sqrt{3}$
90°	1	0	∄

a) obter

$$tg330° \rightarrow \begin{cases} 360° - 330° = 30° \\ \text{tangente no IV Quadrante é negativa} \rightarrow tg330° = -\dfrac{\sqrt{3}}{3} \\ tg330° = -tg30° = -\dfrac{\sqrt{3}}{3} \end{cases}$$

b) obter

$$sen225° \rightarrow \begin{cases} 225° - 180° = 45° \\ \text{seno no terceiro quadrante é negativo} \rightarrow sen225° = -sen45° \\ sen225° = sen180° + 45° = -sen45° \end{cases}$$

$$sen225° = -\frac{\sqrt{2}}{2}$$

c) obter

$$\text{sen}150° \rightarrow \begin{cases} 180° - 150° = 30° \\ \text{seno no segundo quadrante é positivo} \rightarrow \text{sen}150° = \text{sen}30° = \dfrac{1}{2} \\ \text{sen }180° - 30° = \text{sen}30° \end{cases}$$

Regiões

Cada uma das partes em que se divide o espaço ou uma superfície.
Exemplos:
a)

Quantos lados tem uma bexiga? Dois: lado de dentro e lado de fora. O espaço é dividido em duas regiões pela bexiga: região interna e região externa. Mesmo que alteremos a superfície da bexiga, sem rompê-la, essas duas regiões permanecem definidas.

b) Uma circunferência determina duas regiões sobre uma superfície plana: região interna e região externa.

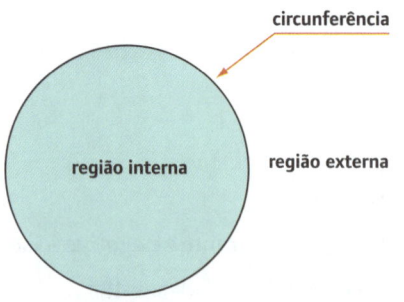

A região interna mais a circunferência formam um **círculo**.

Regra de três

Tem esse nome porque sugere que, dados **três** números, vamos determinar um quarto número que vai formar uma proporção com os números dados.

Regra do paralelogramo

A regra do paralelogramo é uma ferramenta para calcular a soma vetorial entre duas forças coplanares.

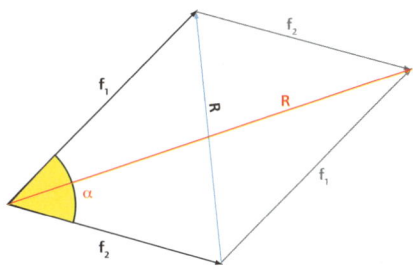

Consiste em desenhar os vetores unindo suas origens. Pelas suas extremidades desenhamos vetores equipolentes paralelos aos vetores dados, formando um paralelogramo. A diagonal maior representa a soma vetorial e a diagonal menor representa a diferença.

Réguas perfuradas

Material didático que consiste em réguas que recebem uma furação definida por uma unidade adotada.

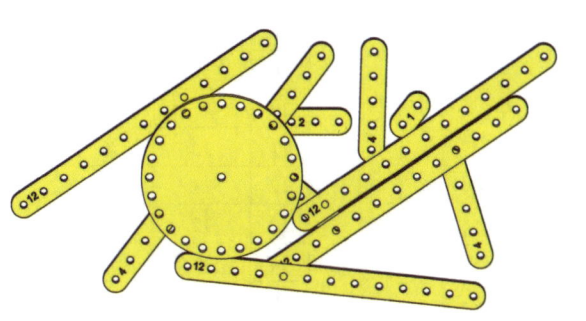

O material é recomendado em atividades para desenvolver ideias, conceitos e definições de segmento de reta, ângulo, medidas, triângulo, quadrilátero e polígonos de um modo geral, realizar práticas que conduzam a verificar congruência de ângulos, fazer o transporte de ângulos. Permite a montagem de mecanismos que mostram aplicações práticas dos conceitos matemáticos.

Regularidade

Características ou propriedades de um conjunto de dados que o identifica ou destaca de outros. As sequências numéricas, por exemplo, apresentam uma lógica de formação, perceber e/ou identificar a "regularidade" é fator favorável à aprendizagem da matemática.

Exemplos:
a) dada a sequência: 0, 1, 2, 3, 4, 0, 1, 2, 3, 4, 0, 1, 2, 3, 4,...........
   Solução: Escrevemos a sequência numa tabela indicando a posição dos termos:

posição	0	1	2	3	4	5	6	7	8	9	....	n
sequência	0	1	2	3	4	0	1	2	3	4	....	$n - \text{int}\left(\dfrac{n}{5}\right) \times 5$

A regularidade é que os valores da sequência são os restos de uma divisão por 5.

Tome nota:

$$r = n - \text{int}\left(\frac{n}{5}\right) \times 5 \begin{cases} n \to \text{é a posição do termo na sequência} \\ \text{int}\left(\frac{n}{5}\right) \to \text{parte inteira do quociente} \\ r \to \text{é o resto da divisão} \end{cases}$$

b) Observe os dados coletados na tabela e destaque as regularidades:

	lado a	lado b	perímetro	área
1	0	16	32	0
2	1	15	32	15
3	2	14	32	28
4	3	13	32	39
5	4	12	32	48
6	5	11	32	55
7	6	10	32	60
8	7	9	32	63
9	8	8	32	64
10	9	7	32	63
11	10	6	32	60
12	11	5	32	55
13	12	4	32	48
14	13	3	32	39
15	14	2	32	28
16	15	1	32	15
17	16	0	32	0

Como regularidade, temos:
a) o perímetro permanece constante;
b) a área varia crescendo até 64 e depois decrescendo;
c) existe uma simetria dos valores das áreas em relação a 64u.d.a .
Dos retângulos que têm o mesmo perímetro, o que tem maior área é o quadrado.

Relações

Ligação ou conexão de algum tipo entre elementos, elementos e conjuntos, conjunto e conjunto, coisas e fatos.
Dados dois conjuntos A e B, qualquer subconjunto de AXB constitui uma relação:
Exemplo:
A = {1, 2, 3, 4} e B = {2, 3, 4, 5}
A X B = {(1, 2); (1, 3); (1, 4); (1, 5); (2, 2); (2, 3); (2, 4); (2, 5); (3, 2); (3, 3); (3, 4); (3, 5); (4, 2); (4, 3); (4, 4); (4, 5)}
R = {(2, 2); (3, 2); (3, 3); (4, 2); (4, 3); (4, 4)}

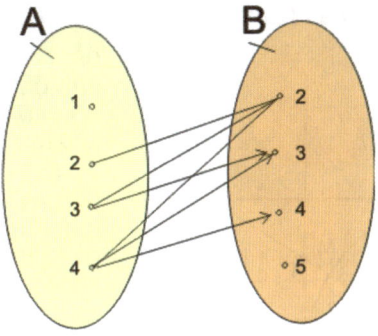

O domínio da relação é: $D_R = \{2, 3, 4\}$
O contradomínio é: $C_d = B = \{2, 3, 4, 5\}$
O conjunto imagem é: $I_R = \{2, 3, 4\}$
A relação pode ser descrita como: $R = \{(a, b) \in A \times B / a \geq b\}$

Relação de equivalência

Uma relação R no conjunto A é uma *relação de equivalência* em A, se é **reflexiva**, **simétrica** e **transitiva**.

Exemplo: No conjunto dos triângulos semelhantes, existe uma relação de equivalência:
a) **Reflexiva** – todo triângulo é semelhante a si próprio.
b) **Simétrica** – se um triângulo A é semelhante a um triângulo B, então o triângulo B é semelhante ao triângulo A.
c) **Transitiva** – se um triângulo A é semelhante a um triângulo B, e B é semelhante a um triângulo C, então o triângulo A é semelhante ao triângulo C.

Relação de ordem

Uma relação R em A é uma *relação de ordem* em A, se tiver as propriedades **reflexiva**, **transitiva** e **antissimétrica**.

Exemplo: Uma relação definida por $x \leq y$.
a) **Reflexiva** – $x \leq x$;
b) **Não é simétrica** – se $x \neq y$, $x \leq y$ não implica em $y \leq x$;
c) **Transitiva** – se $y \leq x$ e $y \leq z$ implica em $x \leq z$.

Relações métricas

São relações existentes entre as medidas dos elementos lineares de um polígono, por exemplo: "Em todo triângulo retângulo, a soma dos quadrados dos catetos é igual ao quadrado da hipotenusa". $a^2 = b^2 + c^2$

Relações trigonométricas fundamentais

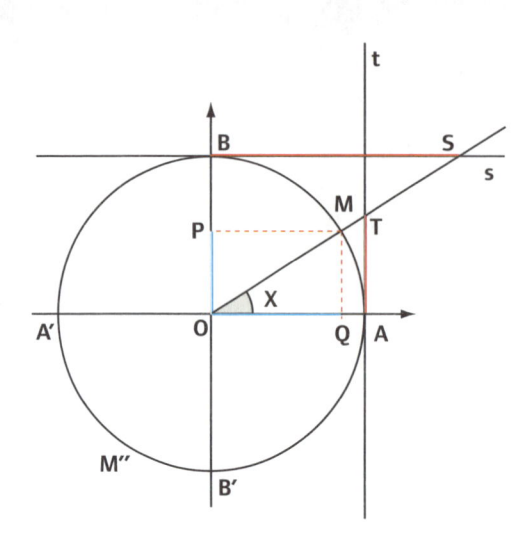

$\overline{OP}$
$\overline{OP} = \overline{QM} = \operatorname{sen} x$
$\overline{OQ} = \overline{PM} = \cos x$
$\overline{AT} = \operatorname{tg} x$
$\overline{BS} = \cot x$
$\overline{OT} = \sec x$
$\overline{OS} = \operatorname{cossec} x$
$\overline{OA} = \overline{OB} = \overline{OM} = 1$
$\triangle O\hat{Q}M \sim \triangle O\hat{A}T \sim \triangle O\hat{B}S$

1) $\operatorname{sen}^2 x + \cos^2 x = 1$

2) $\dfrac{\operatorname{sen} x}{\operatorname{tg} x} = \dfrac{\cos x}{1} \rightarrow \operatorname{tg} x = \dfrac{\operatorname{sen} x}{\cos x}$

3) $\dfrac{\cos x}{\cot x} = \dfrac{\operatorname{sen} x}{1} \rightarrow \cot x = \dfrac{\cos x}{\operatorname{sen} x}$

4) $\operatorname{tg} x = \dfrac{1}{\cot x}$

5) $\dfrac{\sec x}{1} = \dfrac{1}{\cos x} \rightarrow \sec x = \dfrac{1}{\cos x}$

6) $\dfrac{\operatorname{cossec} x}{1} = \dfrac{1}{\operatorname{sen} x} \rightarrow \operatorname{cossec} x = \dfrac{1}{\operatorname{sen} x}$

Relógio

1. É qualquer dispositivo que, através da determinação de intervalos regulares, permite medir o tempo.
2. Maquinismo ou aparelho que serve para marcar o tempo e indicar as horas.
3. A leitura do seu relógio indica o intervalo de tempo decorrido desde a meia-noite ou o meio-dia.

Relógio de água

Antigo invento que controlava o tempo, principalmente, durante a noite: a **clepsidra**. Em sala de aula, podemos improvisar um relógio de água com garrafas pet e um equipamento utilizado para injetar soro (descartando a agulha) e usando um copo medida para coletar e controlar o volume de água.

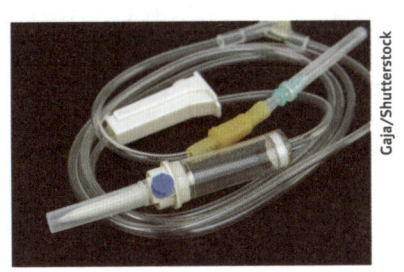

O controle do fluxo de água com esse dispositivo é preciso e é útil o aprendizado de seu manuseio. Além de um recurso para medir o tempo, o relógio de água pode ser utilizado em atividades que envolvem grandezas diretamente proporcionais: previsão, inferência, extrapolação, etc., construção de gráficos.

Resto

Quando o dividendo não é múltiplo do divisor a divisão apresenta resto.

Assim:

$27 \times 25 + 6 = 681 \rightarrow 681 \div 25 = 27$ e tem resto 6.

Reta

Posições relativas entre duas retas no plano.

Duas retas podem ser:
a) **paralelas** – se as duas retas não têm pontos em comum.
b) **concorrentes** – se as duas retas têm um ponto em comum.
c) **coincidentes** – se duas retas tiverem mais do que um ponto em comum, terão todos os pontos em comum.

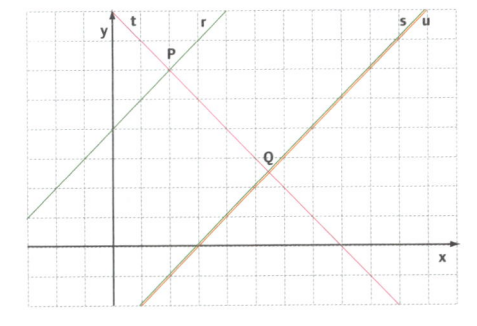

r//s → r é paralela a s
r ⊥ t → r é perpendicular a t ou
r ∠ t → r é concorrente com t
s ≡ u → s é coincidente a u

Observe que existe uma relação de equivalência no conjunto de retas.

Posições relativas entre uma reta e uma circunferência

a) **Externa** – se a reta não tem pontos em comum com uma circunferência.
b) **Tangente** – se a circunferência e a reta tiverem um ponto em comum.
c) **Secante** – se a circunferência e a reta tiverem dois pontos em comum.

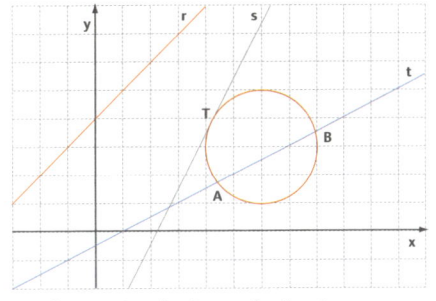

r é exterior à circunferência
s é tangente à circunferência
t é secante à circunferência

Considerando:
a) $Ax + By + C = 0$ → representa uma reta;
b) $x^2 + y^2 + r^2$ → representa uma circunferência;
c) $\begin{cases} Ax+By+C=0 \\ x^2+y^2=r^2 \end{cases} \rightarrow$

resulta uma equação do segundo grau;

d) $\begin{cases} \Delta < 0 \rightarrow \text{a reta é exterior} \\ \Delta = 0 \rightarrow \text{a reta é tangente} \\ \Delta > 0 \rightarrow \text{a reta é secante} \end{cases}$

Reta numérica

Representação de um conjunto numérico utilizando uma reta.

O uso da reta numerada permite desenvolver inúmeras atividades, tais como:
a) localizar um determinado número;
b) indicar o sucessor de um número ou antecessor;
c) trabalhar leitura de um número;
d) efetuar adições sobre a reta numérica;
e) efetuar subtrações;

O objetivo do desenvolvimento dessas atividades é explorar os conceitos e desenvolver o vocabulário básico da matemática.

Retângulo

Paralelogramo que tem todos os ângulos iguais. Tem duas dimensões: base e altura. Suas diagonais são iguais e se interceptam em seus pontos médios.

A, B, C, D vértices do retângulo
$\overline{AB} = \overline{CD} = h \rightarrow$ altura do retângulo
$\overline{BC} = \overline{DA} = b \rightarrow$ base do retângulo
$\overline{AC} = \overline{BD} = d \rightarrow$ diagonais
$2p = 2 \cdot \overline{AB} + 2 \cdot \overline{BC} \rightarrow$ perímetro
$S = b \cdot h \rightarrow$ área
$d^2 = b^2 + h^2$

Retângulo áureo

As formas da natureza e a arte apresentam o retângulo áureo com sendo a figura mais agradável para ser vista. Os construtores do Paternon recorreram ao retângulo áureo para harmonizar suas linhas.

Leonardo da Vinci também utilizava o número de ouro em suas obras.

Mas não foi o homem quem inventou este número, ele já estava pronto na natureza esperando ser encontrado: Leonardo observou e encontrou.

O retângulo áureo pode ser construído em sala de aula. Acompanhe os seguintes passos:

1. Pegue um quadrado e marque os pontos médios M e N dos lados AD e BC, respectivamente.

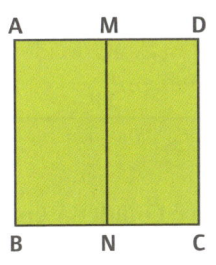

2. Trace a diagonal ND.

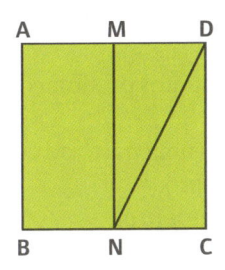

3. Com auxílio do compasso, trace o arco.

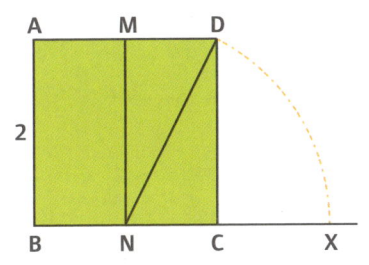

Determinamos o ponto x.

4. Traçamos por **x**, um segmento perpendicular com a mesma medida que AB, obtendo o ponto **y**.

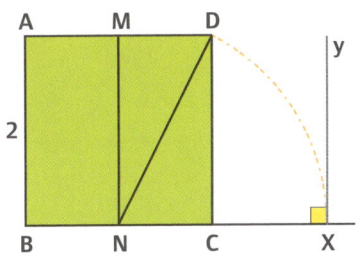

5. Concluimos o retângulo ABXY.

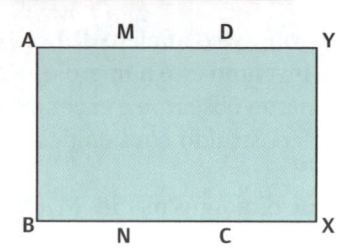

O quociente entre as medidas

$$\varphi = \frac{\overline{BX}}{\overline{AB}} = 1{,}618 \rightarrow \text{número de ouro}$$

Rombo
Rombo ou losango. Veja **Losango e Quadriláteros**.

Rotação
1. Ato ou efeito de rotar; movimento giratório em torno de um eixo fixo; revolução, giro.
2. Repetição dos mesmos acontecimentos ou situações; sucessão de voltas; ciclo, rodízio.
3. Rubrica: anatomia geral; giro de (uma parte do corpo) ao redor de seu eixo. Ex.: a r. do úmero na articulação do ombro.
4. Rubrica: agricultura. m.q. *afolhamento*.
5. Rubrica: física.

Movimento de uma ou muitas partículas ou de um corpo rígido em torno de um eixo, de tal forma que as trajetórias de todos os constituintes sejam circulares, centradas no eixo e simultâneas.

S

Secante
Função trigonométrica definida pela medida do segmento de reta com origem no centro do círculo e extremidade na tangente geométrica à origem dos arcos.

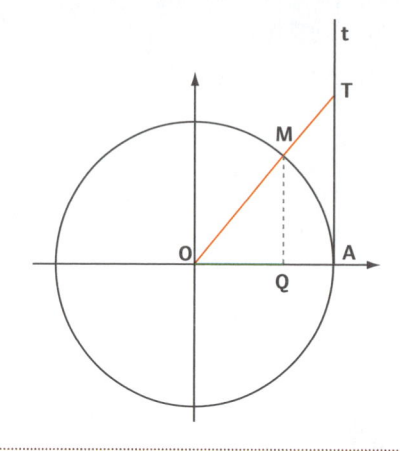

$\overline{AM} = x$
$\overline{OA} = \overline{OM} = 1$
$\overline{OQ} = \cos x$
$\overline{AT} = \text{tg}\, x$
$\overline{OT} = \sec x$

$\Delta \text{ret} O\hat{Q}M \sim \Delta \text{ret} O\hat{A}T \rightarrow \dfrac{\overline{OT}}{\overline{OM}} = \dfrac{\overline{OA}}{\overline{OQ}} \rightarrow \sec x = \dfrac{1}{\cos x}$

Seção
Parte comum entre o plano de seção e o corpo sólido secionado.

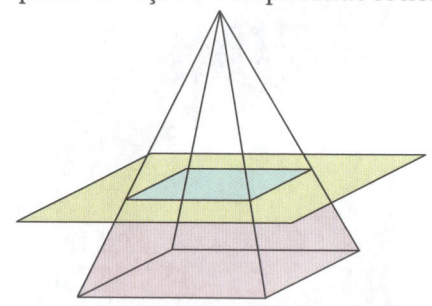

Seção cônica
Figura plana resultante da seção de um cone por um plano. Ver **Cônicas**.

Século
Período de tempo que corresponde a 100 anos.

Segmento áureo
É um segmento AB sobre o qual é determinada a posição de um ponto D de modo que

$\dfrac{\overline{AD}}{\overline{DB}} = \varphi = 1{,}618\ldots$

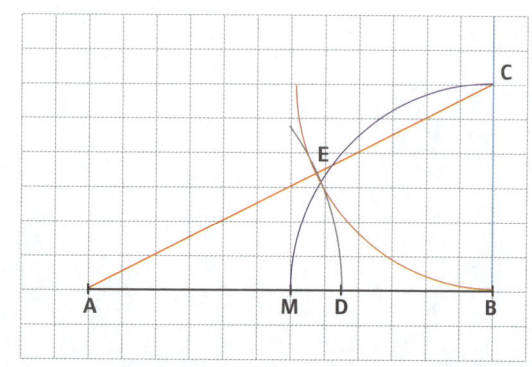

Segmento circular
Cada uma das partes de um círculo dividido por uma corda AB.

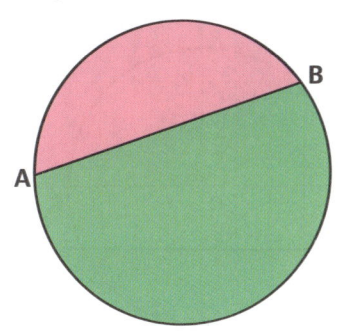

Segmento de reta
Segmento de reta é parte de uma reta compreendida entre dois pontos denominados extremidades. Exemplos:

a)

A segunda representação é a mais usual. Podemos representar também da seguinte forma:
$\overline{AB}$ → lemos: segmento de reta AB onde
$\begin{cases} A \to \text{origem} \\ B \to \text{extremidade} \end{cases}$

b)

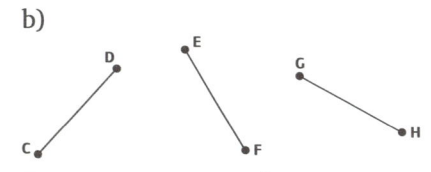

Temos os segmentos de reta:
$\overline{CD} = \overline{EF} = \overline{GH}$

Segmentos comensuráveis e incomensuráveis

Em linguagem comum, *comensurável* é aquilo que se pode medir e *incomensurável* é aquilo que não se pode medir.
Do ponto de vista matemático:

Comensurável – dois segmentos de reta são comensuráveis se o quociente entre eles é um número racional.
Incomensurável – dois segmentos de reta são incomensuráveis se o quociente entre eles não é um número racional.

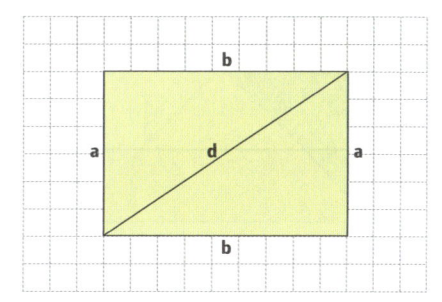

Os segmentos **a** e **b** são comensuráveis:
$$\frac{a}{b} = \frac{6}{9} = \frac{2}{3} \to \frac{2}{3} \in \mathbb{Q}$$

Os segmentos **a** e **d** são incomensuráveis:
$$\frac{a}{d} = \frac{3}{\sqrt{36+81}} = \frac{3}{\sqrt{117}} \to \frac{3}{\sqrt{117}} \notin \mathbb{Q}$$

Tome nota:
Podemos estabelecer que é *comensurável* se compararmos duas medidas de mesma espécie. Racional com racional ou irracional com irracional.
E por outro lado, são *incomensuráveis* se compararmos duas medidas de espécies diferentes.

Semelhança
Duas figuras são semelhantes se tiverem a mesma forma e uma delas for uma representação em escala da outra.

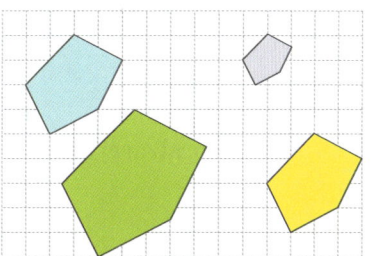

No tangram tradicional, os blocos com faces semelhantes são:

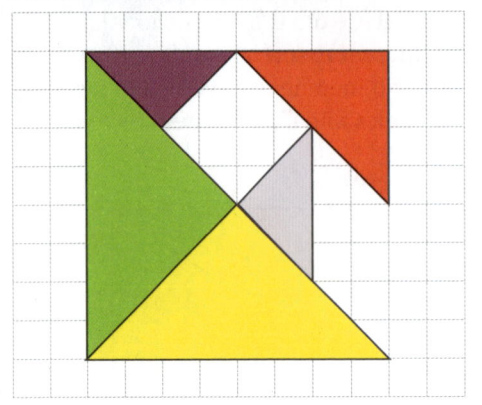

Semirreta

Parte de uma reta da qual conhecemos o ponto de origem.

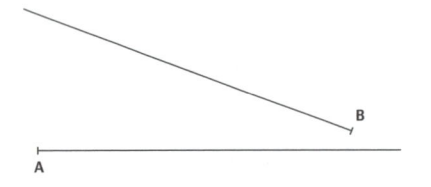

Seno

Função trigonométrica definida pela projeção ortogonal das extremidades do arco sobre o eixo vertical ou eixo dos senos.

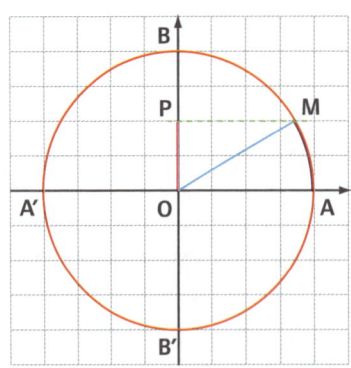

AMx
B'B → eixo vertical ou eixo dos senos
$\overline{OP}$ = senx

Agora, observe o seno nos demais quadrantes:

Segundo quadrante

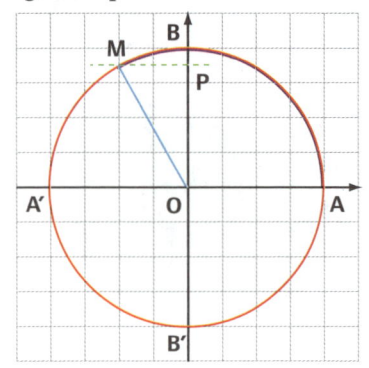

Terceiro quadrante

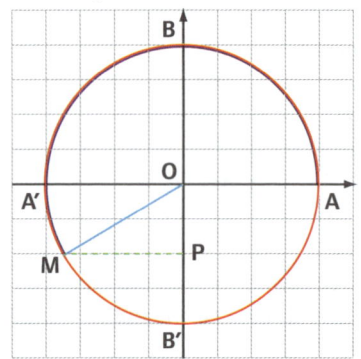

Quarto quadrante

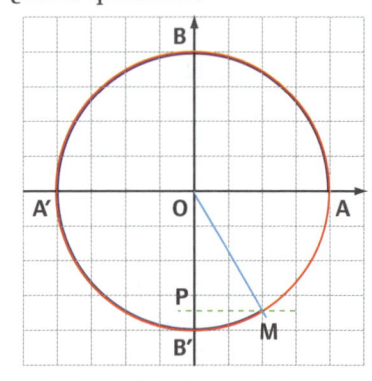

Tome nota

D_f = R domínio da função
I_f = –1,1 conjunto imagem
T = 360° período da função

Senoide

É curva que representa a função seno.

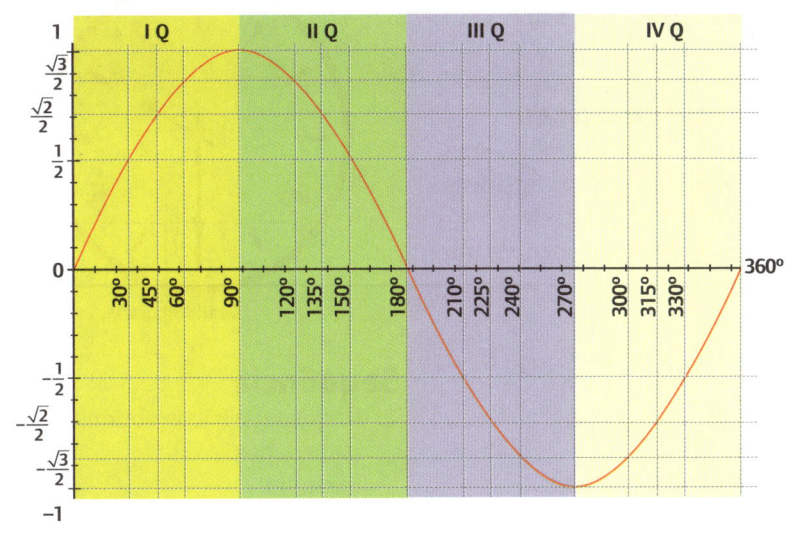

y = senx

O estudo completo da função seno: domínio, imagem, período, gráfico facilita a compreensão das outras funções. Existem materiais que auxiliam na construção do gráfico em sala de aula, por exemplo:

Quadro para elaboração do desenho de gráfico de função trigonométrica; esse quadro utiliza fios de lã e pinos imantados para facilitar as montagens.

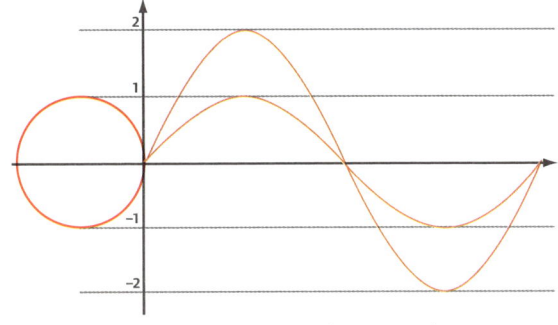

Essa montagem permite a visualização da alteração do conjunto imagem. O gráfico compara as funções y = senx e y = 2senx.

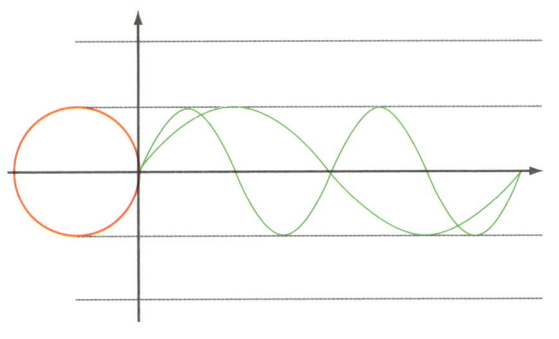

Essa montagem facilita a visualização da alteração no período da função. O gráfico compara as funções: y = sen2x com y = senx.

Sentenças matemáticas

É uma sentença que expressa uma condição, propriedades, características de um objeto, sentido anti-horário.

Réplica de relógio analógico ou de um conjunto de objetos.

Exemplos:

a) Se $a \wedge b \in Z, b \neq 0 \rightarrow \frac{a}{b} \in Q$

b) $S = \{x \in R / -2 \leq x \leq 6\}$

Sentido anti-horário

É o sentido de deslocamento contrário ao dos ponteiros de um relógio.

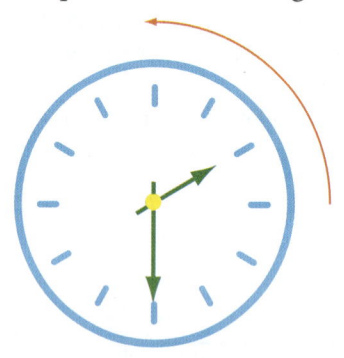

Sentido anti-horário.

Sentido horário

É o sentido de deslocamento dos ponteiros do relógio.

Mostrador de relógio com ponteiros.

Sentido horário.

Sequência

1. Dados numéricos obtidos numa coleta de dados.
   Exemplo:
   2, 2, 2, 2, 3, 3, 3, 3, 3, 3, 3, 5, 5, 5, 5, 5, 5, 5, 6, 6, 6, 7, 7, 8, 9.

2. Sucessão de números formados por algum critério.
   Exemplos:
   a) 2, 4, 6, 8, 10, 12, 14, 16, ...
      Sequência dos números pares.
   b) 2, 3, 5, 7, 11, 13, 17, 19,....
      Sequência dos números primos.

Setor circular

Parte do círculo compreendida entre dois raios sucessivos.

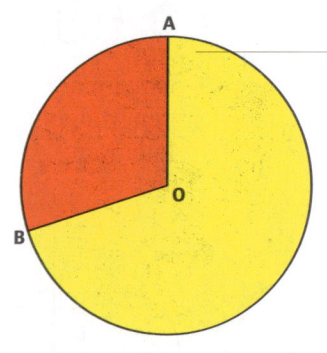

A parte vermelha e a amarela são setores circulares.

Os setores circulares são ferramentas para a representação gráfica de fatos, fenômenos ou resultados de pesquisas.

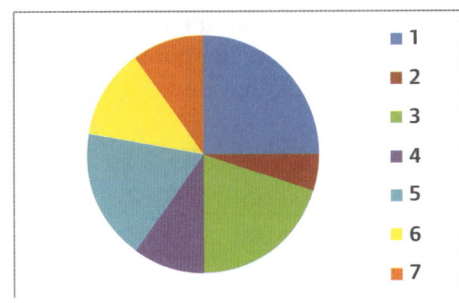

É comum materiais didáticos utilizarem blocos cujas faces são setores circulares para trabalhar as frações.

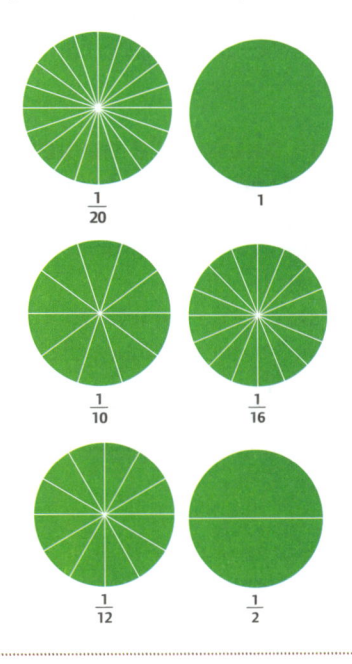

$\frac{1}{20}$ 1

$\frac{1}{10}$ $\frac{1}{16}$

$\frac{1}{12}$ $\frac{1}{2}$

Símbolo

Tudo o que, de maneira arbitrária ou convencional, representa alguma coisa, fato, objeto ou uma operação:

≠	diferente	=	igual
⊃	contém	⊂	contido
!	fatorial	<	menor que
>	maior que	≤	menor ou igual
≥	maior ou igual	+	adição
−	subtração	÷	divisão
×	multiplicação	~	proporcional
≡	aproximado	⇔	se e somente se

⇒	implicação	∃	existe
∈	pertence	∉	não pertence
∀	qualquer	∴	portanto
⊥	ortogonal	∧	e
∨	ou	ι	imaginário
Σ	somatória	∪	união
∩	interseção	∇	nabla
Δ	diferença	∇^2	laplaciano
∫	integral	$\vec{A}$	vetor
$\vec{A} \cdot \vec{B}$	prod. escalar	$\vec{A} \times \vec{B}$	prod. vetorial
lim	limite	Z	complexo
$\overline{Z}$	conjugado	|	tal que
γ	função gama	β	função beta

Simetria

1. Conformidade, em medida, forma e posição relativa, entre as partes dispostas em cada lado de uma linha divisória, um plano médio, um centro ou eixo.
2. Derivação: por extensão de sentido, semelhança entre duas metades
3. Derivação: por extensão de sentido, semelhança entre duas ou mais situações ou fenômenos; concordância, correspondência.
4. Conjunto de proporções equilibradas.
5. Uso: formal. Harmonia, beleza resultantes de proporções equilibradas.
6. Rubrica: geometria. Transformação geométrica que não altera a forma, as dimensões ou qualquer outra propriedade de uma figura.
7. Rubrica: geometria analítica. Propriedade de uma função que se mantém invariável sob determinadas transformações.

Simetria axial

É uma transformação na qual um ponto C do plano é transformado num ponto C' neste mesmo plano, tendo como referência um eixo AB. O segmento de reta CC' tem como mediatriz o eixo AB.

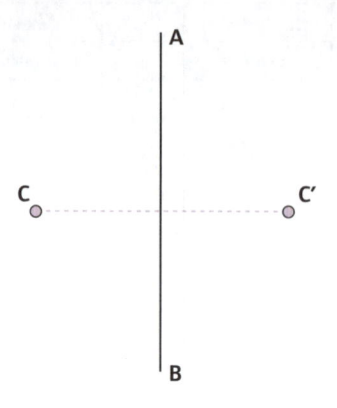

Quando querem atingir uma bola usando a tabela, os jogadores de bilhar miram na simétrica da bola em relação à tabela.

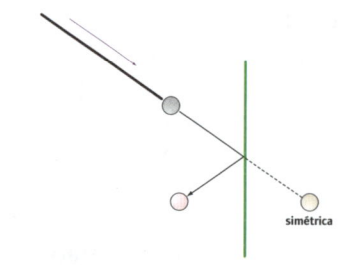

Simetria central

É uma transformação em que o ponto dado, o simétrico e um ponto fixo estão alinhados. O ponto fixo, denominado centro é equidistante dos dois.

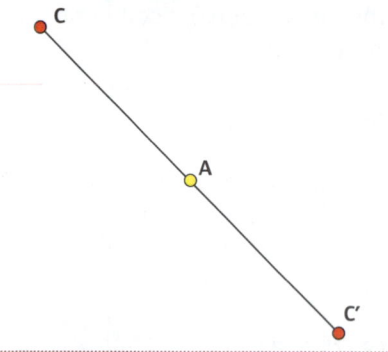

Simplificação

Operação com frações que consiste em aplicar a propriedade:

"Se multiplicarmos ou dividirmos numerador e denominador por uma mesma quantidade, diferente de zero, a fração não altera".

Exemplos:

a) $\dfrac{600}{900} = \dfrac{600 \div 100}{900 \div 100} = \dfrac{6 \div 3}{9 \div 3} = \dfrac{2}{3}$

b) $\dfrac{8}{64} = \dfrac{8 \div 8}{64 \div 8} = \dfrac{1}{8}$

Sinal

Veja **símbolo**.

Normalmente os sinais +, –, ×, : indicam operações ou a posição do número em relação à origem.

Sistema binário de numeração

É o sistema de numeração que usa apenas dois algarismos: 0 e 1.

Suas posições seguem as potências de 2: 1, 2, 4, 8, 16, 32, ...

Este sistema de numeração é utilizado atualmente na eletrônica digital e na mecatrônica.

Na eletrônica, é aplicado nos computadores e em seus periféricos, na televisão de alta definição, etc.

Materiais associados

- Ábaco;
- Bloco de base 2;
- Conversor binário-decimal;
- Cartelas para conversão binário-decimal.

Quadro valor posição no sistema binário de numeração

128	64	32	16	8	4	2	1

Exemplos de números binários:
a) 11000101
b) 10000000
c) 10101010

Para convertermos esses números para a base dez, basta somar os valores das posições ocupadas por 1.

128	64	32	16	8	4	2	1
1	1	0	0	0	1	0	1

Somando →197
ou:
11000101 → $1 \times 2^7 + 1 \times 2^6 + 0 \times 2^5 + 0 \times 2^4 + 0 \times 2^3 + 1 \times 2^2 + 0 \times 2^1 + 1 \times 2^0 =$
$= 128 + 64 + 0 + 0 + 0 + 4 + 0 + 1 = 197$

Sistema de equações

Conjunto de equações reunidas para buscar solução ou discutir a possibilidade de solução.

Sistema de equações lineares

Conjunto de equações lineares com duas ou mais equações organizadas em sistemas **mxn** onde **m** é o número de equações e **n** é o número de incógnitas.

Os **nxn**, principalmente, os 2x2 são objeto de estudo no Ensino Fundamental. São apresentados os seguintes métodos de resolução:

1. Método da adição

$$\begin{cases} x+y=7 \\ x-y=3 \end{cases} \quad x=\frac{10}{2} \therefore x=5$$
$$\overline{2x+0=10}$$

Observe que as equações foram somadas com o objetivo de eliminar uma das incógnitas.
Se $x = 5 \to 5 + y = 7 \to y = 7 - 5 \to y = 2$
S = 5, 2

2. Método da substituição

$\begin{cases} x+y=7 \\ x-y=3 \end{cases} \to x+y=7 \to x=7-y$

Subtituindo em $x - y = 3 \to 7 - y - y = 3 \to -2y = 3 - 7$
$\therefore -2y = -4 \to y = 2 \to x = 7 - 2 \to x = 5$
S = 5,2

3. Método gráfico
As duas equações são representadas no gráfico. As coordenadas do ponto de interseção das retas é a solução do sistema.
Veja **posições relativas de duas retas**.

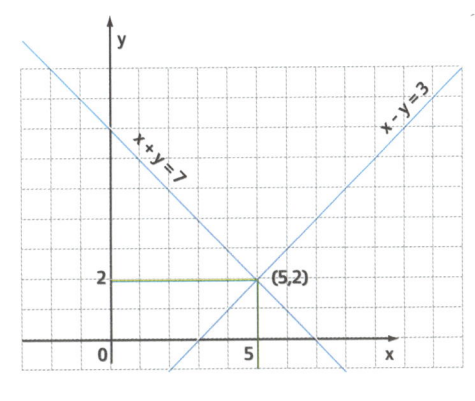

Os sistemas 2x2, 3x3 e outros onde m = n, podem ser resolvidos também pela regra de Cramer:

$$\begin{cases} a_{11}x + a_{12}y + a_{13}z = b_1 \\ a_{21}x + a_{22}y + a_{23}z = b_2 \\ a_{31}x + a_{32}y + a_{33}z = b_3 \end{cases} \to \Delta_p \begin{vmatrix} a_{11} & a_{12} & a_{13} \\ a_{21} & a_{22} & a_{23} \\ a_{31} & a_{32} & a_{33} \end{vmatrix}$$

$$\Delta_x = \begin{vmatrix} b_1 & a_{12} & a_{13} \\ b_2 & a_{22} & a_{23} \\ b_3 & a_{32} & a_{33} \end{vmatrix} \quad \Delta_y = \begin{vmatrix} a_{11} & b_1 & a_{13} \\ a_{21} & b_2 & a_{23} \\ a_{31} & b_3 & a_{33} \end{vmatrix} \quad \Delta_z = \begin{vmatrix} a_{11} & a_{12} & b_1 \\ a_{21} & a_{22} & b_2 \\ a_{31} & a_{32} & b_3 \end{vmatrix}$$

para $\Delta \neq 0$

$$x = \frac{\Delta_x}{\Delta_p} \quad y = \frac{\Delta_y}{\Delta_p} \quad z = \frac{\Delta_z}{\Delta_p}$$

Os sistemas, de um modo geral, têm a possibilidade de solução discutida pelo Teorema de Rouché, ou pelo método de escalonamento.

Sistema de numeração sexagesimal

Historicamente, é o primeiro sistema posicional de numeração de que se tem registro.

De origem desconhecida (vinda provavelmente da Anatólia e chegada à Mesopotâmia por volta de 3300 a.C), a Suméria é a mais antiga das civilizações. No extremo sul da Mesopotâmia, entre os rios Tigre e Eufrates (área onde posteriormente se desenvolveu a civilização Babilônica, que hoje corresponde ao sul do Iraque, entre Bagdad e o Golfo Pérsico), aí floresceram cidades-Estados (Ur, Eridu, Lagash, Uma, Adab, Kish, Sipar, Larak, Akshak, Nipur, Larsa e Bad-tibira).

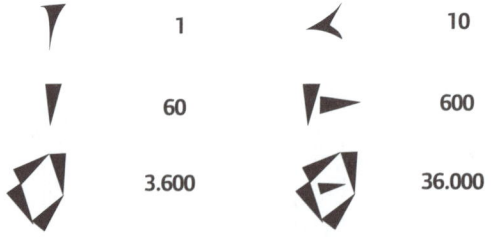

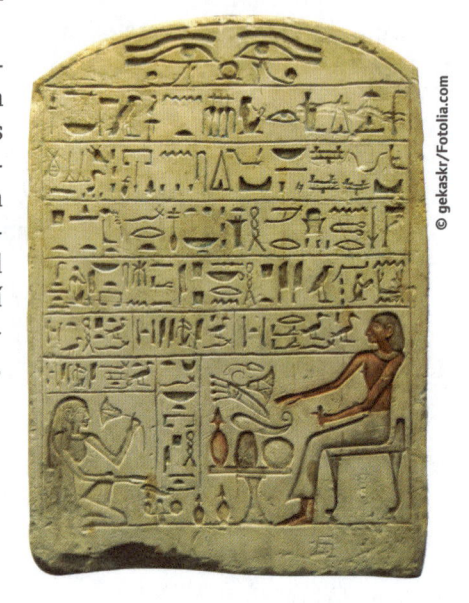

Sistema de numeração sexagesimal

▼	1	◄	10
▶	60	◢	600
◇	3.600	⬙	36.000

Atualmente, o sistema de numeração de base 60 é utilizado no sistema de medida de tempo:

1 hora equivale a 60 minutos; 1 minuto equivale a 60 segundos; e também, no sistema de medida de ângulos.

Veja exemplos de operações com medidas de ângulos:
a) 35°15'30" + 56°56'43"
começamos somando 30" + 43" = 73" lembrando que 60" = 1'
temos: 73" – 60" = 13" e acrescentamos um minuto
somamos 15' + 56' + 1' = 72' lembrando que 60' = 1°
temos: 72' – 60' = 12' e acrescentamos um grau
somamos 35° + 56° + 1° = 92°
assim: 35°15'30" + 56°56'43" = 92°12'13"
b) 90° – 14°23'27" =
desdobramos 90° em 89°60' que se desdobra em 89°59'60"
assim: 89°59'60" – 14°23'27" =
60" – 27" = 33"
59' – 23' = 36'
89° – 14° = 75°
assim:
90° – 14°23'27" = 75°36'33"

Sistema de numeração posicional

A partir da invenção do zero, viabilizou-se o surgimento dos sistemas de numeração posicional, o objetivo prático é diferenciar, por exemplo, 02 de 20.

O sistema de numeração decimal é um sistema posicional:

10^3	10^2	10^1	10^0	10^{-1}	10^{-2}
		5	5	5	5
2	6	4	2	7	9

O algarismo 5 no número 55,55 tem os seguintes valores:
$5 \times 10^1 = 50$
$5 \times 10^0 = 5$
$5 \times 10^{-1} = 0,5$
$5 \times 10^{-2} = 0,05$
O número 2642,79 pode ser escrito na forma polinomial:
$2 \times 10^3 + 6 \times 10^2 + 4 \times 10^1 + 2 \times 10^0 + 7 \times 10^{-1} + 9 \times 10^{-2}$

Observe que o algarismo 2 tem dois valores relativos dentro do número: 2000 e 2.

Sistema métrico decimal

O sistema métrico decimal é adotado no Brasil. Tem como unidade de referência o metro, entretanto, utiliza o quilômetro, o centímetro e o milímetro no cotidiano.

quilômetro	km	1000m
hectômetro	hm	100m
decâmetro	dam	10m
metro	m	1m
decímetro	dm	0,1m
centímetro	cm	0,01m
milímetro	mm	0,001m

Solstício

Época do ano que a posição relativa do Sol em relação a Terra é a de maior afastamento da linha do equador.

INVERNO – Solstício de inverno no hemisfério Sul e de verão no hemisfério Norte: 21 ou 23 de junho.

VERÃO – Solstício de verão no hemisfério Sul e de inverno no hemisfério Norte: 21 ou 23 de dezembro.

O material didático para o aluno realizar observações ao longo do ano é o relógio de sol.

Solução

Mais importante que resolver é escrever a solução encontrada. Podemos indicar a solução como um conjunto-solução:
Exemplos:
a) $x + 3 = 5 \rightarrow S = 2$
b) $x^2 - 7x + 10 = 0 \rightarrow S = 2,5$
c) $\begin{cases} x+y=3 \\ x-y=1 \end{cases} \rightarrow S=\{(2,1)\}$

Soroban

É um ábaco de origem chinesa, muito utilizado pelos japoneses.

Subconjunto

Dado um conjunto A, subconjunto de A é qualquer conjunto formado com elementos do conjunto A. Exemplo:

A = {a, b, c, d, e}
subconjuntos:
B = {a, b, c, d, e}
C = {a, b, c}
D ={ }
B ⊂ A

B está contido em A ou B é um subconjunto de A

C ⊂ A
D ⊂ A

Tome nota
a) Todo conjunto é subconjunto de si próprio.
b) O conjunto vazio é subconjunto de qualquer conjunto.

Subtração

Operação aritmética fundamental. Operação inversa da adição.

Subtraendo

Elemento da subtração. Ver **subtração**.

Sucessor

Considerando o conjunto dos números inteiros, sucessor de um número **n** e o número que vem imediatamente após: n + 1. Assim, n e n + 1 são dois números consecutivos.

Superfície

Um corpo sólido define no espaço duas regiões: interna e externa. O que separa essas duas regiões denominamos superfície. Exemplos:
a) Uma bola de futebol, a superfície que a delimita é esférica.
b) Uma caixa de sapato, as superfícies que a delimita são superfícies planas.

Superfície plana

Considere uma piscina com água parada e sem vento; essa situação ideal é um exemplo de superfície plana.

Sobre esse tipo de superfície, assentamos as figuras planas ou bidimensionais.

Para efeitos práticos, consideramos uma folha de papel como uma superfície plana; qual desenho sobre ela é uma figura bidimensional.

Suplementar

Dados dois ângulos **a** e **b**, se a + b = 180°, dizemos que **a** e **b** são suplementares: **a** é suplementar ou suplemento de **b** e **b** é o suplemento de **a**.

Tabela verdade

Tabela verdade é um recurso para estudar o valor lógico de proposições composta por proposições cujos valores lógicos são conhecidos ou obtidos pelas possibilidades de associação.

Exemplo de uma tabela verdade para "e" (and) a partir de duas proposições A e B.

A	B	A e B
F	F	F
F	V	F
V	F	F
V	V	V

Com duas proposições, são possíveis 4 possibilidades diferentes de associação das proposições.

Na eletrônica digital, a mesma tabela é:

A	B	A e B
0	0	0
0	1	0
1	0	0
1	1	1

Tome nota:
a) V = 1 e F = 0
b) Os possíveis valores lógicos das proposições A e B formam uma numeração binária:
   00 corresponde a 0 no sistema decimal;
   01 corresponde a 1 no sistema decimal;
   10 corresponde a 2 no sistema decimal;
   11 corresponde a 3 no sistema decimal;
c) Para 4 proposições teríamos as seguintes possibilidades:
   0000   0001
   0010   0011
   0100   0101
   0110   0111
   1000   1001
   1010   1011
   1100   1101
   1110   1111

Convertendo para decimal temos 16 possibilidades.

Duas tabelas verdade são equivalentes se, e somente se, para as mesmas entradas tiverem a mesma saída.

A	B	$\overline{A} + \overline{B}$	$\overline{A} \cdot \overline{B}$
0	0	1	1
0	1	1	1
1	0	1	1
1	1	0	0

Observe:
a) As duas tabelas foram reunidas numa só.
b) $\overline{A} + \overline{B} \rightarrow$ significa não A ou não B e $\overline{A \cdot B} \rightarrow$ significa não A e B.

Se duas tabelas verdade são equivalentes, os circuitos digitais correspondentes a essas tabelas também são equivalentes. Esse princípio é utilizado na simplificação de circuitos digitais.

A construção das tabelas pode ser praticada utilizando o seguinte dispositivo didático.

Este dispositivo contém interruptores que, uma vez associados, permitem o estudo das funções lógicas.

Tábua trigonométrica

Tabela organizada para fornecer os valores de seno, cosseno e tangente. Veja como funciona a tabela:

Como senx = cos(90° – x) e tgx = cot(90° – x) os valores de ângulos complementares estão na mesma linha. Até 45° vale o título na primeira linha, após 45° o vale o título na última linha. Exemplo: sen44 = 0,6946 (seno na primeira linha); sen47 = 0,7313 (seno na última linha). Observe que sen44 = cos46 e que sen47 = cos43.

Com o uso das calculadoras, as tabelas tendem a ser dispensadas. Em sala de aula, a tabela pode ser reduzida apresentando apenas os valores notáveis.

QUADRO DOS VALORES NOTÁVEIS DAS FUNÇÕES TRIGONOMÉTRICAS																	
Arco	Graus	0°	30°	45°	60°	90°	120°	135°	150°	180°	210°	225°	240°	270°	300°	315°	330°	360°
	Rad	0	$\frac{\pi}{6}$	$\frac{\pi}{4}$	$\frac{\pi}{3}$	$\frac{\pi}{2}$	$\frac{2\pi}{3}$	$\frac{3\pi}{4}$	$\frac{5\pi}{6}$	π	$\frac{7\pi}{6}$	$\frac{5\pi}{4}$	$\frac{4\pi}{3}$	$\frac{3\pi}{2}$	$\frac{5\pi}{3}$	$\frac{7\pi}{4}$	$\frac{11\pi}{6}$	2π
Seno		0	$\frac{1}{2}$	$\frac{\sqrt{2}}{2}$	$\frac{\sqrt{3}}{2}$	1	$\frac{\sqrt{3}}{2}$	$\frac{\sqrt{2}}{2}$	$\frac{1}{2}$	0	$-\frac{1}{2}$	$-\frac{\sqrt{2}}{2}$	$-\frac{\sqrt{3}}{2}$	-1	$-\frac{\sqrt{3}}{2}$	$-\frac{\sqrt{2}}{2}$	$-\frac{1}{2}$	0
Cosseno		1	$\frac{\sqrt{3}}{2}$	$\frac{\sqrt{2}}{2}$	$\frac{1}{2}$	0	$-\frac{1}{2}$	$-\frac{\sqrt{2}}{2}$	$-\frac{\sqrt{3}}{2}$	-1	$-\frac{\sqrt{3}}{2}$	$-\frac{\sqrt{2}}{2}$	$-\frac{1}{2}$	0	$\frac{1}{2}$	$\frac{\sqrt{2}}{2}$	$\frac{\sqrt{3}}{2}$	1
Tangente		0	$\frac{\sqrt{3}}{3}$	1	$\sqrt{3}$		$-\sqrt{3}$	-1	$-\frac{\sqrt{3}}{3}$	0	$\frac{\sqrt{3}}{3}$	1	$\sqrt{3}$		$-\sqrt{3}$	-1	$-\frac{\sqrt{3}}{3}$	0
Cotangente			$\sqrt{3}$	1	$\frac{\sqrt{3}}{3}$	0	$-\frac{\sqrt{3}}{3}$	-1	$-\sqrt{3}$		$\sqrt{3}$	1	$\frac{\sqrt{3}}{3}$	0	$-\frac{\sqrt{3}}{3}$	-1	$-\sqrt{3}$	
Secante		1	$\frac{2\sqrt{3}}{3}$	$\sqrt{2}$	2		-2	$-\sqrt{2}$	$-\frac{2\sqrt{3}}{3}$	-1	$-\frac{2\sqrt{3}}{3}$	$-\sqrt{2}$	-2		2	$\sqrt{2}$	$\frac{2\sqrt{3}}{3}$	1
Cossecante			2	$\sqrt{2}$	$\frac{2\sqrt{3}}{3}$	1	$\frac{2\sqrt{3}}{3}$	$\sqrt{2}$	2		-2	$-\sqrt{2}$	$-\frac{2\sqrt{3}}{3}$	-1	$-\frac{2\sqrt{3}}{3}$	$-\sqrt{2}$	-2	

Tangente

Função trigonométrica definida como a medida algébrica do segmento $\overline{AT}$, determinado sobre a tangente geométrica t, onde A é o ponto de tangência e T é obtido pelo prolongamento do raio que passa por M extremidade do arco.

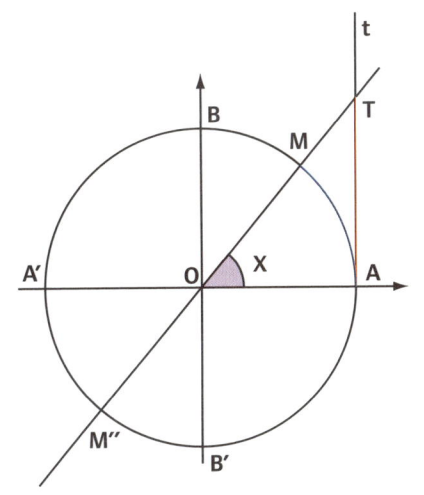

Observe que tgx = tg (180° + x)

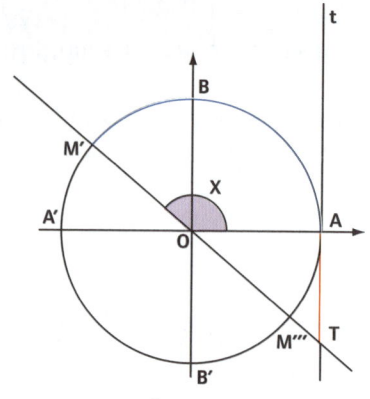

A tangente no segundo e quarto quadrante.
$D_f = \{x \in R \,/\, x \neq 90° + n \times 180°\}$ onde $n \in Z$
$I_f = R$
$T = 180°$

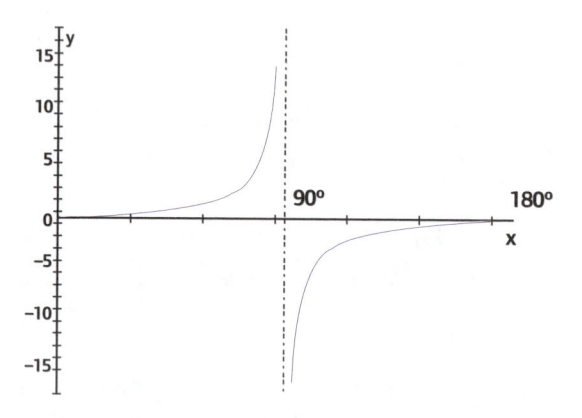

Tangram

Quebra cabeça chinês com inúmeras aplicações educacionais. Nome genérico atribuído a outros jogos do mesmo tipo. O tangram tradicional é um jogo com 7 peças, com as quais é possível formar milhares de outras figuras.

O tangram tradicional é um material versátil, que pode ser empregado para desenvolver atividades em conteúdos no campo dos números, das formas, das medidas e do tratamento das informações. Outro aspecto importante do tangram é que ele resgata o elo entre a matemática e as artes, estimulando a imaginação e a criatividade.

Propicia: desenvolver atividades envolvendo as operações fundamentais: cálculo do perímetro e de áreas, medidas, números racionais, estimativa e precisão, números irracionais; explorar as figuras geométricas compondo e decompondo-as; exercitar a coleta de dados e a organização em tabelas. Veja um exemplo:

Taxa
Em matemática financeira, é um percentual a ser aplicado em determinado período de tempo: dia, mês, ano.

Telêmetro a *laser*
Telêmetro é um aparelho destinado a fazer medições entre o observador e um ponto distante, normalmente inacessível.

Telêmetro a *laser* é um dispositivo didático que usa um apontador *laser* ou dois e um jogo de espelho para fazer medições a distância em sala de aula.

O telêmetro é um instrumento destinado a medir distância. A versão didática do telêmetro tem por finalidade demonstrar como é processado cálculo de uma distância.

Neste caso, trabalhamos com um triângulo retângulo que possui um dos lados medindo um metro e atuamos sobre o espelho colocado sobre o ângulo adjacente a este lado. A distância é calculada com auxílio da função tangente.

Aplicações do aparelho em sala de aula:
- Desenvolver atividades práticas aplicando conceitos matemáticos;
- Explorar a variação da função tangente na obtenção de medidas.

Conceitos associados
- Números e sequência de números
- Ângulos
- Direção
- Linhas horizontais, verticais e inclinadas
- Triângulos, triângulos retângulos
- Relações métricas no triângulo retângulo
- Tabela das funções trigonométricas naturais
- Medida de comprimento
- Medida de ângulo
- Registro
- Tabelas
- Gráficos

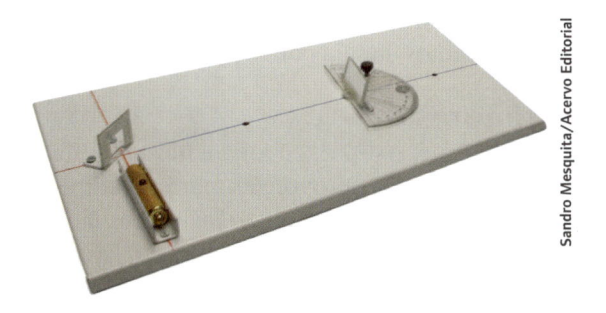

Veja o esquema de funcionamento do aparelho.

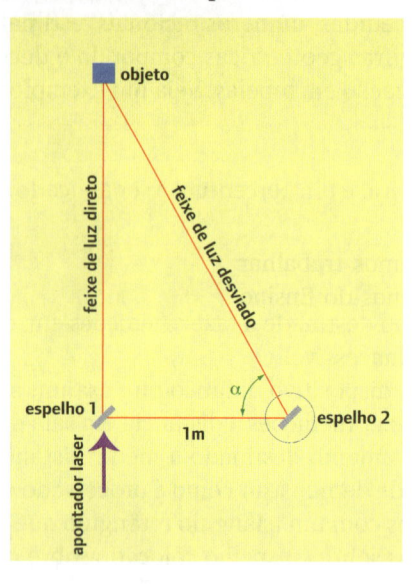

[Figura: esquema com objeto no topo, feixe de luz direto e feixe de luz desviado formando triângulo; espelho 1 e espelho 2 separados por 1m, ângulo α no espelho 2, apontador laser abaixo do espelho 1.]

Tempo

É o período no qual um capital é aplicado. O tempo pode ser expresso em **dia**, **mês** e **ano**. Ver **capital**.

Teodolito

Instrumento de precisão utilizado pelos topógrafos. Em sala de aula, o professor pode utilizar uma versão mais simples do aparelho.

a) Os teodolitos tradicionais dispõe apenas de um observador ótico, quer dizer, apenas uma pessoa "vê" o ponto observado, enquanto com o indicador *laser*, toda classe pode observá-lo.

b) A luz do apontador só funciona enquanto o operador aperta o botão. Recomende não apontar para os olhos dos outros.

c) Coloque o aparelho no nível, observando os dois níveis e atuando sobre os parafusos de ajuste.

O aparelho pode ser utilizado em sala de aula para efetuar medições a distância e determinar o azimute dos cantos da sala por exemplo.

Teorema de Pitágoras

Pitágoras de Samos (570 a.C. a 497 a.C.) foi um filósofo e matemático grego.

Atribui-se a ele a descoberta das proporções para dividir as cordas para obter as notas musicais. É lembrado pelo teorema que relaciona os lados de um triângulo retângulo.

$a^2 + b^2 + c^2$

(triângulo com lados b, a, c)

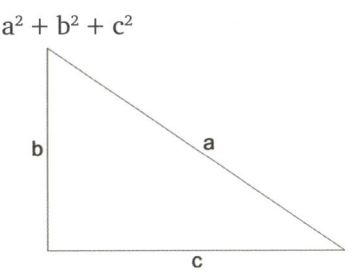

Em sala de aula, podemos trabalhar estas ideias em diversos anos do Ensino Fundamental:

Com este material:

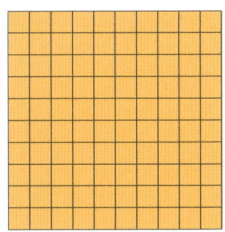

Formule a seguinte pergunta: Quais são os quadrados que podem ser decomposto em outros dois quadrados?

Veja que o quadrado dado pode ser decomposto em:

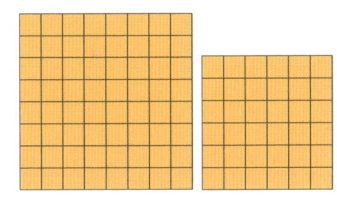

Ou seja: $10^2 = 8^2 + 6^2$

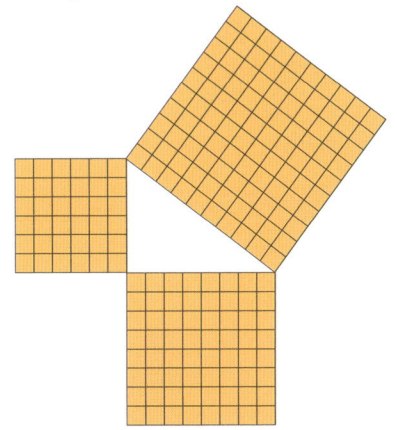

Teorema de Tales

Tales de Mileto nasceu em torno de 624 a.C. em Mileto, Ásia Menor (agora Turquia), e morreu em torno de 547 a.C. também em Mileto. Comerciante de sal, viajou pelos centros antigos de conhecimento, onde deve ter obtido informações sobre Astronomia e Matemática, aprendendo Geometria no Egito. Na Babilônia, sob o governo de Nabucodonosor, entrou em contato com as primeiras tabelas e instrumentos astronômicos e diz-se que, em 585 a.C., conseguiu predizer o eclipse solar que ocorreria nesse ano, assombrando seus contemporâneos, e é nessa data que se apoiam para indicar aproximadamente o ano em que nasceu, pois na época deveria contar com quarenta anos, mais ou menos. Calcula-se que tenha morrido com 78 anos de idade.

Sob influência dos conhecimentos adquiridos na Babilônia, formulou o Teorema que leva seu nome.

Teorema de Tales: Quando duas retas transversais cortam um feixe de retas paralelas, as medidas dos segmentos delimitados pelas transversais são proporcionais.

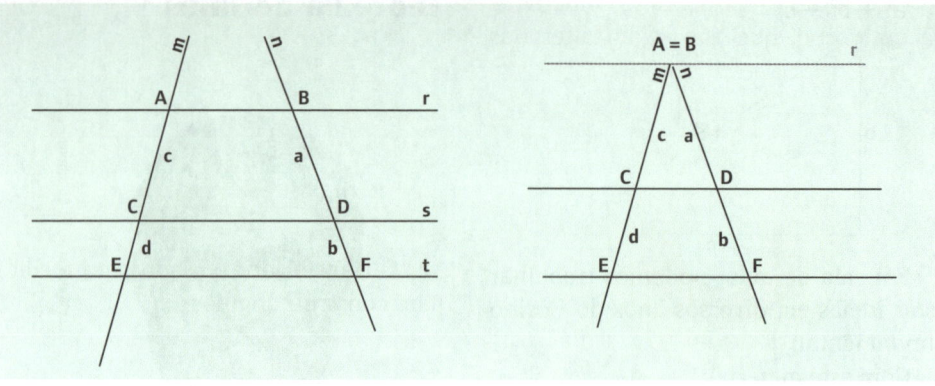

Representação das retas paralelas e transversais: r//s//t e m∠n. A segunda representação destina-se a aplicação do Teorema aos triângulos.

A expressão algébrica do Teorema é:

$$\frac{\overline{AC}}{\overline{AE}} = \frac{\overline{BD}}{\overline{BF}} = \frac{\overline{CD}}{\overline{EF}}$$

Termo
Cada uma das partes que compõe uma expressão algébrica. Os termos são separados pelos sinais + ou –. Exemplo: $4x^3 - 2x^2 + x - 5$. Esta expressão apresenta 4 termos.

Termo independente
É o termo de uma expressão no qual não figura a variável.
No exemplo $4x^3 - 2x^2 + x - 5$: –5 é o termo independente de x.

Tetraedro
Poliedro delimitado por 4 faces planas.

Tetraedro regular
Poliedro delimitado por 4 triângulos equiláteros.

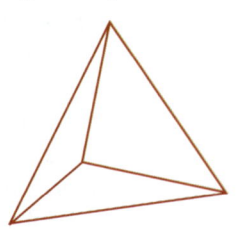

Tonelada
Unidade de medida de massa equivalente a 1000 kg.

Topologia
Rubrica: matemática.

Estudo das propriedades geométricas de um corpo, que não sejam alteradas por uma deformação contínua.

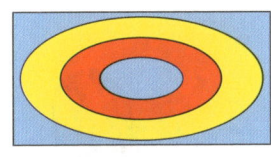

Veja um exemplo de transformação.

Exemplos de jogos que ajudam na compreensão dos conceitos:

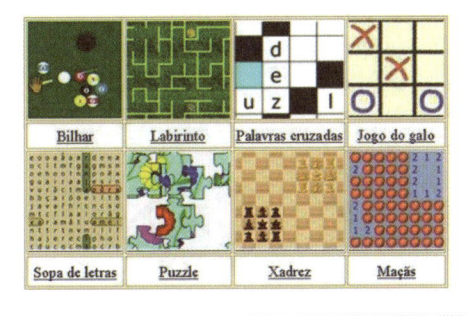

Transferidor

Instrumento de medida que faz parte do kit escolar do Ensino Fundamental. Consiste em uma escala de 0 a 180 graus ou de 0 a 360 graus. É confeccionado em plástico transparente ou em acrílico.

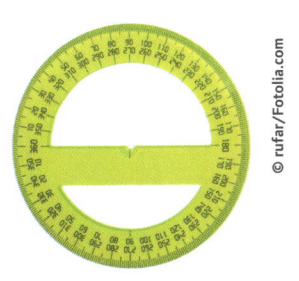

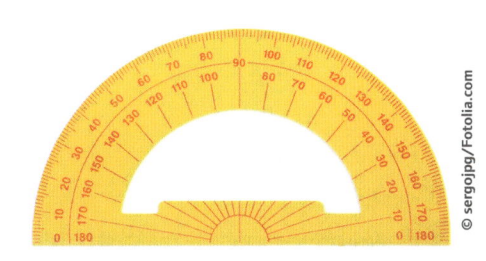

O transferidor é usado para medir e para construir ângulos.

Translação

Ato, processo ou efeito de transladar; transladação, trasladação.

Movimento de um sistema físico, no qual todos os seus componentes se deslocam paralelamente e mantêm as mesmas distâncias entre si.

Trapézio

Quadrilátero que tem dois lados paralelos e dois concorrentes.

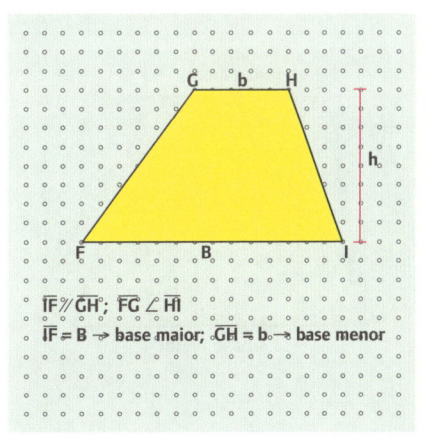

$\overline{IF} \not\!/ \overline{GH}$; $\overline{FG} \angle \overline{HI}$
$\overline{IF} = B \rightarrow$ base maior; $\overline{GH} = b \rightarrow$ base menor

Nomenclatura:

F, G, H e I → vértices do trapézio;

B e b → lados paralelos do trapézio: B – base maior e b – base menor;

h → altura do trapézio. É a distância entre as duas bases.

Observe exemplos de trapézios desenhados na malha quadriculada:

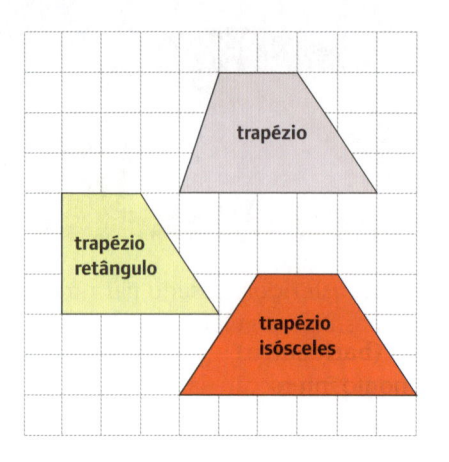

Trapézio retângulo
É o trapézio no qual um dos lados é perpendicular às bases;

Trapézio isósceles
É o trapézio no qual as medidas dos lados não paralelos são iguais.

Observações:

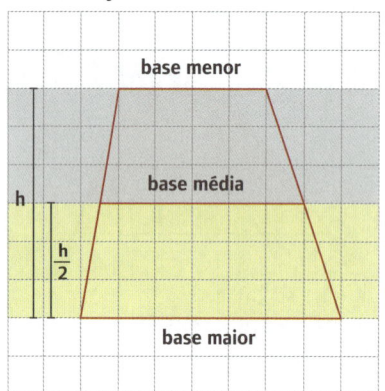

B → base maior
b → base menor
b_m → base média

$\Rightarrow b_m = \dfrac{B + b}{2}$

1. Esta propriedade dos trapézios é utilizada em desenho geométrico para calcular a média aritmética entre dois segmentos de reta.
2. A base média é utilizada no cálculo da área do trapézio: $S = b_m \times h$

Veja exemplos dos quadriláteros desenhados na malha triangular:

Trena
Instrumento de medida que consiste em uma fita metálica, ou de fibra, com uma escala no sistema métrico e outra no sistema inglês. As trenas são comercializadas com diversas medidas, as mais comuns são 2, 5 m e 30 m. Com as escalas flexíveis, permitem os mais variados tipos de medidas.

Trena metálica utilizada em oficinas mecânicas e marcenaria.

Trena para medições de terrenos e distâncias acima de 5 metros.

Triângulo
Polígono que possui três lados e três ângulos. Exemplos:

Elementos de um triângulo:

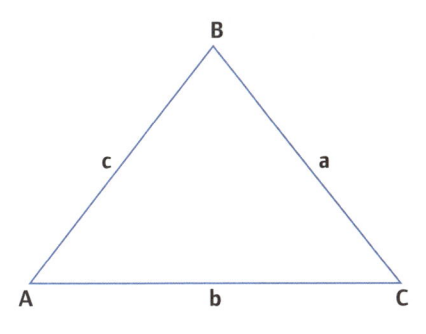

A, B e C são vértices do triângulo;
a, b e c são lados do triângulo;

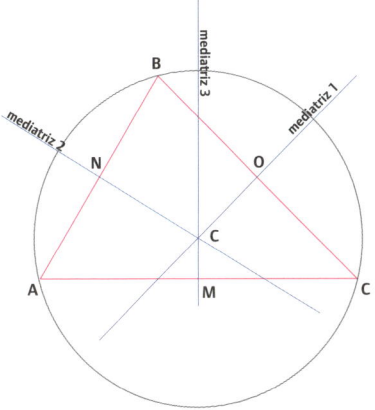

Circunferência circunscrita

C (**circuncentro**) – ponto de interseção das mediatrizes, centro da circunferência circunscrita.
M – ponto médio do lado $\overline{AC}$
N – ponto médio do lado $\overline{BA}$
O – ponto médio do lado $\overline{CB}$

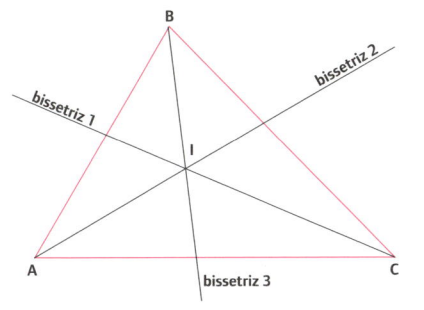

I (**incentro**) – centro da circunferência inscrita no triângulo. Ponto de interseção das bissetrizes internas do triângulo

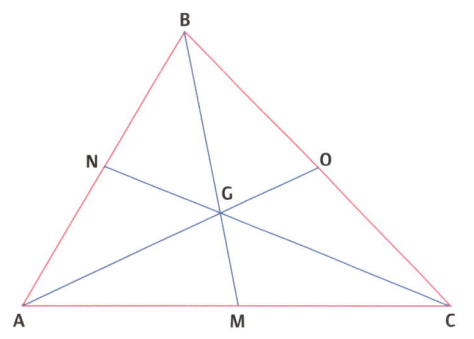

G (**baricentro**) – centro de gravidade, ponto interseção das medianas.
M – ponto médio do lado $\overline{AC}$
N – ponto médio do lado $\overline{BA}$
O – ponto médio do lado $\overline{CB}$

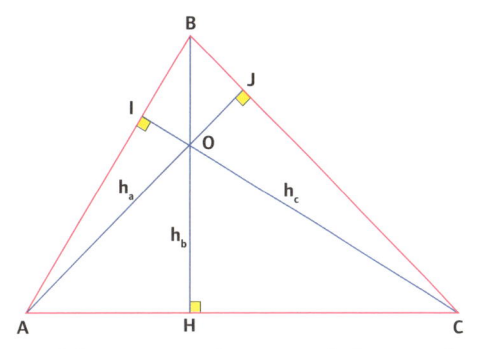

O (**ortocentro**) – ponto de interseção das **alturas** do triângulo.
Altura – segmento de reta perpendicular à base com extremidade no vértice oposto.
H pé da altura h_b – altura relativa ao lado b;
I pé da altura h_c – altura relativa ao lado c;
J pé da altura h_a – altura relativa ao lado a.

Classificações

a) Quanto às dimensões dos lados:
Escaleno – quando os três lados do triângulo têm medidas diferentes. $\overline{AB} \neq \overline{BC} \neq \overline{CA}$

Exemplo:

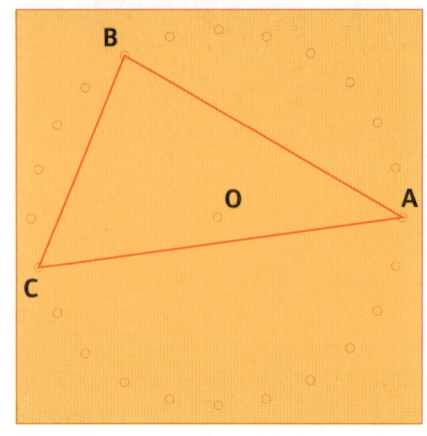

A representação do triângulo no geoplano facilita a visualização das medidas dos lados do triângulo. Arcos diferentes asseguram medidas de cordas diferentes. As cordas são os lados do triângulo representado.

Isósceles – quando o triângulo tem dois lados iguais e o terceiro diferente. $\overline{AB} = \overline{BC} \neq \overline{CA}$

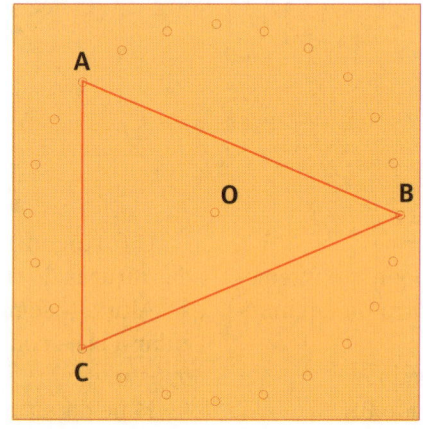

Observe também a igualdade dos ângulos com vértices em A e C. Quantificando:

$A\hat{B}C = \dfrac{AC}{2} = \dfrac{90º}{2} = 45º \rightarrow$ pois:

$90º = (6 \times 15º$ – a circunferência está dividida em 24 partes iguais$)$

$B\hat{A}C = \dfrac{BC}{2} = \dfrac{135º}{2} = 67,5º$

$A\hat{C}B = \dfrac{AB}{2} = \dfrac{135º}{2} = 67,5º$

Equilátero – um triângulo é equilátero quando seus três lados têm a mesma medida.
$\overline{AB} = \overline{BC} = \overline{CA}$

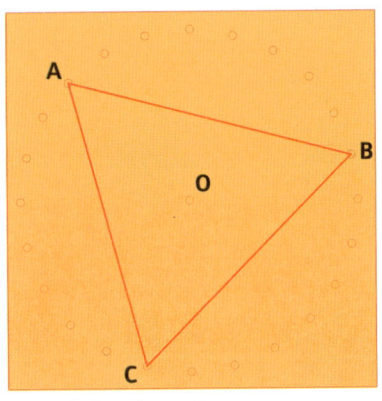

Observe a igualdade das medidas dos três arcos:

AC = CB = BA = 120°. Como consequência, seus três ângulos internos são iguais a 60°.

b) Quanto às medidas dos ângulos internos.

Acutângulo – um triângulo é acutângulo se todos seus ângulos são menores que 90°.

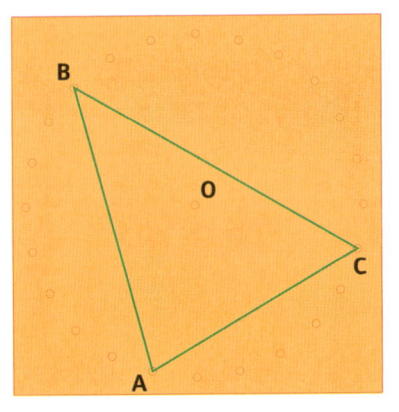

Observe que: Â = 75°; B = 45°; C = 60°.

Retângulo – um triângulo é retângulo se um de seus ângulos medir 90°.

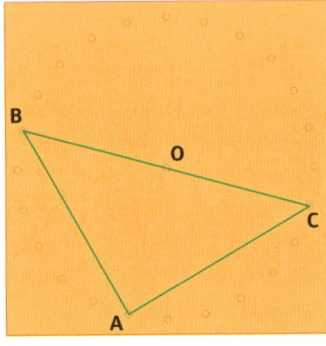

Observe que um dos lados do triângulo contém o centro da circunferência circunscrita. O triângulo BÂC é retângulo em A, simbolicamente, △retBÂC.

$\overline{CB}$ → hipotenusa
$\overline{BA}$ e $\overline{AC}$ → catetos

Obtusângulo – Um triângulo é obtusângulo se um de seus ângulos tem medida maior que 90°.

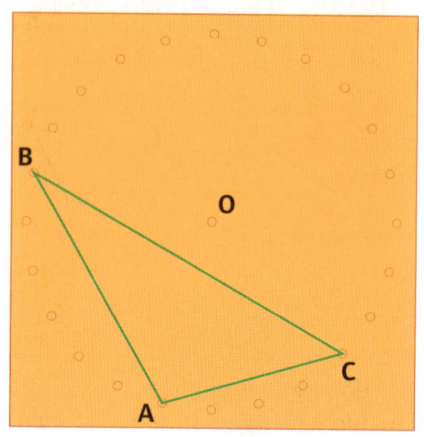

Observe a medida do ângulo com vértice em A:

$$BC = 210° \rightarrow \hat{A} = \frac{210°}{2} \rightarrow \hat{A} = 105°$$

Observações:

triângulo acutângulo — triângulo retângulo — triângulo obtusângulo

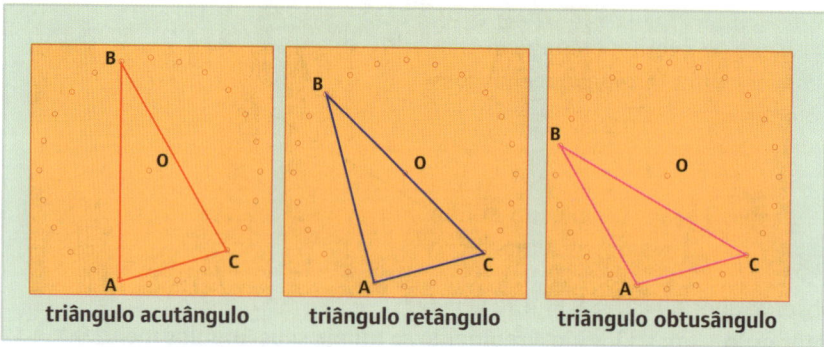

a) os três triângulos estão inscritos em uma circunferência;
b) o ângulo com vértice em B tem a mesma medida nos três triângulos, pois o lado AC permanece inalterado;
c) o triângulo cujo centro é interior ao seu perímetro é **triângulo acutângulo**;
d) o triângulo cujo centro é ponto médio de um dos lados é **triângulo retângulo**;
e) o triângulo cujo centro é exterior ao seu perímetro é **triângulo obtusângulo**.

Tridimensional

Figura geométrica que possui três dimensões. Exemplos: os corpos geométricos e todos os objetos concretos.

Triedro

Sistema formado por três planos com arestas comuns dois a dois.

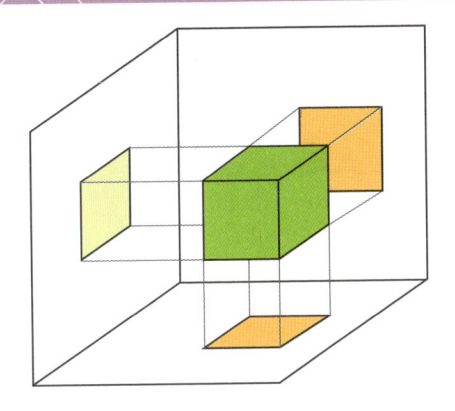

Uma das aplicações do triedro é trabalhar desenho projetivo.

Trigonometria

O significado da palavra diz respeito ao estudo dos triângulos.

Além de estudar os triângulos, a Trigonometria envolve também o estudo das funções seno, cosseno e tangente, que é mais amplo; medidas de ângulos de 0° a 360°; relações fundamentais entre seno, cosseno, tangente, cotangente, secante e cossecante; fatoração e equações trigonométricas.

Tronco

Cada uma das partes de um sólido geométrico que resultou de uma seção plana.

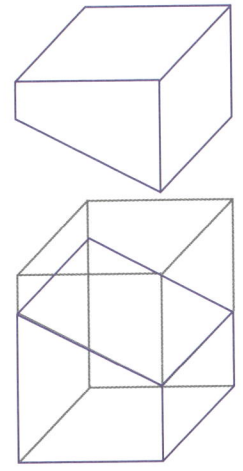

Tronco de cone

Sólido geométrico obtido que resulta de uma seção plana.

Ver *cônicas*.

A seção plana pode ser:
Paralela à base:

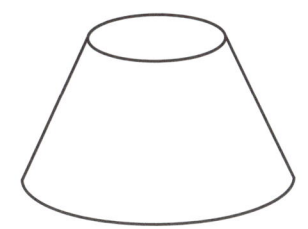

Oblíqua à base:

Paralela ao eixo:

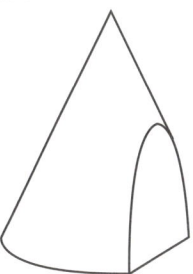

Paralela à geratriz:

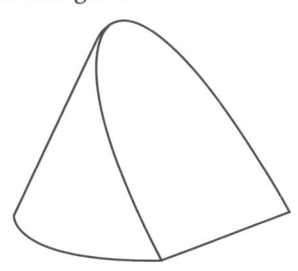

O tronco de cone estudado no ensino médio é aquele obtido por um plano paralelo à base.

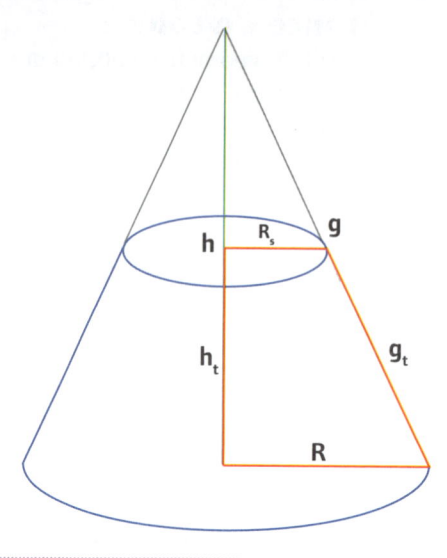

R → raio do cone
R_s → raio da seção
g_t → geratriz do tronco
h_t → altura do tronco
h → altura do cone
g → geratriz do cone
B → área da base do cone
b → área da seção
$S_\ell \to \pi \times (R + R_s)g_t$
$S_t \to S_\ell + B + b$
$V = \dfrac{\pi h_t}{3}(R^2 + RR_s + R_s^2)$

Tronco de pirâmide com bases paralelas
parte de uma pirâmide obtida por uma seção plana.

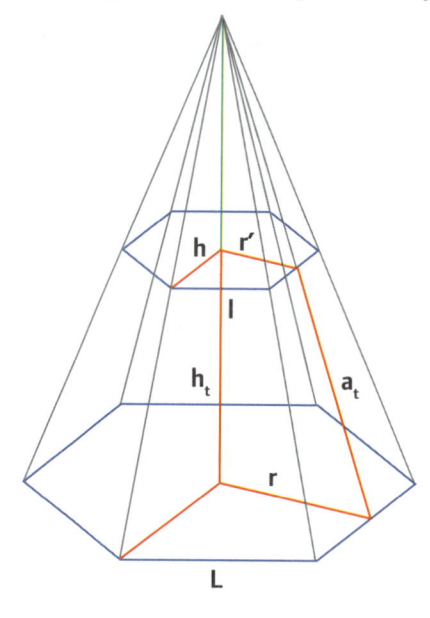

h_t → altura do tronco
h → altura da pirâmide
L → aresta da base
l → aresta da seção
a_t → apótema do tronco
r → apótema da base
r' → apótema da seção
p → semiperímetro da base
p' → semiperímetro da seção
B → área da base
b → área da seção
$S_\ell \to (p + p')a_t$
$S_t \to S_\ell + B + b$
$V = \dfrac{h_t}{3}(B + \sqrt{B.b} + b)$

u

União de conjuntos

Dados dois conjuntos, A união B é o conjunto formado pelos elementos que pertencem ao conjunto A ou ao conjunto B.

$A \cup B = \{x / x \in A \text{ ou } x \in B\}$

Exemplo:
A = {a, b, c, d, e, f, g, h}
B = {f, g, h, i, j, k} → $A \cup B$ = {a, b, c, d, e, f, g, h, i, j, k}

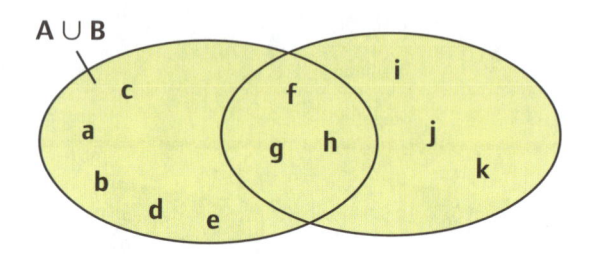

Unidade

1. Diz respeito ao número um, ou uma unidade;
2. Medida arbitrária que é tomada como unidade de medida:
   - o raio do círculo trigonométrico;
   - a medida da largura de uma folha de papel.
3. O todo quando trabalhamos com frações.

Unidade de medida

Medida padronizada para medir comprimento, área, volume, capacidade, massa, tempo, ângulo, etc.

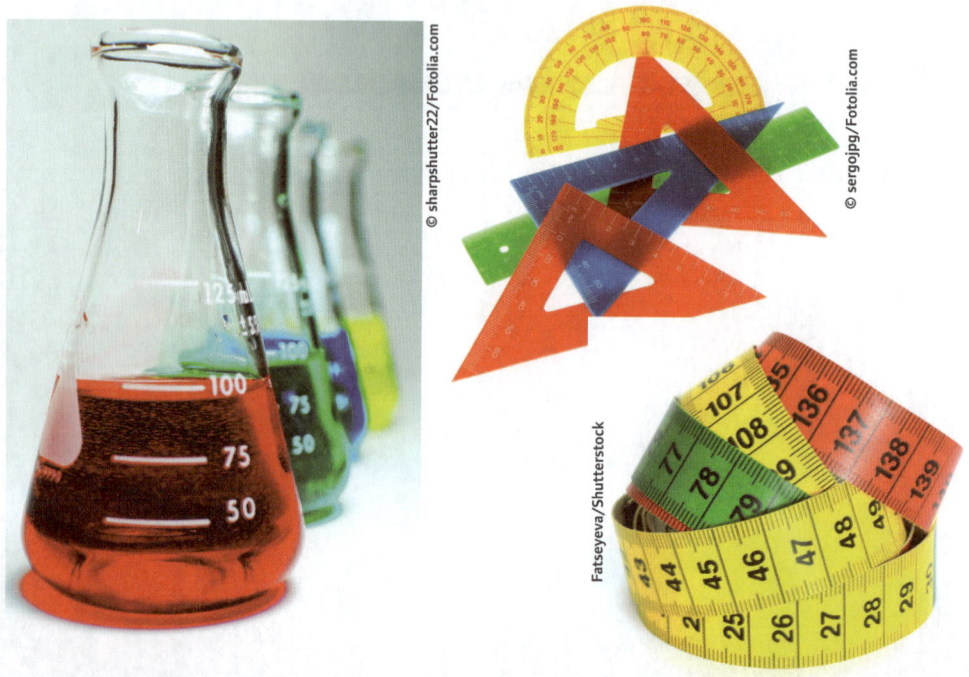

Veja o resumo das unidades de medidas internacionais:

Principais unidades SI

Grandeza	Nome	Plural	Símbolo
comprimento	metro	metros	m
área	metro quadrado	metros quadrados	m²
volume	metro cúbico	metros cúbicos	m³
ângulo plano	radiano	radianos	rad
tempo	segundo	segundos	s
frequência	hertz	hertz	Hz
velocidade	metro por segundo	metros por segundo	m/s
aceleração	metro por segundo por segundo	metros por segundo por segundo	m/s²
massa	quilograma	quilogramas	kg
massa específica	quilograma por metro cúbico	quilogramas por metro cúbico	kg/m³
vazão	metro cúbico por segundo	metros cúbicos por segundo	m³/s
quantidade de matéria	mol	mols	mol
força	newton	newtons	N
pressão	pascal	pascals	Pa
trabalho, energia, quantidade de calor	joule	joules	J
potência, fluxo de energia	watt	watts	W
corrente elétrica	ampère	ampères	A
carga elétrica	coulomb	coulombs	C
tensão elétrica	volt	volts	V
resistência elétrica	ohm	ohms	Ω
condutância	siemens	siemens	S
capacitância	farad	farads	F
temperatura Celsius	grau Celsius	graus Celsius	°C
temperatura kelvin	kelvin	kelvins	K
intensidade luminosa	candela	candelas	cd
fluxo luminoso	lúmen	lúmens	lm
iluminamento	lux	lux	lx

Grandeza	Nome	Plural	Símbolo	Equivalência
volume	litro	litros	l ou L	0,001 m³
ângulo plano	grau	graus	°	π/180 rad
ângulo plano	minuto	minutos	'	π/10 800 rad
ângulo plano	segundo	segundos	''	π/648 000 rad
massa	tonelada	toneladas	t	1 000 kg
tempo	minuto	minutos	min	60 s
tempo	hora	horas	h	3 600 s
velocidade angular	rotação por minuto	rotações por minuto	rpm	π/30 rad/s

V

Valor absoluto
Ver **módulo**.
É comum fazer referência ao valor de um algarismo em um número como sendo seu valor absoluto.
Por exemplo: em 03 e em 30 o valor absoluto do algarismo é 3, entretanto, no segundo número, seu valor relativo é trinta.

Valor médio
Dada uma sequência de valores, é aquele que a representa.
Um automóvel percorre a distância de 80 entre duas cidades em uma hora. Sua velocidade média foi 80 km/h.

Valor posicional
É o valor absoluto do algarismo multiplicado pelo valor da posição que ele ocupa.
Exemplos:
a) Veja no sistema binário de numeração:

64	32	16	8	4	2	1
	1	0	0	0	0	0

O valor posicional do 1 é 32.
b) No sistema decimal de numeração o valor posicional de 5 é 500.

10000	1000	100	10	1
2	3	5	4	3

Variância

$$V_{ar} = \frac{\sum x_i - M_a^2}{n}$$

A variância de uma variável aleatória X é o valor médio do quadrado do desvio de X em relação à média.

Variação
Quando comparamos os valores da função para dois valores do domínio de uma função podemos avaliar a **variação** da função naquele intervalo: se $x_1 < x_2$:
 a) $f(x_1) < f(x_2) \to$ a função é crescente no intervalo;
 b) $f(x_1) = f(x_2) \to$ a função é constante no intervalo;
 c) $f(x_1) > f(x_2) \to$ a função é decrescente no intervalo;

Variável
Nas funções, as letras representam quantidades que podem variar dentro de um conjunto pré-fixado. Exemplo:
Dados os conjuntos
A = {0, 1, 2, 3, 4, 5}
B = {0, 1, 2, 3, 4, 5, 6, 7, 8} e a função f: A → B definida por y = x + 2 x varia de 0 até 5.

Independente
No exemplo acima, a variável x pode assumir qualquer valor do conjunto A, assim, dizemos que x é uma variável independente.

Dependente
No mesmo exemplo, a variável y **depende** do valor de x.

Velocidade média
Um móvel ao longo de uma trajetória assume diversas velocidades, ao final do percurso, a expressão $V = \dfrac{x}{t}$ fornece a velocidade média no percurso.

Verificação
- verificar a veracidade de uma informação;
- pesquisar, buscar uma regularidade ou exceções;
- experimentar;
- constatar experimentalmente uma propriedade a partir da manipulação de material concreto.

Vertical
Posição de uma reta direcionada ao centro da Terra. Na prática, esta direção é indicada pelo fio de prumo. A direção vertical é perpendicular à direção horizontal. Ver **fio de prumo**.

Vértice
1. Nos ângulos, o vértice está na origem das duas semirretas;

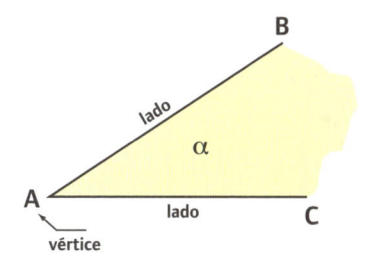

2. Vértice de um poliedro é ponto de encontro de três ou mais arestas.

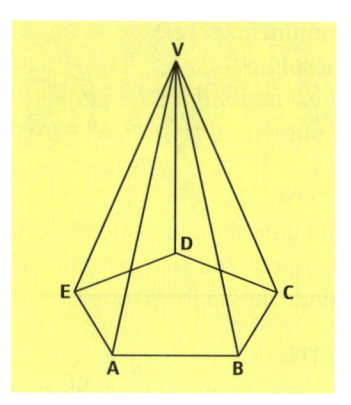

Os pontos A, B, C, D, E são vértices de ângulos triédricos.

O ponto V é vértice de um ângulo pentaédrico.

3. Vértice de uma parábola. Ver função do segundo grau.

Vetor
É uma quantidade que, para ser especificada, deve-se considerar sua magnitude (tamanho), sua direção e o sentido. Geometricamente são representados por uma seta. Exemplo:

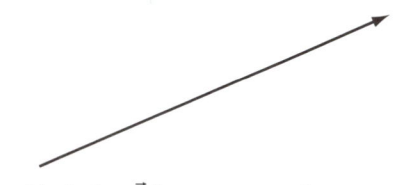

Símbolo: $\vec{f}$ lemos: vetor f.
(Dicionário Houaiss da Física).

Vista
Imagem que pode ser vista em uma determinada direção.

No desenho projetivo, são três as vistas:
a) planta ou vista superior;
b) elevação ou vista de frente;
c) lateral.

Vista superior

Vista de frente

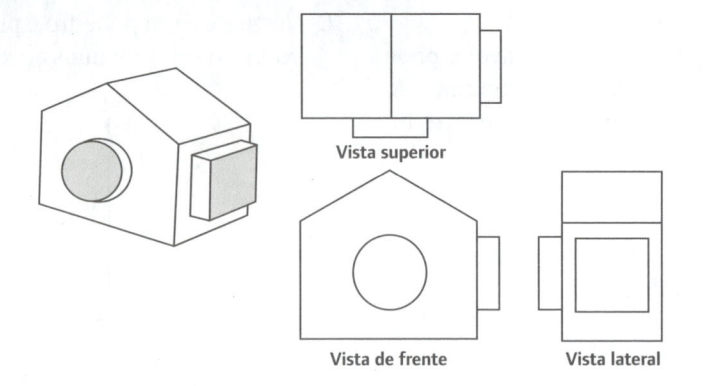

Vista lateral

Volume

Medida (em unidades cúbicas) do espaço ocupado por um sólido; tamanho. Número de unidades cúbicas que compõem um corpo geométrico.

Zero

É um dos maiores invento da matemática. Sem ele, não seriam possíveis os sistemas de numeração posicional.

Zero é a quantidade de elemento do conjunto vazio. Sucessor de todo número negativo e antecessor de todo número positivo. É o elemento neutro da adição e o elemento absolvente da multiplicação.

Zero de uma função

Valor ou valores da variável independente que torna igual a zero o valor da função.
Exemplos:

1.

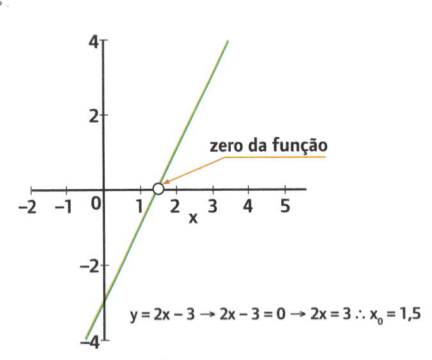

$y = 2x - 3 \rightarrow 2x - 3 = 0 \rightarrow 2x = 3 \therefore x_0 = 1,5$

2. zeros da função

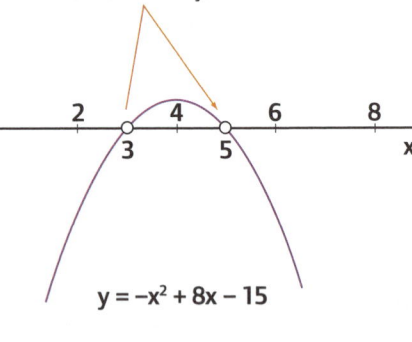

$y = -x^2 + 8x - 15$

Tome nota:
Os zeros de uma função correspondem às raízes de uma equação.

Zênite

Ponto mais alto no céu. O ponto oposto é o nadir.

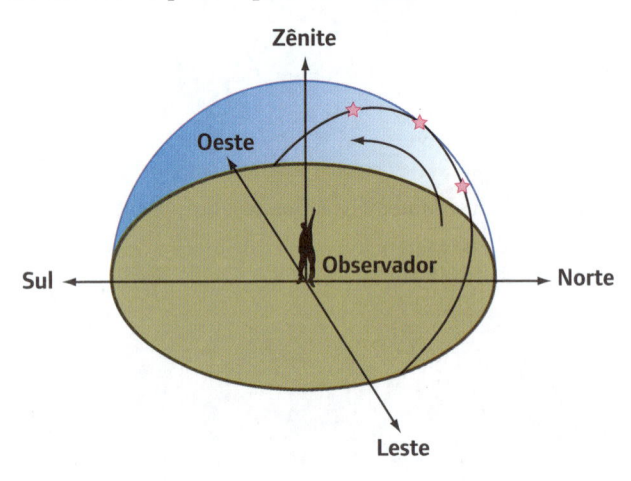

Referências

BOYER, Carl B. História da matemática. Tradução de Elza F. Gomide. São Paulo: Edgard Blücher, 1974.

COLL, César; BETEROSKY, Ana. Aprendendo matemática: conteúdos essenciais para o Ensino Fundamental. São Paulo: Ática, 2002.

CUNHA, Nylse Helena Silva; NASCIMENTO, Sandra Kraft do. Brincando, aprendendo e desenvolvendo o pensamento matemático. Petrópolis: Vozes, 2005.

DANTE, Luiz Roberto. Didática da Matemática na pré-escola. São Paulo: Ática, 2007.

DAVIS, J. Phillip; HERSH, Reuben. A experiência matemática. Tradução de João Bosco Pintombeiro. Rio de Janeiro: [s.n.], 1985.

DICIONÁRIO de Matemática. São Paulo: Hemus Editora Ltda, 1995.

DIDÁTICA da resolução de problemas de Matemática. São Paulo: Ática, 2007.

KARL, Paul. A magia dos números. Tradução de Henrique Carlos Pfeifer, Eugênio Brito e Frederico Porta. Porto Alegre: Editora Globo, 1961.

LAROUSSE, Koogan. Dicionário enciclopédico seleções. Rio de Janeiro: [s.n.], 1982. 2.v.

MACGREGOR, Cynthia. 150 Jogos não competitivos para crianças. Tradução de Regina Drummond. São Paulo: Madras, 2006.

MALUF, Angela C. Munhoz. Brincar: prazer e aprendizado. Petrópolis: Vozes, 2003.

MIRANDA, Nicanor. 200 jogos infantis. Belo Horizonte: [s.n.], 1993.

PIAGET, Jean. Fazer e compreender. Tradução de Christina Larroudé de Paula Leite. São Paulo: Melhoramentos; São Paulo: Ed. da Universidade de São Paulo, 1978.

POLYA, George. A arte de resolver problemas. Tradução e adaptação de Heitor Lisboa de Araújo. Rio de Janeiro: Interciência, 1995.

RODITI, Itzhak. Dicionário Houaiss Física. Rio de Janeiro: Objetiva, 2005.

RONAN, Colin A. História ilustrada da Ciência da Universidade de Cambridge. São Paulo: Jorge Zahar, 1987. 2.v.

SPINELLI, Walter; SOUZA, Maria Helena S. de. Introdução à Estatística. São Paulo: Ática, 1997.

SMOLE, Kátia Stocco; DINIZ, Maria Ignez; CÂNDIDO, Patrícia. Jogos de Matemática de 1.º a 5.º ano. Porto Alegre: Artmed, 2007. (Série Cadernos do Mathema – Ensino Fundamental).

VERA, Francisco. Lexicon Kapelusz Matemática. Buenos Aires: Editora Kapelusz, 1960.

HOGBEN, Lancelot. Maravilhas da Matemática: influência e função da matemática nos conhecimentos humanos. Tradução de Paulo Moreira da Silva. Porto Alegre: Globo, 1946.

GIARDINETTO, José R. Boettger. Matemática escolar e matemática da vida cotidiana. Campinas: Autores Associados, 1999. v. 65. (Coleção Polêmica de Nosso Tempo).

ZARO, Milton; HILLEBRAND, Vicente. Matemática instrumental e experimental. Porto Alegre: Fundação para o desenvolvimento de recursos humanos, 1984.

IMENS, Luiz Márcio; LELLIS Marcelo. Microdicionário de Matemática. São Paulo: Scipione, 1998.

PICKOVER, Clifford A.; KERKDRIEL, Holanda. O livro da Matemática: de Pitágoras às 57.ª dimensão, 250 marcos da história da Matemática. Holanda: Librero, 2011.

Sites Consultados

Dicionário on-line Caldas Aulete – UOL. Disponível em: <www.uol.com.br/aulete-em-português>.

Matemática Essencial para o Ensino Fundamental, Médio e Superior. Disponível em: <www.sercomtel.com.br/matematica>.

Matemática – UOL Educação. Disponível em: <www.educacao.uol.com.br/matematica>.

Sociedade Brasileira de Educação Matemática (SBEM). Disponível em: <www.sbem.com.br>.

Só Matemática – Portal Matemático. Disponível em: <www.somatematica.com.br>.